普通高等教育"十四五"规划教材

环境工程设计

(第二版)

孙繁鑫　陈进富　赵立军　主　编
马　杰　张志勇　副主编

中国石化出版社

内 容 提 要

本书是针对环境工程和环境科学专业所需的环境工程设计基础知识而编写的教材，与同类教材相比，具有很强的针对性。本教材内容依据石油化工类环境专业的特点和需要，按照工程设计知识模块进行划分，从环境工程设计基础与设计过程、材料与设备、工程设计与制图三部分进行阐述，并始终以水污染治理工程设计为主线，再举一反三将设计知识应用到大气和固废治理工程中，使学生能够运用所学原理，初步设计污染治理工程，从理论和实践两个方面强化学生动手能力，具有更强的适用性。

本书可供高等院校环境工程、环境科学、给排水工程等专业的学生以及环境工程的从业人员与设计人员学习和参考。

图书在版编目(CIP)数据

环境工程设计／孔繁鑫，陈进富，赵立军主编．—2版．—北京：中国石化出版社，2023.6
ISBN 978-7-5114-7101-7

Ⅰ．①环… Ⅱ．①孔… ②陈… ③赵… Ⅲ．①环境工程-设计 Ⅳ．①X505

中国国家版本馆 CIP 数据核字（2023）第 094173 号

中国石化出版社出版发行
地址：北京市东城区安定门外大街 58 号
邮编：100011 电话：(010)57512500
发行部电话：(010)57512575
http://www.sinopec-press.com
E-mail:press@sinopec.com
北京富泰印刷有限责任公司印刷
全国各地新华书店经销

*

710×1000 毫米 16 开本 18.75 印张 360 千字
2023 年 7 月第 2 版　2023 年 7 月第 1 次印刷
定价：48.00 元

前　　言

《环境工程设计》是针对环境工程和环境科学专业所需的环境工程设计基础知识而编写的教材。环境工程设计是一个广泛的领域，它涵盖了水、大气、土壤和固体废物等方面的设计。《环境工程设计》(第一版)自出版以来在环境工程、环境科学、给排水工程等专业领域得到较广泛的应用，受到广大读者的好评。在《环境工程设计》(第一版)出版的10年间，环境问题越来越受到人们的关注，环境工程设计师的角色也越来越重要。为了适应环境工程设计领域的发展和人才培养，本书在《环境工程设计》(第一版)基础上做了较大的修改和补充，旨在为环境、给排水相关专业的学生和从事环境工程设计的工程师提供一本系统、全面、实用的教材。本书所涉及的知识内容是基于目前环境二程领域的前沿研究成果和工程实践经验编写而成的，希望帮助读者更好地掌握环境工程设计的理论和实践知识，培养读者的创新能力和解决实际问题的能力。

本书以环境工程设计为主线，涵盖了环境工程领域的基础理论、设计原则、设计方法、设计实践、设计案例等内容。本书依据石油化工类环境专业的特点和需要，按照工程设计知识模块划分成环境工程设计基础与设计过程、材料与设备、工程设计与制图三个部分，首先介绍了环境工程的构成，主要以水污染治理工程为例，介绍了环境工程的单元与软硬件构成。其次以水污染治理工程设计为主线，举一反三地将设计知识应用到环境工程设计的各方面，包括水处理、废气处理和固体废弃物处理等。在介绍环境设计原则和方法的同时，着重强调了培养创新思维和实践能力。本书通过丰富的设计案例，将理论与实践相结合，让读者更好地理解环境工程设计的实际应用。

《环境工程设计》(第二版)由孔繁鑫(绪论和第1、8、9章)、赵立军(第2~7章)、陈进富(第10章)、马杰(第11章)、张志勇(第12章)等编写；全书由陈进富教授审阅。

本书撰写过程中从有关教材、专著及网站上参考和引用了部分内容，对相关作者致以诚挚的谢意。对本书编写过程中给予支持和帮助的各位专家、同行和同学们表示衷心感谢！

因本人水平有限，不足之处在所难免，敬请各位专家指正，同时也希望读者在阅读本书的过程中，提出宝贵的意见和建议，以帮助相关行业人员对环境工程设计有更深入的了解！

目　录

绪论——环境工程的构成（以水污染治理工程为例）

环境工程（污染预防与治理工程）是由不同的功能单元和软硬件设施所构成的，为全面系统了解其构成，以环境工程的要素之一——水污染治理工程（污水厂）为例，介绍环境工程的单元与软硬件构成。

0.1　污水厂的组成

污水处理厂（wastwater treatment plant，WWTP）是对污水用物理、化学、生物的方法进行净化处理的工厂。一般分为城市（集中）污水处理厂和工业（各污染源分散）污水处理厂。有时为了回收循环利用废水资源，需要提高处理后出水水质时则需建设污水回用或循环利用污水处理厂。污水处理厂包括污水的输送、污水的处理、污泥处理等单元，数个处理单元构成处理程序，全厂所有处理程序构成污水处理厂的处理流程。

1. 污水的输送

(1) 提升泵站　由水泵、机电设备及配套建筑物组成的提水设施，是能提供有一定压力和流量的液压动力和气压动力的装置和工程总称。泵站的基本组成包括：机器间、集水池、格栅、辅助间、通风设备、起重设备等，有时还附设有变电所。机器间内设置水泵机组和有关的附属设备。格栅和吸水管安装在集水池内。集水池还可以在一定程度上调节来水的不均匀性，以使水泵较均匀地工作。格栅的作用是阻拦水中粗大的固体杂质，以防止杂物阻塞和损坏水泵，因此，格栅又叫拦污栅。辅助间一般包括储藏室、修理间、休息室和卫生间等。

泵站设计规定参见《泵站设计规范》（GB 50265—2022）。

(2) 管路　排水管路系统是指排水的收集、输送、处理和利用，以及排放等设施以一定方式组合成的总体。

2. 污水的处理

污水的处理包括：前处理、一级处理、二级处理、深度处理或再生利用和消毒处理。

(1) 前处理 污水前(预)处理是污水进入传统的沉淀、生物等处理之前根据后续处理流程对水质的要求而设置的预处理设施，是污水处理厂的咽喉。对于城市污水集中处理厂和污染源内分散污水处理厂，预处理主要包括格栅、筛网、沉砂池、砂水分离器等处理设施。而对于某些工业废水在进入集中或分散污水处理厂前，除了需要进行上述一般的预处理外，还需进行水质水量的调节处理和其他一些特殊的预处理，例如中和、捞毛、预沉、预曝气等。若预处理工艺不达标，造成栅渣过多，对后续的处理设备损耗就大。

(2) 一级处理 污水一级处理又称污水物理处理，是通过简单的沉淀、过滤或适当的曝气，以去除污水中的悬浮物，调节 pH 值及减轻污水的腐化程度的工艺过程。处理可由筛选、重力沉淀和浮选等方法串联组成，除去污水中大部分粒径在 100μm 以上的颗粒物质。筛滤可除去较大物质；重力沉淀可除去无机颗粒和相对密度大于 1 的有凝聚性的有机颗粒；浮选可除去相对密度小于 1 的颗粒物(油类等)。废水经过一级处理后一般仍达不到排放标准。

(3) 二级处理 污水二级处理是污水经一级处理后，再经过具有活性污泥(或生物膜)的曝气池及沉淀池的处理，使污水进一步净化的工艺过程。常用生物法和絮凝法。生物法是利用微生物处理污水，主要除去一级处理后污水中的有机物；絮凝法是通过加絮凝剂破坏胶体的稳定性，使胶体粒子发生凝絮，产生絮凝物而发生吸附作用，主要是去除一级处理后污水中无机的悬浮物和胶体颗粒物或低浓度的有机物。经过二级处理后的污水一般可以达到农灌水的要求和废水排放标准。

(4) 深度处理或再生利用 深度处理又称三级处理或高级处理。污水三级处理是污水经二级处理后，进一步去除污水中的其他污染成分(如：氮、磷、微细悬浮物、微量有机物和无机盐等)的工艺处理过程。主要方法有生物脱氮法、凝集沉淀法、砂滤法、硅藻土过滤法、活性炭过滤法、蒸发法、冷冻法、反渗透法、离子交换法和电渗析法等。

根据三级处理出水的具体去向和用途，其处理流程和组成单元有所不同。如果为防止受纳水体富营养化，则采用除磷和除氮的处理单元过程；如果为保护下游饮用水水源或浴场不受污染，则应采用除磷、除氮、除毒物、除病原体等处理单元过程；如果直接作为城市饮用水以外的生活用水，例如洗衣、清扫、冲洗厕所、喷洒街道和绿化地带等用水，其出水水质要求接近于饮用水标准，则要采用更多的处理单元过程。污水的三级处理厂与相应的输配水管道结合起来便形成城市的中水道系统。

(5) 消毒处理 污水消毒是生活污水和某些工业废水处理系统中杀灭有害的病原微生物的水处理过程。生活污水和某些工业废水中不但存在着大量细菌，并常含有病毒、阿米巴孢囊等。它们通过一般的废水处理过程还不能被灭绝。城市污水处理系统中普通生物滤池只能除去80%~90%的大肠杆菌，活性污泥法也只能除去90%~95%。为了防止疾病的传播，污水(废水)一般经机械、生化二级处理后，有时仍需要进行消毒处理，常用的消毒处理方法有：加氯消毒，臭氧法消毒，以及次氯酸钠法、二氧化氯法消毒等。

3. 污泥处理

污泥处理是对污泥进行浓缩、消化、脱水、稳定、干化或焚烧的加工过程。主要有以下单元过程：

(1) 浓缩　污泥浓缩是将污泥初步脱水的过程，是降低污泥含水率、减少污泥体积的有效方法。污泥浓缩主要减缩污泥的间隙水。经浓缩后的污泥近似糊状，仍保持流动性。减少水处理构筑物排出的污泥的含水量，以缩小其体积。适用于含水率较高的污泥。例如活性污泥，其含水率高达99%左右。当污泥含水率由99%降至96%时，污泥的体积可缩小到原来的1/4。为了对污泥有效地、经济地进行进一步处理，须先进行浓缩。浓缩后的污泥含水率一般为95%~97%。污泥浓缩中所排出的污泥水含有大量的有机质，一般混入原污水一起处理；不能直接排放，以免污染环境。污泥浓缩的方法有重力沉降法、气浮法和离心法。

(2) 消化　污泥消化是指在有氧或无氧的条件下，利用微生物的作用，使污泥中的有机物转化为较稳定物质的过程。污泥消化有助于使污泥转化到较稳定的状态从而使其更易于保存和运输。常用厌氧生物处理，即污泥中的有机物在无氧条件下，被细菌降解为以甲烷为主的污泥气和稳定的污泥(称消化污泥)。但也有采用需氧生物处理以降解和稳定污泥中的有机物(称需氧消化)，常用于处理剩余活性污泥，曝气时间随温度而异，20℃时约需10天，10℃时约需15天，需氧消化的余泥不易浓缩。

(3) 脱水　污泥脱水是将流态的原生、浓缩或消化污泥脱除水分，转化为半固态或固态泥块的一种污泥处理方法，经过脱水后，污泥含水率可降低到55%~80%。脱水的方法主要有自然干化法、机械脱水法和造粒脱水法。自然干化法和机械脱水法适用于污水污泥。造粒脱水法适用于混凝沉淀的污泥。一般大中型污水处理厂均采用机械脱水法。脱水机的种类很多，按脱水原理可分为真空过滤脱水、压滤脱水及离心脱水三大类。在污水厂的污泥脱水过程中所产生的滤液，除干化床的滤液污染物含量较少外，其他都含有高浓度的污染物质。因此这些滤液必须处理，一般与入流废水一起处理。

(4) 干化　污泥干化是通过渗滤或蒸发等作用，从污泥中去除大部分含水量的过程，一般采用污泥干化场(床)等自蒸发设施。高黏度污泥干化设备一般采用热风旋片干燥机，根据污泥黏度不同可采用双轴旋片干燥机(立式、卧式)、三轴旋片干燥机(卧式)，可将初含水85%以下的高湿物料一次烘干到终含水12%以下，干燥时间一般为2~10min。

4. 污水处理厂的单元与流程

为满足污水或污泥性质主处理功能需要，设置处理单元；为使处理单元发挥正常功能，设置辅助单元；数个处理单元构成处理程序；全厂所有处理程序构成污水处理厂的处理流程；处理流程又可简单区分为污水处理流程和污泥处理流程。

(1) 为满足污水或污泥性质主处理功能需要，设置处理单元。

① 构筑物；

② 设备；

③ 管路；

④ 控制装置：闸门、阀门等；

⑤ 电气仪表；

⑥ 其他。

例：初沉池单元：

① 构筑物：初沉池、浮渣槽、溢流堰；

② 设备：刮泥/刮渣机、污泥泵、浮渣泵；

③ 管路：污水管、污泥管、浮渣管；

④ 控制装置：进流闸门；

⑤ 电气仪表：中控、污泥泵定时器、浮渣槽液位开关。

(2) 为使处理单元发挥正常功能，设置辅助单元。

(3) 数个处理单元构成处理程序。

例：活性污泥程序；

① 单元1：曝气池；

② 单元2：二沉池；

③ 单元3：污泥回流泵房；

④ 单元4：鼓风机房。

(4) 全厂所有处理程序构成污水处理厂的处理流程。

处理流程可简单区分为污水处理流程和污泥处理流程。

0.2 污水处理厂的硬件组成

1. 土建工程

污水处理厂的土建工程主要是指污水处理厂的建筑物及污水处理构筑物的设

计与建设。包括构筑物、机房、管廊等，多为混凝土或钢结构。建筑需满足生产工艺流程的需要，设置各种设备及生产、检修时所必需的起重运输设备；结构上应考虑防腐、防渗措施，以满足结构耐久性需要。

2. 机械工程

（1）设备：环保设备是环境保护设备的简称，是以控制环境污染为主要目的的设备，是水污染治理设备、空气污染治理设备、固体废弃物处理处置设备、噪声与振动控制设备、放射性与电磁波污染防护设备和环境监测及分析设备的总称。

按设备功能可分为固液分离设备(格栅/刮泥机/脱水机)、流体输送设备(泵、鼓风机)、传质设备(曝气器、搅拌机)及其他设备。

（2）闸门及阀门：阀门是流体管路的控制装置，其基本功能是接通或切断管路介质的流通，改变介质的流动方向，调节介质的压力和流量，保护管路设备的正常运行。

（3）管道：用各种材料制成的管子的统称。管道是用管子、管子连接件和阀门等连接成的用于输送气体、液体或带固体颗粒的流体的装置。通常，污水处理厂的管道有空气管道、污水管道、雨水管道、自来水管道、加药管道等。

（4）实验室设备。

3. 电气工程

包括：

（1）配电。

（2）照明。

（3）紧急发电机。

4. 仪表

包括：

（1）中控/分控。

（2）现场仪表。

5. 其他

包括：

（1）超越管。

（2）土方工程。

（3）放空管。

（4）道路工程。

（5）景观工程。

（6）生态工程。

0.3 污水处理厂的软件组成

1. 人员组织

包括：

(1) 污水厂主管。

(2) 操作人员。

(3) 维护人员。

(4) 实验室分析人员。

(5) 行政人员。

2. 操作维护方法

包括：

(1) 操作控制策略。

(2) 操作维护手册。

3. 管理制度

包括：

(1) 排班出勤。

(2) 维修计划与备品库存管理。

0.4 污水处理厂的建设程序

1. 政策法规

国际公约：《人类环境宣言》《关于环境与发展的里约热内卢宣言》等。

国家法律：《中华人民共和国环境保护法》《中华人民共和国水污染防治法》等。

国家发展规划：《中华人民共和国城乡规划法》等。

2. 规划与设计

(1) 污水收集系统/污水处理厂规划。

(2) 实施计划：

① 可行性评估：立项建议书、可行性研究；

② 工程设计：初步设计、施工图设计，设计深度见《建筑工程设计文件编制深度规定 2008》；

③ 工程招标：总包，BOT/TOT。

（3）工程实施：

① 施工；

② 试运行；

③ 操作管理；

④ 功能提升、更新改善、扩建。

0.5　污水处理厂的资源化设计观念

1. 污水再生利用

污水再生利用为污水回收、再生和利用的统称，包括污水净化再利用、实现水循环的全过程。

2. 三级处理（深度处理）

污水经过二级处理后，仍含有磷、氮和难以生物降解的有机物、矿物质、病原体等，需要进一步净化处理，以便消除污染。根据三级处理出水的具体去向和用途，其处理流程和组成单元有所不同。如果为防止受纳水体富营养化，则采用除磷和除氮的处理单元过程；如果为保护下游饮用水水源或浴场不受污染，则应采用除磷、除氮、除毒物、除病原体等处理单元过程；如果直接作为城市饮用水以外的生活用水，例如洗衣、清扫、冲洗厕所、喷洒街道和绿化地带等用水，其出水水质要求接近于饮用水标准，则要采用更多的处理单元过程。

3. 集中处理/分散处理

污水集中处理是指城市或工业区各污染源排出的大部分或全部污水，由城市排水管网收集并输送到城市集中处理厂进行集中处理的过程。根据城市发展过程和排水管道系统的建立过程而逐步形成污水集中处理系统，具有单个处理厂规模大而水质、水量稳定，处理每立方米污水基建投资和运行费用低和易于集中管理等优点，缺点是设备复杂、庞大，单个厂总费用高，要求技术水平和管理水平高。处理系统一般采用一级沉淀法或二级生物法污水处理。为了满足污水的管道输送和集中处理厂内生物处理要求，需要在污染源排放污水时进行预处理，达到污水排入城市下水道的污水标准的要求。

污水分散处理系统是指新建城市（或工业区）的初期建设或已建城市的早期建设阶段，尚未形成统一的排水系统，各污染源内自建的污水处理系统。一般处理后的污水自行单独排入水体，造成水体多排污口的分散污染。污水分散处理的优点是单个处理厂规模小而适于企业及时单独兴建，总投资费用较小，结合废水特点进行处理，灵活性大等。缺点是处理每立方米污水投资及运行费用高，对水体造成多点污染，不易集中管理等。目前我国进行区域或城市水污染控制系统综合规划时，宜采用集中污水处理系统。

4. 污泥利用

污泥是一种资源，其中含有很多热量，其热值在10000~15000kJ/kg（干泥），高于煤和焦炭。另外，污泥中还含有丰富的氮磷钾，是具有较高肥效的有机肥料。通过污泥处理流程中的消化阶段，可以将有机物转化成沼气，使其中的热量得到利用，同时还可进一步提高其肥效。污泥利用的途径很多，主要有农林使用、卫生填埋、焚烧和生产建筑材料等。

第 1 章　环境工程设计基础知识

1.1 概　　述

环境污染是指人类直接或间接地向环境排放超过其自净能力的物质或能量，从而使环境的质量降低，对人类的生存与发展、生态系统和财产造成不利影响的现象。具体包括：水污染、大气污染、噪声污染、放射性污染等。随着科学技术水平的发展和人民生活水平的提高，环境污染也在增加，特别是在发展中国家。环境污染问题越来越成为世界各个国家的共同课题之一。由于人们对工业高度发达的负面影响预料不够、预防不利，导致了全球性的三大危机：资源短缺、环境污染、生态破坏。

环境工程是一门研究环境污染防治技术原理和方法的学科，是运用工程、技术的方法和手段来控制环境污染及改善环境质量的学科，是在人类与各种污染进行斗争和保护生存环境的过程中形成和发展起来的，其内容广泛而复杂，涉及化学、生物学、物理学、工程学(给排水工程、土木工程、机械工程、电气工程等)等学科。

环境工程以环境污染综合防治作为基本指导思想，不仅提供合理利用、保护自然资源的一整套技术途径和技术措施，而且研究废物资源化技术，革新生产工艺，开发无废或少废的闭路生产工艺系统，同时对区域环境系统进行规划与科学管理，以获得最佳的环境、社会和经济效益。

环境工程的主要任务包括：

① 保护自然资源和能源，消除资源的浪费，控制和减轻污染(节能减排)。

② 研究环境污染防治的机理和污染防治的有效途径，保护和改善生态环境，保护人民身体健康，保障人与自然的和谐发展。

③ 综合利用废水、废气、废渣，促进工农业生产的发展，积极推动可循环经济体系的建立和完善(循环经济)。

环境工程所涉及的系统是一个利用工程、技术的科学方法来治理污染物，净化与改善环境质量的复杂系统工程。这个复杂的系统可分为许多个基本工序，这些基本工序可以称作污染防治设施。

环境工程设计的主要任务是运用工程技术和有关基础科学的原理和方法，具体落实和实现环境保护设施的建设，以各种工程设计文件、图纸的形式表达设计人员的思维和设计思想，直至建设成功各种环境污染治理设施、设备，并保证其正常运行，满足环保要求，通过竣工验收。

1.2 环境工程设计的范围和内容

1.2.1 环境工程设计范围

随着社会经济的发展和科学技术的进步，“工程”的概念也发生了变化。工程已不再是单纯的技术问题，而且与社会经济密切联系。在解决具体工程问题时，需要综合考虑技术、经济、市场、法律等多方面因素。环境工程设计不能仅理解为完成设计任务的工作阶段，更不能认为“设计”就等于出图纸。实际上环境工程设计贯穿于整个建设项目的全过程。

从项目的批准立项(项目建议书)、可行性研究(可行性研究报告)、环境影响评价(环境影响评价报告)、编制设计任务书都必须有环境工程方向的设计人员参与。在工程设计施工阶段中的各项任务主要是由环境工程设计人员承担。在工程后期，如处理设备试运行、测试、工程总结也必须有环境工程设计人员参加。

1.2.2 环境工程设计内容

环境工程设计的主要内容有以下几个方面。

1. 大气污染防治

大气污染物种类很多，一次污染物(指直接由污染源排放的污染物)按其存在状态可分为两大类：颗粒物和气态污染物。其中对环境危害严重的气态污染物有硫氧化物、氮氧化物、碳氢化合物、碳氧化物、卤素化合物等；对以上大气污染物的主要防治措施有工业污染防治、提高能源效率和节能、洁净煤技术、开发新能源和可再生能源、机动车污染控制等。

2. 水污染防治

水污染的主要来源是生活污水和工业废水。生活污水主要产生于居民日常生活和城市的公用设施。污水中主要含有悬浮态和溶解态的各种有机物，氮、硫、磷等无机盐及各种微生物。工业废水主要产生于各类工矿企业的生产过程中，其水量和水质因生产过程而异，根据其来源又可分为工艺废水、原料或成品洗涤水、场地冲洗水和设备冷却水等。水污染防治的主要措施有：推行清洁生产、节水减污、污染物排放总量控制、加强工业废水处理等。

3. 固体废物污染防治

固体废物可分为城市固体废物、工业固体废物和有害废物等。从源头起，改进和采用清洁生产工艺，是控制工艺固体废物污染的根本措施。固废无害化处理技术是经济、有效的固体废物防治措施。

4. 物理性污染防治

噪声污染来自人类的人为活动，主要防治措施有控制声源、控制传声途径和接收者的防护等几项措施。

1.3　环境工程设计的特点

环境工程设计所要解决的问题不仅限于环境污染的防治，而且包括保护和合理利用自然资源、探讨和开发废物资源化技术、改革生产工艺、发展少害或无害的闭路生产系统，达到社会、经济和环境三个效益的统一。具体来说，环境工程设计具备如下几个特点：

1. 交叉性、复杂性和多样性

环境工程设计所依据的知识和理论体系充分显示了其交叉性、复杂性和多样性的特点。它不但来源于工程技术领域，还来源于自然科学、社会科学领域。环境工程是一个由学科交叉、重组而形成的新的学科。

环境工程设计与下面一些学科有着密切的关系。

(1) 化学与化学工程　绿色化学的出现，用革新性的化学方法，可以对化学污染源进行有效的控制，大大减少或消除有污染的物质的使用和产生，实现污染的源头控制。绿色化学可以设计出比现有产品污染小、毒性低的化学品，开发出新的更安全的、对环境无害的合成路线，使用无害可再生的原材料，设计出可以减少废弃物产生与排放的新的化学反应条件。而化学工程所应用的主要技术方法和手段，例如吸收、吸附、催化、萃取、膜分离等也是环境工程治理中常用的技术方法和手段。化工机械、化工设备同样可以直接或经改造用于环境工程的治理之中。

(2) 给排水工程　水污染防治工程是从给排水工程发展起来的。中国早在公元前 2000 多年以前就用陶土管修建了地下排水道；在明朝以前就开始采用明矾净水。此后，英国在 19 世纪开始用砂滤法净化自来水；19 世纪中叶开始建立污染处理厂；20 世纪初开始用流行性污泥法处理废水。

(3) 能源工程　清洁安全的核能、洁净煤技术、可再生能源、燃料电池、超导应用等当代高科技的开发与利用是从根本上解决我国环境污染问题的最佳方案之一。节能技术的应用可以减少物料消耗而生产出与原来同样多、同样好的产品。

(4) 信息技术　计算机是能高速处理数字、符号、图像等的强大技术手段，应用领域已覆盖社会各方面，任何一种工程设计都离不开计算机的应用，环境工程设计更是如此。计算机与通信结合形成的高速信息网络给环境工程的设计提供了获取信息的手段，对促进环境工程设计的发展产生了深刻的影响。CAD 应用使工程设计甩掉图板成为现实，推动了工业界的设计革命。

(5) 环境科学　环境科学主要研究探索与环境有关的科学原理和问题，重在认识，而环境工程主要研究探索污染防治与控制的方法途径，重在实现。两者之间的关系不可分离。环境科学的发展为环境工程的技术进步奠定了科学的基础；同时环境工程技术的发展对环境科学的发展提出了新的要求。环境科学的成果必须通过环境工程技术转化为直接的社会生产力，从而解决环境污染问题。

2. 创新性

由于经济的发展，生产规模的增大，人口面影响的增大和传统工程技术的缺陷，传统的环境工程技术已经不能满足新的环保要求。例如，在能源工业发展中，未来能源之一是核能利用。但是，随着核裂变反应工厂的增多，核废料的处理和储藏带来了放射性物质对环境的污染，对此，目前各国都缺少有效的解决途径；臭氧层的破坏也是这方面的又一例证。研究表明，臭氧层破坏的根源是地球表面人为活动释放的氟利昂和哈龙，因此，研究这两种物质的替代产品则成为今后的主要防治方向。在这方面要做的工作还非常之多。因此，未来对环境工程设计提出更高的要求，要应用最新的技术成就，交叉应用多门学科知识和多种技术，综合应用社会科学如经济学、管理学方面的知识，实现环境保护与可持续发展的目标。

3. 社会性、经济性

环境工程设计不仅要具有环境效益，而且要具有经济效益和社会效益。

首先，环境工程设计要求产生一定的经济效益。我国的许多城市面临着缺水的问题，因缺水而影响了当地的工业发展。环境保护设施的建设通过废水的治理和循环使用有效地节约了水资源，取得了经济效益。回收的工业粉尘作为工业原料可以重新利用，工业固体废弃物的资源化技术使废物综合利用获得了较好的经济效益。环境工程设计还应具有社会效益。通过环境保护设施的建设减少了各类污染和民间纠纷，改善了人民的生活、居住条件，保护了珍贵的文化遗产，推动了社会文化事业的发展，提高了人民的环境素质，扩大了就业机会。

1.4 环境工程设计原则

1. 工程设计的一般原则

工程设计应遵循技术先进、安全可靠、质量第一、经济合理的原则。具体来说有如下几项。

(1) 设计中要认真贯彻国家的经济建设方针、政策。这些政策包括产业政策、技术政策、能源政策、环保政策等。正确处理各产业之间、长期与近期之间、生产与生活之间等各方面的关系。

(2) 应充分考虑资源的合理利用。要根据技术上的可能性和经济上的合理性，对能源、水资源、土地等资源进行综合利用。

(3) 选用的技术要先进适用。在设计中要尽量采用先进的、成熟的、适用的技术，要符合我国国情，同时要积极吸收和引进国外先进技术和经验，但要符合国内的管理水平和消化能力。采用新技术要经过试验而且要有正式的技术鉴定。必须引进国外新技术及进口国外设备的，要与我国的技术标准、原材料供应、生产协作配套、维修零件的供给条件相协调。

(4) 工程设计要坚持安全可靠、质量第一的原则。安全可靠是指项目建成投产后，能保持长期安全正常生产。

(5) 坚持经济合理的原则。在我国资源和财力条件下，使项目建设达到项目投资的目标(产品方案、生产规模)，取得投资省、工期短、技术经济指标最佳的效果。

(6) 应采取各种有效措施，避免或抑制污染物的无组织排放。如：a. 设置专用容器或其他设施，用以回收采样、溢流、事故、检修时排出的物料或废弃物；b. 设备、管道等必须采取有效的密封措施，防止物料跑、冒、滴、漏；c. 粉状或散装物料的储存、装卸、筛分、运输等过程应设置抑制粉尘飞扬的设施。

(7) 废弃物在处理或综合利用过程中，如有二次污染物产生，还应采取防止二次污染的措施。废弃物的输送及排放装置宜设置计量、采样及分析设施。

2. 环境工程设计的原则

对环境保护设施进行工程设计时，除了要遵循工程设计的一般原则外，还必须遵循以下原则。

(1) 环境保护设计必须遵循国家有关环境保护法律、法规，合理开发和充分利用各种自然资源，严格控制环境污染，保护和改善生态环境。

（2）建设项目需要配套建设的环境保护设施，必须与主体工程同时设计、同时施工、同时投产使用（“三同时”）。同时设计，是指建设单位在委托设计单位进行项目设计时，应将环境保护设施一并委托设计；承担设计任务的单位必须依照《建设项目环境保护设计规定》的有关规定，对环境保护设施与主体工程同时进行设计，并在设计过程中充分考虑建设项目对周围环境的保护。

（3）环境保护设计必须遵守污染物排放的国家标准和地方标准；在实施重点污染物排放总量控制的区域内，还必须符合重点污染物排放总量控制的要求。

（4）环境保护设计应当在工业建设项目中采用能耗物耗量小、污染物产生量少的清洁生产工艺，实现工业污染防治从末端治理向生产全过程控制的转变。

1.5 环境工程污染物排放总量控制原则和内容

1.5.1 污染物排放总量控制原则

总量控制制度是指国家环境管理机关依据所勘定的区域环境容量，决定区域中的污染物质排放总量，根据排放总量削减计划，向区域内的企业分配各自的污染物排放总量额度的一项法律制度。

污染物排放总量控制一般分3种类型：目标总量控制、容量总量控制和行业总量控制。

污染物排放总量控制的原则：以改善当地环境质量为核心，以降低流域内水体中主要污染物环境浓度、区域中酸沉降强度为重点，综合考虑本地区经济发展需求、污染物排放强度、现有污染源减排潜力等因素，基于排放基数、新增量测算、减排潜力分析，合理确定减排目标。

水污染物排放总量控制的原则：推进重点行业结构优化调整，严格控制新增量；加快县城和重点建制镇污水处理设施建设，大力提高治污设施环境绩效；把农业污染源纳入总量控制管理体系，着力推进畜禽养殖污染防治工作。

大气污染物排放总量控制的原则：推进能源结构持续优化，严格控制新增量；巩固电力行业减排成果，推进二氧化硫全面减排；推进电力行业和机动车氮氧化物排放控制，突出重点行业和重点区域减排。

总量控制目标的确定和任务的落实要兼顾需求和实际可能，在综合考虑新增量的基础上，按照技术可达可控、政策措施可行、经济可承受的思路，做好存量、新增量、减排潜力、削减任务之间的系统分析，做到总量控制目标、任务和投入、政策相匹配。

1.5.2 总量控制的主要内容

(1) 废水排放总量控制。

① 选择总量控制指标因子：化学需氧量(COD)、氨氮、TN(水温 T 条件下的非离子氨)、TP(水温 T 条件下的总磷)、重金属等因子以及受纳水体最为敏感的特征因子。

② 分析基于环境容量约束的允许排放总量和基于技术经济条件约束的允许排放总量。

③ 对于拟接纳开发区污水的水体，如常年径流的河流、湖泊、近海水域，应根据环境功能区划所规定的水质标准要求，选用适当的水质模型，分析确定水环境容量(或最小初始稀释度)；对季节性河流，原则上不要求确定水环境容量。

④ 对于水污染物排放现状虽然已实现达标排放，但水体已无足够的环境容量可利用的情形，应在指定基于水环境功能的区域水污染控制计划的基础上，确定开发区水污染物排放总量。

⑤ 如预测的各项总量值均低于上述基于技术水平约束下的总量控制指标和基于水环境容量的总量控制指标，可选择最小的指标提出总量控制方案；如预测总量大于上述二类指标中的某一类指标，则需调整规划，降低污染物总量。

(2) 大气污染物总量控制。

① 选择总量控制指标因子：烟尘、粉尘、SO_2、氮氧化物。

② 对开发区进行大气环境功能区划，确定各功能区环境空气质量目标。

③ 根据环境质量现状，分析不同功能区环境质量达标情况。

④ 结合当地地形和气象条件，选择适当方法，确定开发区大气环境容量(在满足环境质量目标的前提下污染物的允许排放总量)。

⑤ 结合开发区规划分析污染控制措施，提出区域环境容量利用方案和近期污染物排放总量控制指标。

(3) 固体废弃物管理与处置。

① 分析固体废弃物类型和发生量，分析固体废弃物减量化、资源化、无害化处理处置措施及方案。

② 分类确定开发区可能产生的固体废弃物总量。

③ 开发区的固体废弃物处理处置应纳入所在区域的固体废弃物总量控制计划之中，对固体废弃物的处理处置要符合区域所制定的资源回收、固体废弃物利用的目标与指标要求。

④ 按固体废弃物分类处置的原则，测算需采取不同处置方式的最终处置总量，并确定可供利用的不同处置设施及能力。

1.6 环境工程项目厂址选择原则和要求

1.6.1 环境工程项目厂址选择原则

厂址选择，一般分为建设地点选择和具体地址选择两个阶段，地点选择称为选点，具体地址选择称为定址。

选点是在一个相当大的地域范围内，按照项目的特点和要求，经过系统、全面的调查和了解，提出几个可供选择的地点方案，进行对比选择。

定址是在选点的基础上，通过进一步深入细致的调查，从若干可选的地点中，提出几个可供选择的具体地址，以便最后决策定点。

建设项目的选址或选线，必须全面考虑建设地区的自然环境和社会环境，对选址或选线地区的地理、地形、地质、水文、气象、名胜古迹、城乡规划、土地利用、工农业布局、自然保护区现状及其发展规划等因素进行调查研究，并在收集建设地区的大气、水体、土壤等基本环境要素背景资料的基础上，进行综合分析论证，制定最佳的规划设计方案。

① 厂址选择应服从国家长远规划和城镇总体规划的要求，项目类型应与所在城镇、开发区的性质和类别相适应，应考虑远期发展的可能性，有扩建的余地。

② 凡排放有毒有害废水、废气、废渣(液)、恶臭、噪声、放射性元素等物质或因素的建设项目，严禁在城市规划确定的生活居住区、文教区、水源保护区、名胜古迹、风景游览区、温泉、疗养区和自然保护区等界区内选址。

③ 排放有毒有害气体的建设项目应布置在污染系数最小方位的上风侧；排放有毒有害废水的建设项目应布置在当地生活饮用水水源的下游；废渣堆置场地应与生活居住区及自然水体保持规定的距离。

④ 产生有毒有害气体、粉尘、烟雾、恶臭、噪声等物质或因素的建设项目与生活居住区之间，应保持必要的卫生防护距离，并采取绿化措施。

⑤ 要选择与建设项目性质相适应的环境条件。厂址地应有较好的水、电、气、交通运输等硬件基础条件，便于工程施工的顺利进行。

⑥ 注意环境保护和生态平衡，保护风景、名胜、古迹。

例如，污水处理厂厂址的选择，应符合城市总体规划和排水工程总体规划的要求，并根据下列因素综合确定。

① 厂址必须位于集中给水水源下游，并应设在城市工业区、居住区的下游。为保证卫生要求，厂址应与城市工业区、居住区保持300m以上距离。

② 厂址宜设在城市夏季最小频率风向的上风侧，及主导风向的下风侧。

③ 结合污水管道系统布置及纳污水域位置，污水处理厂选址宜设在城市低处，便于污水自流，沿途尽量不设或少设提升泵站。

④ 有良好的交通、运输和水电条件，有良好的工程地质条件，厂区地形不受水淹，有良好的防洪、排涝条件。

⑤ 尽量少拆迁、少占农田，同时厂区规划若有扩建的可能，应预留远期发展用地。为缩短污水处理厂建设周期和有利于污水处理厂的日常管理，应有方便的交通、运输和水电条件。

1.6.2　环境工程项目厂址选择的基本要求

① 背景浓度。应选择背景浓度小的地区建厂，如背景浓度已超过环境质量标准则不宜建厂。

② 风向：

a. 污染源应选在居住区最小频率风向的上侧；

b. 尽量减少各工厂的重复污染，不宜把各污染源配置在一直线上且与最大频率风向一致；

c. 排放量大、毒性大的污染源远离居住区。

③ 污染系数：厂址选择时仅考虑风向频率还不够，因为它只说明了被污染的时间，而不能说明被污染的程度，因此还应考虑风速的大小。

综合表示某一地区气象（风向频率和平均风速）对大气污染影响程度的参数为污染系数。

某一风向的污染系数=风向频率/相应风向的平均风速

污染系数反映了各方位污染的可能性大小的相对关系，污染源应设在污染系数最小方向的上侧。

④ 静风：静风出现频率高（超过40%）或静风持续时间长的地区不宜建厂。

⑤ 温度层和大气稳定度：厂址的选择不应在经常出现逆温现象的地区，沿海建设工厂还应考虑海陆风的影响。

⑥ 地形、地质影响厂区地形力求平坦或略有坡度，既减少土方工程，又便于排水；应尽可能避免在盆地内建设大气污染物排放量大的工厂。

厂区应选在工程地质、水文地质条件较好的地段，严防在断层、有岩溶、流沙层、有用矿床上、洪水淹没区、采矿塌陷区和滑坡下选址。厂区地下水位最好低于建筑物的基准面，还应选在地震烈度低的地方。

⑦ 厂区必须满足按工艺流程布置建筑物和构筑物的要求，场地同样需要满足建设项目的实际需要；厂区靠近水源，并便于污水排放和处理。

⑧ 需要专用线的工厂，宜接近铁路沿线选址，便于接轨。厂址应便于供电、供热和其他协作条件的建立。

第 2 章　环境工程设计过程

2.1　环境工程设计的程序

基本建设程序就是按照基建、施工、生产的特点及其内在的规律性，从计划、勘察、设计、施工、验收等环节之间的顺序衔接而作出具有法律性的规定。凡是确定的基本建设项目，事先必须进行可行性研究，然后提出设计任务书(计划任务书)，报请上级审批。经批准后，才能委托设计单位进行设计，设计单位完成设计文件后，上报审批，经批准后才能进行施工。施工完毕后必须经过竣工验收才能交付建设单位使用，正式投产。

1. 项目建议书阶段

项目建议书是对拟建项目的一个轮廓设想，主要作用是说明项目建设的必要性、条件的可行性。对项目建议书的审批即为立项。

2. 可行性研究阶段

可行性研究的主要作用是对项目在技术上是否可行和经济上是否合理进行科学的分析、研究，在评估论证的基础上，由审批部门对项目进行审批。经批准的可行性研究报告是进行初步设计的依据。

3. 工程设计阶段

设计的主要作用是根据批准的可行性研究报告和必要准确的设计基础资料，对设计对象所进行的通盘研究、计算和总体安排。

4. 施工阶段

建设项目具备开工条件后，可以申报开工，经批准开工建设，即进入了建设实施阶段。项目新开工的时间是指建设项目的任何一项永久性工程第一次破土开槽开始施工的日期，不需要开槽的工程，以建筑物的正式打桩日作为正式开工的日期。招标投标只是项目开工建设前必须完成的一项具体工作，而不是基本建设程序的一个阶段。

5. 项目竣工验收阶段

项目竣工验收是对建设工程办理检验、交接和交付使用的一系列活动，是建设程序的最后一环，是全面考核基本建设成果、检验设计和施工质量的重要阶段。

2.2 前期工作应备资料

1. 城市规划资料

(1) 城市性质、布局与发展方向(水质);

(2) 城市规模与发展速度(管网/水量);

(3) 污水厂建设与相关专业规划协调;

(4) 1∶10000~1∶5000 城市地形图;

(5) 1∶5000~1∶2000 污水厂附近地形图。

2. 气象资料

(1) 气温:

① 历年最热/冷(正常)月的平均气温;

② 年最高气温及最低气温;

③ 逐年各月平均气温。

(2) 湿度:

① 历年蒸发量、最大年蒸发量;

② 历年平均相对湿度。

(3) 降雨量:

① 历年最高(平均)年降雨量;

② 暴雨强度公式。

(4) 冰冻资料:

① 多年土壤平均冰冻深度;

② 最大冰冻深度。

(5) 风向:

① 常年主导风向;

② 常年夏季主导风向;

③ 多年风向频率(玫瑰图)及最大风速。

3. 水文地质资料

(1) 地表水:

① 排污情况、今后可能污染的程度及趋势;

② 100/50 年洪水位、常年洪水位、最低水位;

③ 平均/最大流量、保证率 95%水文年最小流量;

④ 物理化学分析、细菌检验、藻类生长情况;

（2）地下水：

① 地下水含水层厚度与分布；

② 地下水的最高水位、最低水位及综合利用情况；

③ 地下水的污染情况。

（3）地质资料：

① 厂址区的地质钻孔柱状图、地质承载力；

② 不良地质情况、地震强度。

4. 给排水设施资料

（1）城市管网系统及布局、雨水管道系统；

（2）污水管道系统及走向、排水口位置等。

5. 供电资料

城市供电部门的要求、供电的电源电压、电源的可靠程度、对大型电机启动的要求、通信要求、计量要求及电费收取办法。

6. 概算与施工资料

当地建筑材料、设备供应、租地、征地、青苗赔偿、拆迁补偿办法、有关编制概算的定额资料、地区差价、间接费用定额、运输费和施工组织力量等。

7. 有关法规资料

国家和地方的法律、法规、规范与标准。

2.3 项目可行性研究报告

2.3.1 可行性研究内容

1. 基本任务与要求

可行性研究属于设计前期工作，应根据主管部门提出的项目建议书和委托书进行。其主要任务是论证本工程项目的可行性，根据任务所要求的工程目的和基础资料，运用工程学和经济学的原理，对技术、经济以及效益等诸方面进行综合分析、论证、评价和方案比较，提出本工程的最佳可行性方案。

2. 概述

项目编制依据、自然环境条件（地理、气象、水文地质）、城市社会经济概况；城市的给水排水系统现状、河流状态、项目的建设原则与建设范围、水质处理厂建设规模、水质处理要求目标（设计进水、出水水质）。

3. 工程方案

水质处理厂厂址选择及用地，水质处理工艺方案比较（工艺设计与总体设计比较、工艺构筑物及设备分析、技术经济比较)，各构筑物尺寸及设备选择，处理后出水的去向；工程近期、远期结合问题，节能、消防、职业安全与工业卫生、工程招标、环境保护、生产组织及劳动定员。

4. 工程投资估算及资金筹措

工程估算原则与依据，工程投资估算表，资金筹措与使用计划。可行性研究的投资估算与初步设计的概算之差，应控制在10%以内。

5. 经济评价

工程范围及处理能力、总投资、资金来源及使用计划，年经营成本估算和财务评价。

2.3.2 可行性研究报告的编写格式

1. 前言

说明工程项目提出的背景、建设的必要性和经济意义，简述可行性研究报告的编制过程。

2. 总论

(1) 编制依据　上级部门的有关文件、主管部门批准的项目建议书及有关方针政策方面的文件，委托单位提出的正式委托书和双方签订的合同，环境影响评价报告书和城市总体规划文件。

(2) 编制范围　合同(或协议书)中所规定的范围和经双方商定的有关内容和范围。

(3) 城市概况　城市历史特点、行政区域及城市规模，自然条件，包括地形、河流湖泊、气象、水文、工程地质、地震等，以及城市给水排水现状与规划概况及水域污染概况。

3. 方案论证

(1) 工艺流程选择及论证。

(2) 处理方案及处理效果选择及论证。

(3) 水质处理厂位置选择及论证。

4. 方案设计

(1) 设计原则。

(2) 工程规模、规划人数及用水量定额、排水量定额的确定。

(3) 水质处理程度的确定。

(4) 处理构筑物尺寸计算，主要设备选型计算。

(5) 建筑结构设计。

(6) 供电安全程度，自动化管理水平、电器与仪表设计。

（7）采暖方式、采暖热媒、耗热量以及供热来源等。

5. 管理机构、劳动定员及建设进度设想

（1）水质处理厂的管理机构设置和人员编制。

（2）工程项目的建设进度要求和建设阶段的划分。

6. 环境保护与劳动安全

（1）处理厂内的绿化要求，可能产生的污染物的处置。

（2）劳动安全和卫生保护、防范措施。

7. 投资估算及资金筹措

（1）投资估算　编制依据与说明，工程投资总估算表(按子项列表)和近期工程投资估算表(按子项列表)。

（2）成本分析　根据电耗和药剂费、人工费、维护费计算处理吨水的运行费用，根据运行费用和土建设备折旧费、摊销费、贷款利息等计算总成本费用。

（3）资金筹措　资金来源(申请国家投资、地方自筹、贷款及偿付方式等)和资金的构成(列表)。

8. 财务及工程效益分析

（1）财务预测　资金运用预测(列表说明)，根据建设进度表确定项目的分年度投资、固定资产的折旧(列表说明)和水质处理生产成本(列表说明)，算出单位水量的费用(元/m^3)，以及处理后水费收取标准的建议。

（2）财务投资分析　计算出投资效益和投资回收期(列表说明)。

（3）工程效益分析　节能效益分析、经济效益分析和环境效益及社会效益分析。

9. 结论和存在的问题

（1）结论　在技术、经济、效益等方面论证的基础上，提出水处理工程项目的总评价和推荐方案意见。

（2）存在的问题　说明有待进一步解决的主要问题。

10. 附图纸和文件

总平面图、方案比较示意图、主要工艺流程图、水厂或泵站平面图、各类批件和附件。

2.4　设计任务书(以水污染控制工程为例)

2.4.1　设计基础资料

环境工程设计应在给定的基础资料前提下完成，设计基础资料由城市专业职能部门或建设单位提供，设计基础资料应符合设计要求。基础资料包括设计任务、基本要求、城市总体规划情况、水文地质及气象资料、排水系统和受纳水体现状、供水供电及地震等级、概算资料等。

1. 设计题目

××××污水处理工程设计。

2. 设计任务

（1）污水处理程度计算　根据原始资料与城市规划情况，并考虑环境效益与社会效益，合理地选择污水处理厂厂址。然后根据水体自净能力、要求的处理水质以及当地的具体条件、气候与地形条件等来计算污水处理程度与确定污水处理工艺流程。

（2）污水处理构筑物计算　确定污水处理工艺流程后选择适宜的各处理单体构筑物的类型。对所有单体构筑物进行设计计算，包括确定各有关设计参数、负荷、尺寸及所需要的材料、规格等。

（3）污泥处理构筑物计算　根据原始资料、当地具体情况以及污水性质与成分，选择合适的污泥处理工艺流程，进行各单体构筑物的设计计算。

（4）平面布置及高程计算　对污水与污泥处理流程要作出较准确的平面布置，进行水力计算与高程计算。对需要绘制工艺施工图的构筑物还要进行详细的施工图所必需的设计计算，包括各部位构件的形式、构成与具体尺寸等。

（5）排水泵站工艺计算　对污水处理工程的总排水泵站进行工艺设计，确定水泵的类型、扬程和流量，计算水泵管道系统和集水井容积，进行泵站的平面尺寸计算和附属设施的计算。

（6）投资估算　根据当地市场主要建材价格、劳动力工资标准和其他管理费用的规定进行污水处理工程的投资估算，确定土建及市政工程估算定额标准，计算污水处理工程的投资估算和单位污水的处理成本。

3. 城市总体规划情况

（1）城市污水处理厂附近1∶10000地形平面图一张，标有间距1m的等高线及城市附近的河流位置。

（2）城市居住人口总数及各区界的常住人口密度及水质。

（3）市区内大型工厂及各工厂的排水量和水质。

4. 水文地质及气象资料

（1）经过地质勘测部门勘测，污水处理工程地点的水文地质情况。

（2）气象部门提供的气象资料。

5. 其他设计资料

（1）排水系统和受纳水体现状。

(2) 污水处理厂排水口下游是否有集中取水处。

(3) 城市污水管道进入污水处理厂的管道水面标高。

(4) 施工时的电力和给水是否可以保证供应，各种建筑材料该市可否供应。

(5) 当地地震烈度为几级。

(6) 投资估算资料。

2.4.2　水质水量计算

城市污水处理厂的设计规模与进入处理厂的污水水质和水量有关，污水的水质和水量可通过设计任务书的原始资料计算，也可通过实地调查测定取得。

1. 处理流程选择

污水处理厂的工艺流程是指在达到所要求的处理程度的前提下，污水处理各单元的有机组合，以满足污水处理的要求，而构筑物的选型则是指处理构筑物型式的选择，以达到各构筑物的最佳处理效果。

污水受纳水体有一定的自净能力，可以根据水体自净能力来确定污水处理程度。设计中既要充分地利用水体的自净能力，又要防止水体遭到污染，破坏水体的正常使用价值。不考虑水体所具有的自净能力而任意采用较高的处理程度是不经济的，也是不妥当的；但也不宜将水体的自净能力完全加以利用而不留余地，因为水资源是有限的，而污染物质常随城市人口的日益集中、生活污水量和工业废水量的增加而增长。同时，在考虑水体可利用的自净能力时，还应考虑上游、下游邻近城市的污水排入水体后产生的影响。

采用何种处理流程还要根据污水的水质、水量，回收其中有用物质的可能性和经济性，排放水体的具体规定，并通过调查研究和经济比较后决定，必要时应当进行科学论证。城市生活污水一般以生化需氧量(BOD)为其主要去除对象，因此，处理流程的核心为二级生物处理工艺。

2. 设计污水的水量

城镇污水厂的规模、水量应当根据城镇规划。设计时须对当前实况调查、测量，并对发展作出估计，从而对规划数字作出验证，提出意见，最后加以落实。在设计中，有几种设计流量须加以说明。

(1) 平均日流量(m^3/d)，一般用以表示污水厂的公称规模，并用以计算污水厂每年的抽升等电耗、耗药量、处理总水量、处理总泥量等。

(2) 设计最大流量，以 m^3/h 或 L/s 表示，即进水管的设计流量，为最大日的最大时流量。污水厂的管渠大小以及一般构筑物(另有规定者除外)均须满足此流量。当进水系用泵抽升时，亦可用组合的工作泵流量代替设计最大流量。但工作泵组合流量应尽量与设计流量吻合，如组合流量稍大，可将压力管部分流量回流至集水池调节。

(3) 降雨时设计流量，以 m^3/h 或 L/s 表示，除旱流污水外，尚包括按截流倍数引入的初雨水径流。初次沉淀池以前的构筑物和设备，均应以此流量核算。此时初次沉淀池的沉淀时间不宜小于 30min。

(4) 考虑到最大流量的持续时间较短，当曝气池的设计停留时间较长，例如在 6h 以上时，可酌情采用比设计流量减小的数值，作为曝气池的设计流量。

(5) 当污水厂为分期建设时，以上设计所用流量应为相应的各期流量。

(6) 下水道设计一般不考虑污水的入渗和渗漏。但当管道施工质量不良，或管材质量不合格，或管道接口受外力作用而破坏(如树根伸入等)时，在地下水位高于管道的条件下，发生地下水的入渗；在地下水位低于管道时，会发生污水渗漏。我国现行规范规定：在地下水位较高的地区，宜适当考虑地下水渗入量。按日本的经验数据，入渗量为每人每日最大污水量的 10%~20%。美国规范建议按观测现有管道的夜间流量进行估算。

3. 设计污水的水质

根据排水设计规范规定确定。

(1) 生活污水　生活污水的五日生化需氧量(BOD_5)和悬浮固体量(SS)的设计值可取为：

$$BOD_5 = 20 \sim 35\text{g}/(\text{人} \cdot \text{d})$$

$$SS = 35 \sim 50\text{g}/(\text{人} \cdot \text{d})$$

(2) 工业废水　工业废水的水质可参照不同类型的工业企业的实测数据或传统数据确定。其 BOD_5 和 SS 值可折合成人口当量计算。

(3) 水质浓度　水质浓度按下式计算：

$$S = 1000a_s / Q_s$$

式中　S——某污染物质在污水中的浓度，mg/L；

a_s——每人每日对该污染物质排出的质量，g；

Q_s——每人每日的排水量，L。

2.4.3　污水处理程度计算

城市污水排入受纳水体后，经过物理的、化学的和生物的作用，使污水中的污染物浓度降低，受污染的受纳水体部分或全部地恢复原状，这种现象称为水体自净或水体净化，水体所具备的这种能力称为水体自净能力。

在选择污水处理程度时，既要充分利用水体的自净能力，又要防止水体受到污染，避免污水排入水体后污染下游取水口和影响水体中的水生动植物。

1. 污水的 SS 处理程度计算

(1) 按水体中 SS 允许增加量计算排放的 SS 浓度。

(2) 按二级生物处理后的水质排放标准计算 SS 处理程度。

根据国家《城镇污水处理厂污染物排放标准》(GB 18918—2002) 中规定城市二级污水处理厂一级标准。

(3) 计算 SS 处理程度。

从以上两种计算方法比较得出，取处理程度较高的为污水处理厂 SS 的处理程度。

2. 污水的 BOD_5 处理程度计算

(1) 按河流中溶解氧的最低允许浓度计算。

(2) 按河流中 BOD_5 的最高允许浓度计算。

(3) 按二级生物处理后的水质排放标准计算。根据国家《城镇污水处理厂污染物排放标准》(GB 18918—2002) 中规定城市污水处理厂总出水口处污水的排放标准。

(4) 计算 BOD_5 处理程度。取处理程度较高的作为污水处理厂 BOD_5 的处理程度。

2.5　初步设计

2.5.1　初步设计内容

1. 基本任务与要求

初步设计应根据批准的可行性研究报告(方案设计)进行，其主要任务是明确工程规模、设计原则和标准，深化可行性研究报告提出的推荐方案并进行局部的方案比较，提出拆迁、征地的范围和数量、主要材料和设备数量，编制设计文件及工程概算。

对未进行可行性研究(方案设计)的设计项目，在初步设计阶段应进行方案比较工作，并应符合规定的深度要求。

2. 工程方案确定

初步设计的关键在于确定方案。首先应根据自然条件和工程特点，考虑设计任务的原则及要求，使设计方案在处理近期与远期的关系、挖潜与新建的关系，应用新技术、自动化程度等方面，符合国家方针政策的要求。同时，应在总体布局、枢纽工程、工艺流程和主要单项工程上，进行技术经济比较，力求做到使用安全、经济合理、技术先进。

3. 初步设计内容

初步设计内容包括确定工程规模、建设目的、总体布置、工艺流程、设备选型、主要构筑物、建筑物、三废治理、劳动定员、建设工期、投资效益、主要设备清单和材料用量。设计原则和标准、工程概算、拆迁及征地范围以及施工图设计中可能涉及的问题、建议和注意事项。

初步设计的文件分为设计说明书、工程量表、主要设备与材料表、初步设计图纸、工程总概算表。初步设计文件应能满足审批、投资控制、施工图设计、施工准备、设备定购等方面工作依据的要求。

2.5.2 初步设计的编写格式

1. 概述

(1) 设计依据　说明设计任务书(计划任务书)，设计委托书，环境影响评价报告及选厂址报告等有关设计文件的批准机关、文号、日期和批准的主要内容，委托设计范围与主要要求，包括工程项目，服务区域与对象，设计规模与标准，设计期限与分期安排，对水量、水质、水压的要求以及设计任务书提出的必须考虑的问题。

(2) 主要设计资料　资料名称、来源、编制单位及日期，一般包括水源利用、用电协议、卫生防疫及环保等部门的意见书，河流环境治理研究报告等。

(3) 城市概况及自然条件　说明城市现状和规划发展情况，包括城市性质，人口分布，工业布局，建筑层次，道路交通及供电条件，发展计划及分期建设的考虑等。概述当地地形、地貌、水文、水文地质资料以及地震烈度、环境污染情况和主要气象参数(如气候、风向、风速、温度、降雨量、土壤冰冻深度等)。

(4) 现有给水排水工程概况　现有水源、水质处理厂、管网等给水排水设施的利用程度、供水能力、实际水量、水质、水压、生活用水量标准、排水量标准和供水普及率，工业用水量、工业排水量、重复使用率以及给水排水设施中存在的主要问题。

2. 水质水量设计

(1) 水质水量计算　说明设计年限内的近期、远期用水量和排水量计算，确定生活用水和消防用水定额、生活污水量标准、变化系数以及未预见水量、公共建筑、消防、绿化用水量和排水量。

(2) 天然水体　说明当地水源情况，包括地面水、地下水的地理位置、走向及其水文地质条件、水体流量、流速和水质资料、卫生状态、水资源开发利用情况等。对选用的水体进行方案论证和技术经济比较，确定给水排水的水源和受纳水体的位置。

3. 污水厂工艺设计

(1) 说明污水厂位置，选择厂址考虑的因素，如地理位置、地形、地质条件、防洪标准、卫生防护距离、占地面积等。

(2) 根据进污水厂的污水量和污水水质，确定 2~3 种污水处理和污泥处置采用的方案并进行选择，确定工艺流程、总平面布置原则，预计处理后达到的水质标准。

(3) 按流程顺序说明各构筑物的方案比较、计算主要设计参数、构筑物尺寸、构造形式及其所需设备类型、台数与技术性能、采用新技术的工艺原理和要求，进行方案技术经济对比，择优推荐方案。

(4) 说明采用的污水消毒方法或深度处理的工艺及其有关说明。

(5) 选择泵站的位置，紧急排出口设施，确定泵站的形式、计算泵站主要尺寸、埋深、设备选型、台数与性能、运行要求、主要设计数据。

(6) 说明处理后污水、污泥的综合利用，对排放水体的卫生环境影响。

(7) 简要说明厂内主要辅助建筑物(如化验室、药剂仓库、办公室、值班室、辅助车间及福利设施)的建筑面积及其使用功能，厂内给水、排水、道路、绿化等设计。

4. 其他设计

(1) 建筑设计　根据工艺要求或使用功能确定建筑平面布置、层数、层高、装饰标准，以及对室内通风、消防、节能所采取的措施。

(2) 结构设计　工程所在地区的风荷、雪荷、工程地质条件、地下水位、冰冻程度、地震基本烈度。场地的特殊地质条件(如软弱地基、膨胀土、滑坡、溶洞、冻土、采空区、抗震的水利地段等)应分别予以说明。

根据构筑物使用功能，确定使用荷载、土壤允许承载力、设计抗震烈度等，阐述对结构的特殊要求(如抗浮、防水、防爆、防震、防腐蚀等)，地基处理、基础形式，伸缩缝、沉降缝和抗震缝的位置，为满足特殊使用要求的结构处理，主要结构材料的选用，以及新技术、新结构、新材料的采用。

(3) 采暖、通风设计　说明室外主要气象参数，各建筑物的计算温度，采暖系统的形式及其组成，管道敷设方式、采暖热媒、采暖耗热量、节能措施，计算总热负荷量，确定锅炉设备选型、供热介质及设计参数、锅炉用水水质软化及消烟除尘措施，简述锅炉房组成、附属设备的布置、通风系统及其设备选型，降低噪声措施。

(4) 供电设计　说明设计范围、电源电压、供电来源、备用电源的运行方式、内部电压选择、用电设备种类，并以表格说明设备容量、计算负荷数值和自然功率因数、功率因数补偿方法、补偿设备以及补偿后功率因数。说明采用继电保护方式、控制工艺过程、各种遥测仪表的传递方法、信号反应、操作电源等的简要动作原理和联锁装置，确定防雷保护措施、接地装置及计量装置。

（5）仪表、自动控制及通信设计　说明仪表、自动控制设计的原则和标准，仪表、自动控制测定的内容，各系统的数据采集和调度系统，通信设计范围及通信设计内容，有线通信及无线通信。

（6）机械设计　选用标准机械设备的规格、性能、安装位置及操作方式，非标准机械的构造形式、原理、特点以及有关设计参数。

（7）环境保护及劳动安全　污水厂所在地点对附近居民点的卫生环境影响，锅炉房消烟除尘措施和预期效果，运转设备的降低噪声措施。提出水源和水厂的卫生防护和安全措施，各车间和储存有毒易爆、易燃物资仓库的防毒、防火、防爆以及安全供电的保证措施，操作工人的劳动安全保护措施。

5. 人员编制及经营管理

提出需要的管理机构和职工定员编制。提出年总成本费用，并计算每立方米水的制水成本。

6. 工程概算书

编制工程概算和单位水量的造价指标并说明编制概算所采用的定额、取费标准、工资标准、材料价格以及确定施工方法和施工费用的依据。

7. 主要材料及设备表

提出全部工程及分期建设需要的三材、管道及其他主要设备、材料的名称、规格、型号、数量等(以表格方式列出清单)。

8. 设计图纸

（1）规划布置图　图纸比例一般采用1∶25000～1∶5000，图上表示出地形、地物、河流、道路、风玫瑰、指北针等。标出坐标网，列出主要工程项目表。

（2）水处理工程平面图　污水厂、泵站等枢纽工程平面图采用比例1∶200～1∶1000图上标出坐标轴线、等高线、风玫瑰、指北针、厂区平面尺寸、现有的和设计的厂区平面布置，包括主要生产构筑物和附属建筑物及管(渠)、围墙、道路等主要尺寸和相关位置。列出生产构筑物和附属建筑物一览表及工程量表。

（3）工艺流程图　采用比例竖向为1∶100～1∶200，表示工艺流程中各种构筑物及其水位标高的关系和主要规模指标。

（4）主要构筑物工艺图　采用比例一般为1∶100～1∶200，图上表示出工艺布置、设备、仪表及管道等安装尺寸、相关位置、标高。列出主要设备一览表，并注明主要设计技术数据。

（5）主要构筑物建筑图　采用比例一般为1∶100～1∶200，图上表示出结构形式、基础做法、建筑材料、室内外主要装饰门窗等建筑轮廓尺寸及标高，并附技术经济指标。

（6）主要辅助建筑物建筑图　如综合楼、车间、仓库、车库等，可参照上述要求。

（7）供电系统布置图　表示变电、配电、用电启动保护等设备位置、名称、符号及型号规格，附主要设备材料表。

（8）自动控制仪表系统布置图　仪表数量多时，绘制系统控制流程图；当采用微机时，绘制微机系统图。

（9）通风、锅炉房及供热系统布置图。

2.6　施工图设计

2.6.1　施工图设计内容

1. 基本任务与要求

施工图设计应按照批准的初步设计内容、规模、标准及概算进行。其主要任务是提供能满足施工、安装、加工和使用要求的设计图纸、说明书、材料设备表以及要求设计部门编制的施工预算。

2. 设计深度

施工图设计是根据建筑施工、设备安装和组件加工所需要的程度，将初步设计确定的设计原则和方案进一步具体化。施工图的设计深度，应能满足施工、安装、加工及施工预算编制的要求。

3. 施工图设计内容

施工图设计内容应包括设计说明书、施工图纸、材料设备表、施工图预算。

2.6.2　施工图设计文件格式及图纸要求

1. 设计说明书

（1）设计依据　摘要说明初步设计批准的机关、文号、日期及主要审批内容以及初步设计审查中变更部分的内容、原因、依据等。

（2）设计说明　说明采用的初步设计中批准的工艺流程特点、工艺要求以及主要的设计参数。在设计中采用的新技术工作原理、设计要求、调试的注意事项以及设计选用的参数。

（3）施工说明　说明设计中采用的平面位置基准点和标高的基准点、图例和符号的表示意义、施工安装注意事项及质量验收要求，有必要时介绍主要工程的施工方法、验收标准、运转管理注意事项。

2. 施工图预算

施工图完成后按照施工图的工程量进行工程预算的编制。

3. 主要材料及设备表

(1) 三材一览表 按照施工图工作量准确地提出全部工程需要的钢筋、木材和水泥，列入一览表。

(2) 管线一览表 将施工图中所有的管线列于表格，包括管道编号、介质性质、管径、管材、长度、工作压力、管件、法兰以及阀门等。

(3) 设备一览表 设计中参考选用的主要设备列于表格，包括设备位置、设备名称、规格、运转功率、额定功率、运行数量、备用数量以及材质、型号。

4. 设计图纸

(1) 总体布置图 采用比例尺 1∶2000~1∶25000，内容基本同初步设计，但要求更为详尽，要求注明平面位置的基准点和高程的基准点。

(2) 处理工程总体图纸：

① 工程总平面图。采用比例尺 1∶100~1∶500，包括风玫瑰图、指北针、等高线、坐标轴线、构筑物、建筑物、围墙、绿地、道路等的平面布置，注明厂界四角坐标及构筑物四角坐标或相对距离和构筑物的主要尺寸，各种管渠及室外地沟尺寸、长度、地质钻孔位置等，并附构筑物一览表、工程量表及有关图例。

② 工艺高程示意图。采用比例尺 1∶100~1∶500，表示出工艺流程中各构筑物间高程关系及主要规模指标。工程规模较大，构筑物较多者，应绘制建筑总平面图，并附厂区主要技术经济指标。

③ 工艺流程系统图。表示工艺流程图中各构筑物间的所有管道的走向、连接方法。包括构筑物名称、位置，所有管道的名称、管径、位置、阀门和管件数量，以及全部设备的名称、位置。工艺流程系统图也可以和管道仪表流程图(PID 图)合画在一起。

④ 竖向布置图。地形复杂的污水厂应进行竖向设计，内容包括厂区原地形、设计地面、设计路面、构筑物高程及土方平衡表。

⑤ 厂内管线平面布置图。表示各种管线的平面位置、长度及相互尺寸、管线节点、管件布置、断面、材料、闸阀及附属构筑物(闸阀井、检查井等)、节点的管件、支墩，并附工程量及管件一览表。

⑥ 厂内给水排水管纵断面图。表示各种给水排水管渠的埋深、管底标高、管径、坡度、管材、基础类型，接口方式、检查井、交叉管道的位置、高程，管径等。

⑦ 管道综合图。绘出各管线的平面布置，注明各管线与构筑物、建筑物的距离尺寸和管线的间距尺寸，管线交叉密集的地点，适当增加断面图，表明各管

线的交叉标高，并注明管线及地沟等的设计标高。

⑧ 绿化布置图。比例同总平面图，表示出植物种类、名称、行距和株距尺寸、种栽范围，与构筑物、建筑物、道路的距离尺寸、各类植物数量，建筑小品和美化构筑物的位置、设计标高等。

（3）单体构筑物设计图：

① 工艺图。图纸比例一般采用 1∶50～1∶100，分别绘制平面图、剖面图及详图，表示工艺布置、细部构造、设备、管道、阀门、管件等的安装方法，详细标注各部尺寸和标高，引用的详图和标准图，并附设备管件一览表以及必要的说明和主要技术数据。

② 建筑图。图纸比例一般采用 1∶50～1∶100，分别绘制平面、立面、剖面图及各部构造详图，节点大样，注明轴线间各部尺寸及总尺寸、标高，设备或基座位置、尺寸与标高等，预留位置的尺寸与标高，表明室外装饰材料、室内装饰做法及有特殊要求的做法。应用的详图、标准图，并附门窗标记必要的说明。

③ 结构图。图纸比例一般采用 1∶50～1∶100，绘出结构整体及结构详图，配筋情况，各部分及总尺寸与标高，设备或基座等位置、尺寸与标高，留孔、预埋件等位置、尺寸与标高，地基处理、基础平面布置、结构形式、尺寸、标高、墙柱、梁等位置及尺寸，屋面结构布置及详图。引用的详图、标准图、汇总工程量表，主要材料表、钢筋表及必要的说明。

④ 采暖、通风、照明、室内给水排水安装图。表示出各种设备、管道、路线布置与建筑物的相关位置和尺寸，绘制有关安装详图、大样图、管线透视图，并附设备一览表，管件一览表和必要的设备安装表。

⑤ 辅助建筑物图。包括综合楼、维修车间、锅炉房、车库、仓库、宿舍、各种井室等，设计深度参照单体构筑物。

（4）电气控制设计图：

① 厂区高、低压变配电系统图和一、二次回路接线原理图。包括变电、配电、用电启动和保护等设备型号、规格、编号，附设备材料表。说明工作原理，主要技术数据和要求。

② 各构筑物平面图、剖面图。包括变电所、配电间、操作控制间电气设备位置，供电控制线路敷设，接地装置，设备材料明细表和施工说明及注意事项。

③ 各种保护和控制原理图、接线图。包括系统布置原理图，引出或引入的接线端子板编号、符号和设备一览表以及动作原理说明。

④ 电气设备安装图。包括材料明细表，制作或安装说明。

⑤ 厂区室外线路照明平面图。包括各构筑物的布置，架空和电缆线路、控制线路及照明布置。

⑥ 自动控制图。包括带有工艺流程的检测与自控原理图，仪表及自控设备的接线图和安装图，仪表及自控设备的供电、供气系统的管线图，控制柜、仪表屏、操作台及有关自控辅助设备的结构图和安装图，仪表间、控制室的平面布置图，仪表自控部分的主要设备材料表。

（5）非标准机械设备图　表明非标准机械构造部件组装位置、技术要求、设备性能、使用须知及其注意事项，以及加工详细尺寸、精度等级、技术指标和措施。

第3章　环境工程材料

3.1　材料的力学性能

力学性能是指材料在外力作用下所表现出来的特性。常用的力学性能指标有强度、刚度、塑性、硬度、韧性、疲劳极限和耐磨性等。

1. 拉伸实验

静载荷拉伸实验是生产和实验中最常用的力学性能检测方法之一。材料的一些力学性能(如强度、刚度和塑性等)可以通过拉伸实验获得。

2. 强度

强度是指材料在外力作用下抵抗塑性变形和断裂的能力。若将断裂看成变形的极限，则可将强度称为变形的抵抗能力。

3. 刚度

绝大多数机器零件在工作时基本上都处于弹性变形阶段，即均会发生一定量的弹性变形。但若弹性变形量过大，则工件不能正常工作。由此，引出了材料对弹性变形的抵抗能力——刚度或刚性指标。如果说强度保证了材料不发生过量塑性变形甚至断裂，刚度则保证了材料不发生过量弹性变形。

4. 塑性

塑性是指材料在外力作用下产生塑性变形而不破坏的能力，即材料断裂前塑性变形的能力。

5. 硬度

硬度是反映材料软硬程度的一种性能指标，是材料表面抵抗比它更硬的物体压入时所引起的塑性变形的能力。硬度值的物理意义随着实验方法的不同而改变，生产上常用的有布氏硬度、洛氏硬度和维氏硬度。三种硬度的测定实验都采用压入法，即用硬的压头压被测试的材料，根据压痕的大小来表示硬度值。

6. 韧性

材料的韧性是指材料在塑性变形和断裂的全过程中吸收能量的能力，是材料强度和塑性的综合表现。韧性不足可用其反义词脆性来表达。韧性不足即说明不需要大的力或能量就可以使材料发生断裂。评定材料韧性一般用冲击韧性。

7. 疲劳极限

许多零件如弹簧、齿轮、曲轴、连杆等，都是在大小、方向随时间发生周期性循环变化的交变载荷作用下工作的。零件在这种交变载荷下经较长时间工作，在小于其屈服强度，甚至小于比例弹性强度的情况下，无显著外观变形而发生断裂的现象，称为疲劳。疲劳断裂时的应力低于材料静载荷下的屈服强度，断裂前无论是韧性材料还是脆性材料均无明显的塑性变形，是一种无预兆的、突然发生的脆性断裂，故而危险性极大，常造成严重的事故。

材料的疲劳性能常用疲劳极限来评定。材料在长期经受交变载荷作用下不至于断裂的最大应力称为疲劳强度。同一种材料的疲劳强度值的大小，因交变载荷的大小和交变频次的不同而不同。

3.2 金属材料

3.2.1 常用的金属材料

金属材料是目前应用最为广泛的工程材料，尤其是钢、铸铁、有色金属及其合金中的铝及铝合金、铜及铜合金、钛及钛合金应用更为广泛。

3.2.1.1 钢

钢主要是由铁和碳元素组成的合金。合金是指由一种金属元素与一种或几种金属元素或非金属元素组成的具有金属特性的物质。

依据化学成分不同，分为碳素钢和合金钢。碳素钢按含碳量又可分为低碳钢(含碳量<0.25%)、中碳钢(含碳量为0.25%~0.6%)、高碳钢(含碳量>0.6%)；合金钢按合金元素含量也可分为低合金钢(合金元素含量<5%)、中合金钢(合金元素含量为5%~10%)、高合金钢(合金元素含量>10%)，按钢的质量等级分为普通钢、优质钢和高级优质钢。按钢的主要用途可分为结构钢、工具钢、特殊性能钢、专业用钢等。

国家标准GB/T 13304—91《钢分类》是参照国际标准制定的。钢的分类分为按化学成分分类和按主要质量等级、主要性能及使用特性分类两部分。

1. 结构钢

结构钢是品种最多、用途最广、使用量最大的用钢，按其主要用途一般分为工程结构用钢和机械制造用钢(或机械结构用钢)两大类。

工程结构用钢主要用于各种工程结构(如建筑、桥梁、船舶、石油化工，压力容器等)和机械产品中要求不高的结构零件，大多是普通质量钢，其冶炼较简单，成本低廉，工艺性能优良，可满足工程结构大量用钢的需要。

机械制造用钢主要用于制造各种机械零件(如轴、齿轮、弹簧、轴承等)，通常是优质钢或高级优质钢，性能要求一般比工程结构钢高，通常须经热处理后使用。此类钢按其主要用途、热处理和性能特点不同，可分为表面硬化钢、调质钢、弹簧钢、滚动轴承钢和超高强度钢等。

(1) 碳素结构钢：

① 普通碳素结构钢。普通碳素结构钢碳含量较低，一般为0.06%～0.38%，对性能要求及硫、磷和其他残余元素含量的限值较宽。大多用作工程结构钢，一般是热轧成钢板或各种型材如圆钢、方钢、工字钢、钢筋等，少部分也用于要求不高的机械结构。

② 优质碳素结构钢。优质碳素结构钢主要用于机械制造，必须同时保证化学成分和力学性能。优质碳素结构钢的硫、磷含量较低，一般不大于0.035%，综合力学性能优于普通碳素钢，为充分发挥其性能潜力，一般须经热处理后使用。优质碳素结构钢用途广泛，如用于制造冲压件、焊接件、螺钉、螺母、高压法兰、齿轮、轴类、连杆等。

(2) 低合金结构钢　低合金结构钢是在普通碳素结构钢的基础上添加合金元素而得到的，合金元素总量不超过5%。添加的合金元素主要是锰，辅加合金元素为钒、钛、铝等。少量合金元素的加入提高了钢的性能：提高了强度，屈服强度一般在300MPa以上；有足够的塑性和韧性；有良好的焊接性和冷塑性加工性能。低合金结构钢的牌号体现其力学性能，如Q420表示屈服强度为420MPa。低合金结构钢主要用于制造桥梁、船舶、车辆、锅炉、高压容器、输油输气管道、大型结构等。

(3) 合金结构钢　合金结构钢主要用于制造各种机械零件，其质量等级都属于特殊质量等级，大多须经热处理后才能使用。合金结构钢按用途及热处理特点可分为渗碳钢、调质钢、弹簧钢、滚动轴承钢、超高强度钢等。

2. 工具钢

工具钢是用于制造刃具、模具、量具等各类工具的钢种。按化学成分可分为碳素工具钢和合金工具钢两大类。合金工具钢适用于截面尺寸大、形状复杂、承载能力高且要求热稳定性好的工具。合金工具钢按工具的使用性质和主要用途又可分为刃具钢、模具钢和量具钢3类，但这种分类的界限并不严格，因为某些工具钢(如低合金工具钢CrWMn)既可做刃具，又可做模具和量具。在实际应用中，通过分析只要某种钢能满足某种工具的使用需要，即可用于制造该种工具。

(1) 碳素工具钢　碳素工具钢是高碳钢，价格低廉、加工容易，综合力学性能不高，因此多用于手动工具或低速机用工具，如扁铲、手钳、大锤、冲头、冲模、丝锥、锉刀、刮刀、钻头等。

(2) 合金工具钢　合金工具钢是在碳素工具钢的基础上加入适量的合金元素的钢种，可分为刃具钢、模具钢和量具钢。

3. 不锈钢

不锈钢属于特殊性能钢，通常是不锈钢(耐大气、蒸汽和水等弱腐蚀介质腐蚀的钢)和耐酸钢(耐酸、碱、盐等强腐蚀介质腐蚀的钢)的统称，全称不锈耐酸钢，广泛用于化工、石油、卫生、食品、建筑、航空、原子能等行业。其性能要求是：①要有优良的耐蚀性。耐蚀性是不锈钢最重要的性能，但其耐蚀性对介质具有选择性。某种不锈钢在特定的介质中具有耐蚀性，而在另一种介质中则不一定耐蚀。②要有合适的力学性能。③要有良好的工艺性能，如冷塑性加工性能、切削加工性能、焊接性等。

不锈钢是在碳素钢的基础上加入一些耐腐蚀的合金元素形成的，其含碳量较低，有的要求小于0.03%，加入的合金元素主要是铬和镍。铬是不锈钢中最基本的合金元素，主要作用是提高钢的耐蚀性。在氧化性介质中，铬能使钢表面形成一层牢固而致密的氧化物，使钢基本受到保护。铬在钢中能显著提高钢的电极电位，电极电位的提高不是渐变，而是突变，当铬含量达到12%时，电极电位突然增加，因此不锈钢中的含铬量均在13%以上。一定量的镍和铬配合，可赋予钢良好的耐蚀性、强度和韧性。不锈钢按成分可分为铬不锈钢和铬镍不锈钢。如1Cr13、2Cr13主要用于制造汽轮机叶片、水压机阀、不锈设备用螺栓螺母等，1Cr17主要用于制造建筑内装饰品、重油燃烧部件、家用电器部件、硝酸吸收塔、稀硝酸换热器等，1Cr17Ni2主要用于制造具有较高强度的耐硝酸及有机酸腐蚀的零件、容器、设备等，0Cr18Ni12MoTi主要用于制造耐硫酸、硝酸、乙酸的设备。

3.2.1.2　铸铁

铸铁是应用广泛的一种铁碳合金材料，基本上以铸件形式使用。当铸铁中的碳主要以 Fe_3C 即渗碳体形式存在时，铸铁断口呈银白色，故称为白口铸铁。白口铸铁具有硬而脆的基本特性，在冲击载荷不大的情况下可作为耐磨材料使用，除此以外用途不大。当碳主要以石墨形式存在时，铸铁断口呈暗灰色，故称为灰口铸铁。灰口铸铁是工业上广泛应用的铸铁。灰口铸铁可根据石墨的形态进行分类：具有片状石墨的铸铁为灰铸铁，具有球状石墨的铸铁为球墨铸铁，具有团絮状石墨的铸铁为可锻铸铁，具有蠕虫状石墨的铸铁为蠕墨铸铁。另外，在铸铁的基础上加入一些合金元素，使之提高某些方面的性能，就成了合金铸铁。

1. 灰铸铁

灰铸铁是价格便宜、应用广泛的铸铁材料。灰铸铁强度较低、塑性差，但由于石墨的润滑作用，具有良好的切削性和耐磨性。灰铸铁有 HT100、HT150、HT200、HT250、HT300、HT350 六种。HT100 主要用于制造承受低载荷的和不重要的零件，如盖、外罩、手轮、支架、重锤等；HT150 适用于制造承受中等载荷的零件，如支柱、底座、齿轮箱、刀架、阀体、管路附件等；HT200、HT250 适用于制造承受较大载荷的和重要的零件，如汽缸体、齿轮、飞轮、缸套、活塞、联轴器、轴承座等；HT300、HT350 适用于制造承受高载荷的重要零件，如齿轮、凸轮、高压油缸、滑阀壳体等。

2. 球墨铸铁

球墨铸铁是 20 世纪 50 年代发展起来的一种高强度铸铁材料，综合性能接近于钢。它不仅有较高的强度，而且有一定的塑性。

中国球墨铸铁牌号由“QT”加上两组数字组成。“QT”表示“球铁”二字的汉语拼音字首，其后两组数字分别表示最低抗拉强度和最低断后伸长率。如 QT400-15 表示抗拉强度为 400MPa，伸长率为 15%。QT400-18、QT400-15 主要用于制造承受冲击、振动的零件，如汽车、拖拉机的轮毂、差速器壳，农机具零件，中低压阀门，压缩机上的高低压汽缸等；QT600-3、QT700-2、QT800-2 主要用于制造承受载荷大、受力复杂的零件，如拖拉机、柴油机中的曲轴、连杆、凸轮轴，各种齿轮，部分机床的主轴，蜗杆、蜗轮，轧钢机的轧辊，大齿轮及大型水压机的工作缸、缸套、活塞等。

3. 合金铸铁

合金铸铁是在普通铸铁的基础上加入一定量的合金元素后具有特殊性能的铸铁，又称特殊性能铸铁。根据性能的特点，合金铸铁可分为耐磨铸铁、耐热铸铁和耐蚀铸铁。

耐磨铸铁就是不易磨损的铸铁，又可分为减摩铸铁和抗磨铸铁。具有较小摩擦因数的铸铁称减摩铸铁。减摩铸铁的含磷量为 0. 30%～0. 60%，并可主要加入铬、钼、钨、铜、钛等合金元素。减摩铸铁通常在有润滑条件下工作，主要用于制造机床导轨、汽缸套、活塞环等。在无润滑剂干摩擦条件下工作的耐磨铸铁称抗磨铸铁。这类铸铁通常以普通白口铸铁为主，加入铬、钼、钒、铜、硼等合金元素而得到，主要用于制造犁铧、轧辊、球磨机零件等。

耐热铸铁是可以在高温条件下使用、抗氧化性或抗生长性能良好的铸铁，主要加入铬、硅、铝等合金元素。中国多采用加硅和加硅、铝耐热铸铁，主要用于制造加热炉附件，如炉底板、烟道挡板、传递链构件等。

耐蚀铸铁主要是指在酸、碱条件下有一定的抗腐蚀能力，主要加入铬、硅、钼、铜、镍等合金元素的铸铁。耐蚀铸铁主要用于制造化工机械设备，如容器、管道、泵、阀门等。

3.2.1.3 有色金属及其合金

1. 铝及铝合金

纯铝具有银白色金属光泽，密度为 2720kg/m^3，熔点为 660℃，具有良好的导电性和导热性，其导电性仅次于银和铜。纯铝在空气中易氧化，表面形成一层能阻止内层金属继续被氧化的致密的氧化膜，因此具有良好的抗大气腐蚀性能。纯铝无磁性，有极好的塑性、较低的强度和良好的低温性能。冷变形加工可提高其强度，但会降低其塑性。纯铝具有优良的工艺性能，易于铸造、切削和冷、热压力加工，还具有良好的焊接性能。

纯铝的强度和硬度很低，不适宜作为工程结构材料使用。向铝中加入适量硅、铜、镁、锌、锰等元素组成铝合金，可提高其强度和硬度等性能。

2. 铜及铜合金

纯铜外观呈紫色，故称紫铜，密度为 8960kg/m^3，熔点为 1083℃，导电性和导热性优良。纯铜在大气、淡水中具有良好的耐蚀性，但在海水中耐蚀性较差。纯铜强度较低，硬度不高，塑性很好，有优良的焊接性能。纯铜一般不直接用作结构材料，主要用途是配制铜合金，以用于制作导电、导热及耐蚀器材等。

向铜中加入适量锌、锡、铝、锰等元素组成铜合金，可提高其强度和硬度等性能。铜合金按化学成分分为黄铜、青铜和白铜三大类。

（1）黄铜　黄铜是以锌为主要合金元素的铜合金，Cu-Zn 二元合金称为普通黄铜。在普通黄铜中，随着含锌量的增加，其强度和塑性增加。含锌量大于 39% 时，塑性急剧下降，若继续增加含锌量，强度急剧下降，故而工业黄铜中的含锌量不超过 47%。普通黄铜不仅有良好的力学性能、耐蚀性能和加工性能，而且价格也较纯钢便宜，生产中用于制造机器零件。

为进一步提高普通黄铜的某些性能，可加入一些合金元素形成特殊黄铜。如加铅可提高切削加工性和耐磨性，加锡可提高耐蚀性，加铝可提高强度、硬度和耐蚀性等。

H68、H70、H80 主要用作弹壳和精密仪器等；H59、H62 主要用作水管、油管、散热器、螺钉等；HPb59-1、HSn90-1 主要用作冷凝管、齿轮、螺旋桨、钟表零件等。铸造黄铜主要用于制造一般用途结构件、机械制造业的耐蚀零件等。

（2）青铜　青铜原指铜与锡的合金，现除了黄铜和白铜外，铜与其他元素组成的合金均称青铜。按其化学成分的不同，青铜分为锡青铜和无锡青铜两大类。

锡青铜具有良好的耐蚀性、减摩性、抗磁性和低温韧性，在大气、海水、蒸汽、淡水及无机盐溶液中的耐蚀性比纯铜和黄铜好，但在亚硫酸钠、酸和氨水中的耐蚀性较差。主要用于制造弹性元件、耐磨零件、抗磁及耐蚀零件，如弹簧、轴承、齿轮、蜗轮、热圈等。

无锡青铜种类较多，由于各合金元素所起的作用不同，故而各有不同的性能，在实际生产中有着广泛的应用。以铝为主要加入元素的铝青铜的强度、硬度、耐磨性、耐热性、耐蚀性都高于黄铜和锡青铜，主要用于制造齿轮、轴套、摩擦片、蜗轮、螺旋桨等。铍青铜可得到高的强度、硬度、弹性极限、疲劳极限、耐磨性和耐蚀性，并具有良好的导电性和导热性，还不具有磁性，主要用于铷造各种精密仪器、仪表的重要弹簧和其他弹性元件以及电焊机电极、防爆工具、航海罗盘等其他重要机件。

(3) 白铜　白铜分为简单白铜和特殊白铜。简单白铜是 Cu-Ni 二元合金，它具有较高的耐蚀性和抗腐蚀疲劳性能，优良的冷、热加工性能，主要用于制造在蒸汽和海水环境中工作的精密仪器、仪表零件和冷凝器、蒸馏器及热交换器等。特殊白铜是在 Cu-Ni 二元合金基础上添加锌、锰等元素形成的，分别称为锌白铜、锰白铜等。锌白铜具有很高的耐蚀性、强度和塑性，成本也较低，适于制造精密仪器、精密机械零件、医疗器械等。锰白铜具有较高的电阻率、热电势和低的电阻温度系数，用于制造低温热电偶、热电偶补偿导线、变阻器和加热器。

3. 钛及钛合金

钛呈银白色，密度 4500kg/m^3，熔点 1668℃。纯钛的强度低，但比强度(强度与密度之比)高，塑性及低温性能好，耐蚀性很高。钛具有良好的压力加工工艺性能，切削性能较差。工业纯钛主要用于制造在 350℃以下工作的石油化工用热交换器、反应器、舰船零件、飞机蒙皮等。

在纯钛中加入铝、钼、铬、锰、钒等就形成钛合金，钛及钛合金是一种新型的金属材料，现已成为航空、石油、造船等工业重要的金属材料。

3.2.2　金属型材

3.2.2.1　钢管

(1) 焊接钢管也叫焊管，是用钢板或钢带经过卷曲成型后焊接而成的钢管。焊接钢管按焊缝的形式分为直缝焊管和螺旋缝焊管。其适用范围：主要是用来输送低压流体，制造各种结构件和机械零部件等。

(2) 无缝钢管。给排水工程常用的无缝钢管有低中压锅炉用无缝钢管、冷轧或冷拔精密无缝钢管、结构用无缝钢管、液体输送用不锈钢无缝钢管等。

3.2.2.2　铸铁管及管件

(1) 离心铸造球墨铸铁管：适用于给水及燃气等压力流体输送，均采用柔性接口。

(2) 压力管道用球墨铸铁管：适用于压力水管、其他液体或气体管。

3.2.2.3　排水铸铁管及管件

(1) 排水用灰口铸铁管及管件：适用于输送雨水、废水和污水，及城镇、工业、企业排水。

（2）卡箍式离心铸铁排水管及管件：适用于高层建筑的排水、排污及通气系统。

3.2.2.4 铜管及管件

（1）铜管：有拉制管和挤制管。拉制管适用于输送盐酸和稀硫酸等腐蚀性小的流体，并在干燥空气中耐腐蚀性较强。

（2）铜管件：45°、90°和180°弯头、三通、四通、异径管、活接头等。

3.2.2.5 金属管用特殊接头

（1）可曲挠橡胶接头和弯头：适用于要求减振降噪并能补偿一定变形的金属管道系统的柔性连接。可广泛应用于给水排水、污水处理、暖通空调、消防、石油化工等行业。温度范围：-15～75℃。适用介质：空气、水、浓度在10%以下的酸或碱溶液。

（2）松套伸缩接头：适用于输送水、油、气和颗粒粉状介质等管路的连接，密封性能可靠，装卸方便，能补偿管道一定范围内的位移、错位和挠曲及吸收管路的热胀冷缩和振动。

（3）限位伸缩接头：是在松套伸缩接头原有性能的基础上增设限位装置，在最大伸缩量处用双螺母锁定，以实现管道在允许的伸缩量中可以自由伸缩，一旦超过其伸缩量，能起到限位作用，可有效地确保管道的安全运行。特别适用于有振动或有一定斜度及在拐弯的管道中连接。

（4）对开式伸缩接头：是一种管道连接件，用于管道连接处，拆装方便。在低压时，靠密封圈的弹性变形，达到密封的目的；在压力增加时，通过介质作用在密封圈上，起到密封作用，并在管端间留有间隙来补偿管道因热胀冷缩而产生的位移和挠曲。

（5）填料函式伸缩接头：适用于热力管道连接。它通过拧紧螺母，密封圈和填料在压盖的挤压作用下产生变形，紧贴伸缩管起密封作用，当温度变化时，伸缩管可自由地伸缩，从而达到补偿的目的。

（6）球形接头：适用于挠度较大的管道连接。通过拧紧螺母，密封圈在压盖的挤压下，紧贴球形管上起密封作用，球形管通过球面可以向任意方向绕一个角度以补偿管道的挠曲量。

（7）管道快速堵漏装置：主要适用于管道爆裂抢修。在裂口处通过对合安装后拧紧螺母，就可以有效地防止介质泄漏，实现快速堵漏，大大提高抢修效率。

（8）管道三通快速装置：适用于主管道开孔敷设支管道。将其安装在所需开孔的位置后，在其法兰处安装闸阀或球阀，通过开孔机开孔后关闭阀门，再进行敷设支管道。这样就可实现在不停止运行的情况下进行作业，提高工作效率，节省时间。

(9) 柔性管接头、柔性补偿器、柔性过墙套管。

3.2.2.6 波纹金属软管与波纹补偿器

(1) 波纹金属软管：是一种柔性管路元件。一般由不锈钢波纹管、网丝套和接头件组成。在管路和设备中间起软连接作用，补偿相对位移，并且能够承受较高工作压力。

(2) 泵用波纹金属软管：在泵或压缩机与阀门仪表构成的管路系统中，常因振动损坏仪器仪表，缩短元器件的使用寿命，影响系统的正常工作，振动还会产生噪声危害人体健康。故在泵或压缩机等设备的进出口处安装泵用波纹金属软管，可以减振降噪，保护系统仪表正常工作，静化工作环境。

(3) 泵、阀进出口用波纹补偿器：适用于各类泵、阀进出口和管道的柔性连接。

3.2.2.7 钢板

热轧，是以板坯(主要为连铸坯)为原料，经加热后由粗轧机组及精轧机组制成带钢。从精轧最后一架轧机出来的热钢带通过层流冷却至设定温度，由卷取机卷成钢带卷，冷却后的钢带卷，根据用户的不同需求，经过不同的精整作业线(平整、矫直、横切或纵切、检验、称重、包装及标志等)加工而成为钢板、平整卷及纵切钢带产品。简单地说，一块钢坯在加热后经过几道轧制，再切边，矫正成为钢板，这种叫热轧。

冷轧：用热轧钢卷为原料，经酸洗去除氧化皮后进行冷连轧，其成品为轧硬卷，由于连续冷变形引起的冷作硬化使轧硬卷的强度、硬度上升，韧塑指标下降，因此冲压性能将恶化，只能用于简单变形的零件。简单说，冷轧是在热轧板卷的基础上加工轧制出来的，一般来讲是热轧-酸洗-冷轧这样的加工过程。

冷轧是在常温状态下由热轧板加工而成，虽然在加工过程中因为轧制也会使钢板升温，但它还是叫冷轧。

钢板的品种主要有：轧制薄钢板和钢带、热轧厚钢板、花纹钢板、复合钢板。

3.2.2.8 钢板制品

主要有：钢板网、钢格栅板、排水井(沟)盖、常用踏步板。

3.2.2.9 盘条、钢筋

一般将用于混凝土结构物中的圆钢、螺纹钢、盘条称为钢筋。

盘条，就是直径比较小的圆钢，商品形态是卷成盘供货，在工地上常见的有直径 6mm、8mm、10mm、12mm 的，以低碳钢居多，一般不用于钢筋混凝土结构的主筋，多用于制钢筋套，还有小直径的用于砖混结构中的“砖配筋”。盘条在使用前需要用钢筋调直机调直下料，同时也在机器中去除氧化锈皮，也在反复的弯曲拉伸中，强度有一定的提高。没有调直机的小型工地，使用卷扬机拉直盘条，如果直接拉是不可取的，容易产生太大的塑性变形，应该一端用滑轮重锤，以控制拉力。

钢筋是指钢筋混凝土用钢材和预应力钢筋混凝土用钢材，其横截面为圆形，有时为带有圆角的方形。包括光圆钢筋、带肋钢筋、扭转钢筋。钢筋可以承受拉力，增加机械强度。

3.2.3 腐蚀与防护

腐蚀是指金属由于环境介质作用而导致的变质和破坏。由于腐蚀存在，金属材料及其制品遭到很大程度的损失和破坏，腐蚀不仅造成巨大的经济损失，引发各种灾难性事故，而且耗费大量宝贵而有限的资源和能源，严重污染环境，在一定程度上威胁着人类的生存与发展。金属腐蚀是一个十分复杂的过程，由于材料、环境因素及受力状态的差异，金属腐蚀的形式和特征千差万别，因此腐蚀的分类也是多样的。

按腐蚀原理分，腐蚀可分为化学腐蚀和电化学腐蚀；按腐蚀形态分，腐蚀可分为全面腐蚀和局部腐蚀；按腐蚀环境的类型分，腐蚀可分为大气腐蚀、海水腐蚀、土壤腐蚀、燃气腐蚀、微生物腐蚀等；按腐蚀环境的温度分，腐蚀可分为高温腐蚀和常温腐蚀；按腐蚀环境的湿润程度分，腐蚀可分为干腐蚀和湿腐蚀。

3.2.3.1 化学腐蚀

金属的化学腐蚀是指金属与周围介质直接发生化学反应而引起的变质和损坏的现象。化学腐蚀是一种氧化还原反应过程，也就是腐蚀介质中的氧化剂直接同金属表面的原子相互作用而形成腐蚀产物。在腐蚀过程中，电子的传递是在金属与介质中直接进行的。

最常见的金属化学腐蚀是金属的狭义氧化，即发生以下反应：

$$m\mathrm{M}+n\mathrm{O}_2 \longrightarrow \mathrm{M}_m\mathrm{O}_{2n}$$

反应中的金属作为还原剂，失去电子变为金属离子，氧作为氧化剂，获得电子成为氧离子。

金属的化学腐蚀主要发生在如下四种介质中。

1. 金属在干燥大气中的腐蚀

金属在湿度不大的大气条件下的腐蚀属于化学腐蚀，这种腐蚀进行的速度较慢，造成的危害轻微。

2. 金属在高温气体中的腐蚀

这是危害最为严重的一类化学腐蚀。如金属的高温氧化，在高温条件下，金属与环境中的氧或氧化性气体（H_2O、SO_2、CO_2等）化合生成金属化合物，温度越高，金属氧化的速度越快；钢的高温脱碳，在高温气体作用下，金属表面与高温气体中的O_2、H_2O、SO_2、H_2反应，使碳的含量减少，金属的表面硬度和抗疲劳强度降低。

3. 其他氧化剂引起的化学腐蚀

在腐蚀反应中夺取电子导致金属原子成为离子的物质不是氧，而是硫、卤素原子或其他原子或原子团，这时反应物不是氧化物，而是卤化物、氢氧化物或其他化合物。这种情况下，腐蚀速度和危害程度取决于金属及氧化物的性质。

4. 金属在非水电解质溶液中的腐蚀

金属在不含水、不电离的有机溶剂中，与有机物直接反应而遭受化学腐蚀，如 Al 在 CCl_4中的腐蚀、Mg 和 Ti 在甲醇中的腐蚀。这类腐蚀比较轻微。

3.2.3.2 电化学腐蚀

金属电化学腐蚀指金属与介质发生电化学反应而引起的变质和损坏。其特点是在腐蚀过程中有电流产生。金属在各种酸、碱、盐溶液，潮湿大气，工业用水中的腐蚀，都属于电化学腐蚀。电化学腐蚀是一种比化学腐蚀更为普遍、危害更加严重的腐蚀。

1. 电极电位

把 Zn 置于水溶液中，由于极性水分子的作用，Zn 表面上的Zn^{2+}克服自身电子的引力，一些Zn^{2+}将脱离金属表面进入相接触的水中形成水化离子，与这些离子保持中性的电子仍然留在金属上，这就是氧化反应。随着反应的进行，生成的水化离子越多，金属表面的过剩电子也越多。当金属的氧化反应到一定时间，达到动态平衡，形成金属表面带负电、与金属相接触的水带正电的双电层。许多金属如铁、镉等浸在水或酸、碱、盐的水溶液中，都能够形成这样的双电层。

如果金属离子的水化能不足以克服金属离子与电子的吸引力，则溶液中的水化离子可能被金属上的电子吸引而进入金属内部，因而金属表面带正电荷，与之相邻的液层中聚集阴离子而带负电荷，形成一种与前述相反的双电层。铜、银、金等金属在含有该金属盐的水溶液中就形成这种双电层。

形成双电层的金属及电解质溶液称为电极。不同的电极具有不同的电位。若规定某一电极的电位为零电位，此电极即为参比电极，相对于参比电极的电位差就成为该电极的电极电位。

2. 腐蚀电池

如果把两种电极电位不同的金属互相接触，或用导线连接，同时放入同一电解质中，就组成了腐蚀电池。如金属锌和金属铜组成的腐蚀电池，锌的电极电位低，铜的电极电位高，锌离子不断进入电解质溶液中，多余的电子通过导线流向铜板。在锌极上发生的是氧化反应 $Zn-2e^- \longrightarrow Zn^{2+}$，在铜板上发生的是还原反应 $2H^+ +2e^- \longrightarrow H_2$。腐蚀电池的总反应为

$$Zn+2H^+ \longrightarrow Zn^{2+} +H_2 \uparrow$$

反应的结果造成金属锌的电化学腐蚀和溶液中的氧化剂被还原成氢气并聚成气泡逸出。在腐蚀电池中，发生氧化反应的电极称阳极，发生还原反应的电极称阴极。在以上腐蚀电池中，锌为阳极，铜为阴极，锌失去电子遭腐蚀，铜得到保护。金属的电化学腐蚀性决定于电极电位，电极电位低的容易被腐蚀。

实际上，腐蚀电池的形式是多样的，只要形成腐蚀电池，也就有金属的腐蚀。如在潮湿的大气条件下，铁和铜的表面凝结一层水膜，就构成腐蚀电池，铁失去电子被腐蚀，腐蚀的结果生成铁锈。即使是同一种金属材料，其内部既有缺陷又有杂质，不同部位有不同的电极电位，在腐蚀介质中也能形成腐蚀电池。

3.2.3.3 金属腐蚀的防护措施

了解发生腐蚀的原因是提出防腐蚀的有效措施，达到防腐、减蚀、缓蚀的目的，以控制腐蚀造成的破坏，延长金属材料或金属设备的使用寿命。腐蚀主要取决于两个方面，一是材料本身的性能，二是材料所处的环境或所接触的介质。这就要求要认真分析环境介质的性质，正确选择材料，要改善腐蚀环境或介质。

1. 涂敷保护层

在金属表面涂敷耐腐蚀的保护层，使金属与腐蚀环境或介质分开，从而达到防止金属腐蚀的目的。保护层分为金属保护层和非金属保护层。

（1）金属保护层　金属保护层常称为镀层，通常以涂敷工艺来命名。常用的有电镀、热镀、化学镀、渗镀、喷镀、热浸镀、包镀等，目的就是在金属外部包裹一层耐腐蚀的金属层。

（2）非金属保护层　非金属保护层分为无机涂层和有机涂层。无机涂层指搪瓷涂层、玻璃涂层、硅酸盐涂层和化学涂层。硅酸盐涂层主要采用硅酸盐水泥作保护层。化学涂层又称化学膜，是采用化学的方法使金属离子沉积而形成金属镀层的方法。

（3）有机涂层包括涂料涂层、塑料涂层和硬橡胶涂层　涂料是一种流动性物质，能够在金属表面展开连续的薄膜，固化后即能将金属与介质隔开。塑料涂层是用层压法将塑料薄膜直接黏在金属表面。硬橡胶涂层是将硬橡胶覆盖于金属表面。

2. 电化学保护

根据电化学腐蚀原理，如果把要保护的金属的电极电位提高，或是把金属的电极电位降到一定程度，则可降低腐蚀速度，甚至使腐蚀完全停止。这种通过改变电极电位来控制金属腐蚀的方法称为电化学保护。

3. 腐蚀介质的缓蚀

在腐蚀介质中加入缓蚀剂，可改变介质的性质，降低或消除腐蚀介质对金属的腐蚀作用。缓蚀剂就是能够阻止或减缓金属在环境介质中腐蚀的物质。缓蚀剂的缓蚀作用，有三种说法：一是吸附学说，缓蚀剂加到腐蚀介质中，吸附在金属表面，使金属被隔离；二是成膜学说，缓蚀剂与金属或腐蚀介质中的离子发生反应，在金属表面生成不溶或难溶的具有保护作用的各种膜，阻碍了腐蚀过程；三是电极抑制学说，缓蚀剂抑制了金属在腐蚀介质中的电化学过程，减缓了腐蚀速度。腐蚀介质不同，所使用的缓蚀剂不同，同一种缓蚀剂对不同腐蚀介质的效用各异。要根据腐蚀介质的特点，选择缓蚀剂的类型和用量。

3.3　非金属材料

3.3.1　常用非金属材料

3.3.1.1　橡胶

橡胶在很宽的温度范围内具有极好的弹性，在小负荷作用下即能产生弹性形变。橡胶具有高的拉伸强度和疲劳强度，并且具有不透水、不透气、耐酸碱和电绝缘等性能。橡胶以其良好的性能而得到广泛应用。

1. 橡胶的组成

橡胶是以生胶为主要成分，添加各种配合剂和增强材料制成的。

生胶是指无配合剂、未经硫化的天然或合成橡胶。生胶具有很高的弹性，但强度低，易产生永久性变形，稳定性差。

配合剂可用来改善橡胶的各种性能。常用的配合剂有硫化剂、硫化促进剂、活化剂、填充剂、增塑剂、防老化剂、着色剂等。硫化剂用来使生胶的结构由线型转变为交联体型，从而使生胶变成具有一定强度、韧性、高弹性的硫化胶。硫化促进剂的作用是缩短硫化时间，降低硫化温度，改善橡胶性能。活化剂用来提高促进剂的作用。填充剂用来提高橡胶的强度、改善工艺性能和降低成本。增塑剂用来增加橡胶的塑性和柔韧性。防老化剂用来防止或延缓橡胶老化，主要有胺类和酚类等防老化剂。

增强材料主要有纤维织物、钢丝加工制成的帘布、丝绳、针织品等，以增加橡胶制品的强度。

2. 常用橡胶材料

橡胶根据原材料的来源可分为天然橡胶和合成橡胶。

（1）天然橡胶　天然橡胶由橡胶树上流出的乳胶提炼而成。天然橡胶具有较好的综合性能，弹性高，具有良好的耐磨性、耐寒性和工艺性能，电绝缘性好，价格低廉，但其耐热性差，不耐臭氧，易老化，不耐油。

天然橡胶广泛用于制造轮胎、输送带、减振制品、胶管、胶鞋及其他通用制品。

（2）合成橡胶：

① 丁苯橡胶。丁苯橡胶是应用最广、产量最大的一种合成橡胶。它由丁二烯和苯乙烯共聚而成，其性能主要受苯乙烯的含量影响。随着苯乙烯含量的增加，橡胶的耐磨性、硬度增大，而弹性下降。丁苯橡胶比天然橡胶质地均匀，耐磨性、耐热性和耐老化性好。主要用于制造轮胎、胶布、胶鞋及其他通用制品，不适用于制造高速轮胎。

② 丁基橡胶。丁基橡胶由异丁烯和少量异戊二烯低温共聚而成。其气密性极好，耐老化性、耐热性和电绝缘性较高，耐水性好，耐酸碱，有很好的抗多次重复弯曲的性能，但其强度低，易燃，不耐油，对烃类溶剂的抵抗力差。主要用于制造轮胎内胎、外胎以及化工衬里、绝缘材料、防震动与防撞击材料等。

③ 氯丁橡胶。氯丁橡胶由氯丁二烯以乳液聚合法制成。其物理、力学性能良好，耐油、耐溶剂性和耐老化性好，耐燃性优良，但电绝缘性差。主要用于制造电缆护套、胶管、胶带、胶黏剂及一般橡胶制品。

3.3.1.2　塑料

塑料密度小，耐腐蚀，有着良好的电绝缘性、耐磨和减摩性、消声和隔热性、加工性等，但强度、硬度低，耐热性差，受热易变形，易老化，易蠕变等。

1. 塑料的组成

塑料是以树脂为主要成分，添加能改善性能的填充剂、增塑剂、稳定剂、固化剂、润滑剂、发泡剂、着色剂、阻燃剂、防老化剂等制成的。

树脂的相对分子质量是不固定的，在常温下呈固态、半固态或流动态的有机物质。大多数塑料以所用树脂命名。填充剂主要起增强作用，可以使塑料具有所要求的性能。增塑剂用来增加树脂的塑性和柔韧性。稳定剂包括热稳定剂和光稳定剂，可提高树脂在受热、光、氧作用时的稳定性。润滑剂用来防止塑料黏着在模具或其他设备上。固化剂能将高分子化合物由线型结构转变为交联体型。发泡剂是受热时会分解而放出气体的有机化合物，用于制备泡沫塑料等。

2. 常用塑料

塑料按受热时的性质可分为热塑性塑料和热固性塑料。热塑性塑料受热时软化或熔融，冷却后硬化，并可反复多次进行。它包括聚乙烯、聚氯乙烯、聚苯乙烯、聚丙烯、聚酰胺、聚甲醛、聚碳酸酯、聚苯醚、聚四氟乙烯等。热固性塑料在加热、加压并经过一定时间后即固化为不溶、不熔的坚硬制品，不可再生。常用热固性塑料有酚醛树脂、环氧树脂、氨基树脂、呋喃树脂、有机硅树脂等。

塑料按功能和用途可分为通用塑料、工程塑料和特种塑料。通用塑料是指产量大、用途广、价格低的塑料，主要包括聚乙烯、聚氯乙烯、聚苯乙烯、聚丙烯、酚醛塑料、氨基塑料等，产量占塑料总产量的75%以上。工程塑料是指具有较高性能，能替代金属用于制造机械零件和工程构件的塑料，主要有聚酰胺、ABS、聚甲醛、聚碳酸酯、聚四氟乙烯、聚甲基丙烯酸甲酯、环氧树脂等。特种塑料是指具有特殊性能的塑料，如导电塑料、导磁塑料、感光塑料等。

(1) 聚乙烯　聚乙烯无毒、无味、无臭，具有良好的耐化学腐蚀性和电绝缘性，强度较低，耐热性不高，易老化，易燃烧等。

根据密度分为低密度聚乙烯和高密度聚乙烯。低密度聚乙烯主要用于制造日用制品、薄膜、软质包装材料、层压纸、层压板、电线电缆包覆层等；高密度聚乙烯主要用于制造硬质包装材料、化工管道、储槽、阀门、高频电缆绝缘层、各种异型材、衬套、小负荷齿轮、轴承等。

(2) 聚氯乙烯　聚氯乙烯具有较高的强度和刚度，良好的电绝缘性和耐化学腐蚀性，有阻燃性，但热稳定性较差，使用温度较低等。

根据增塑剂用量的不同分为硬质聚氯乙烯和软质聚氯乙烯。软质聚氯乙烯主要用于薄膜、人造革、墙纸、电线电缆包覆及软管等；硬质聚氯乙烯主要用于工业管道系统、给排水系统、板件、管件、建筑及家居用防火材料、化工防腐设备及各种机械零件等。

(3) 聚苯乙烯　聚苯乙烯无毒、无味、无臭、无色，具有良好的电绝缘性和耐化学腐蚀性，但不耐苯、汽油等有机溶剂，强度较低，硬度高，脆性大，不耐冲击，耐热性差，易燃烧等。主要用于日用、装潢、包装及工业制品，如仪器仪表外壳、灯罩、光学零件、装饰件、透明模型、玩具、化工储酸槽、包装及管道的保温层、冷冻绝缘层等。

(4) 聚酰胺　聚酰胺又称尼龙或锦纶，具有较高的强度、韧性和耐磨性，电绝缘性、耐油性、阻燃性良好，耐热性不高。主要用于制造机械、化工、电气零部件。如轴承、齿轮、凸轮、泵叶轮、高压密封圈、阀门零件、包装材料、输油管、储油容器、丝织品、汽车保险杠、门窗手柄等。

(5) 聚甲醛　聚甲醛具有良好的强度、硬度、刚性、韧性、耐磨性、耐疲劳性、电绝缘性和耐化学腐蚀性，但热稳定性差，易燃。主要用于制造轴承、齿轮、凸轮、叶轮、垫圈、法兰、活塞环、导轨、阀门零件、仪表外壳、化工容器、汽车部件等，特别适用于制造无润滑的轴承、齿轮等。

(6) 酚醛塑料 酚醛塑料具有良好的耐热性、耐磨性、耐腐蚀性及电绝缘性。

以木粉为填料制成的酚醛塑料粉，又称胶木粉或电木粉，是常用的热固性塑料。用其制成的电器开关、插座、灯头等，不仅绝缘性好，而且有较好的耐热性，较高的硬度、刚度，以及一定的强度。以纸片、棉布、玻璃布等为填料制成的层压酚醛塑料，具有强度高、耐冲击以及耐磨性优良等特点，常用于制造受力要求较高的机械零件，如齿轮、轴承、汽车刹车片等。

(7) 氨基塑料 最常用的氨基塑料是脲醛塑料。用脲醛塑料压塑粉压制的各种制品，有较高的表面硬度，颜色鲜艳而有光泽，又有良好的绝缘性，俗称电玉。常见的电子制品有仪表外壳、电话机外壳、开关、插座等。

3.3.1.3 陶瓷

1. 陶瓷的分类和性能

传统的陶瓷材料是黏土、石英、长石等硅酸盐类材料，而现代陶瓷材料是无机非金属材料的统称。按原料可分为普通陶瓷(硅酸盐材料)和特种陶瓷(人工合成材料)；按用途可分为日用陶瓷、结构陶瓷和功能陶瓷等；按性能可分为高强度陶瓷、高阻陶瓷、耐磨陶瓷、耐酸陶瓷、压电陶瓷、光学陶瓷、半导体陶瓷和磁性陶瓷等。

陶瓷材料具有极高的硬度、优良的耐磨性，弹性模量高，刚度大，抗拉强度很低，但抗压强度很高，韧性低，脆性大，在室温下几乎没有塑性，难以进行塑性加工。陶瓷的熔点很高，大多在2000℃以上，因此具有很高的耐热性能，线胀系数小，导热性差。陶瓷的化学稳定性高，抗氧化性优良，对酸、碱、盐具有良好的耐腐蚀性。大多数陶瓷具有高电阻率，少数陶瓷具有半导体性质。许多陶瓷具有特殊的性能，如光学性能、电磁性能等。

2. 常用陶瓷材料

(1) 普通陶瓷 普通陶瓷是指以黏土、长石、石英等为原料烧结而成的陶瓷。这类陶瓷质地坚硬，耐氧化，耐腐蚀，不导电，成本低，但强度较低，耐热性及绝缘性不如其他陶瓷。

(2) 普通工业陶瓷 有建筑陶瓷、电瓷、化工陶瓷等。电瓷主要用于制作隔电、机械支持及连接用瓷质绝缘器件。化工陶瓷主要用于化学、石油化工、食品、制药工业中制造实验器皿、耐蚀容器、反应塔、管道等。

3. 特种陶瓷

(1) 氧化铝陶瓷 氧化铝陶瓷又称高铝陶瓷，主要成分为 Al_2O_3，含有少量

SiO_2。其强度高于普通陶瓷，硬度很高，耐磨性很好，耐高温，可在 1600℃ 高温下长期工作，耐腐蚀性和绝缘性能良好，但韧性低、脆性大，还具有光学特性和离子导电特性。主要用于制作装饰瓷、内燃机的火花塞、管座、石油化工泵的密封环、机轴套、切削工具、模具、磨料、轴承、人造宝石、耐火材料、坩埚、炉管、热电偶保护管等。

(2) 氮化硅陶瓷　氮化硅陶瓷是以 Si_3N_4 为主要成分的陶瓷。根据制作方法可分为热压烧结陶瓷和反应烧结陶瓷。氮化硅陶瓷具有很高的硬度，摩擦因数小，耐磨性好；具有优良的化学稳定性，能耐除氢氟酸、氢氧化钠以外的其他酸性和碱性溶液的腐蚀以及抗熔融金属的侵蚀；具有优良的绝缘性能。

热压烧结氮化硅陶瓷的强度、韧性都高于反应烧结氮化硅陶瓷，主要用于制造形状简单、精度要求不高的零件，如切削刀具、高温轴承等。反应烧结氮化硅陶瓷用于制造形状复杂、精度要求高的零件，用于要求耐磨、耐蚀、耐热、绝缘等场合，如泵密封环、热电偶保护套、高温轴套、电热塞、电磁泵管道和阀门等。

(3) 碳化硅陶瓷　碳化硅陶瓷是以 SiC 为主要成分的陶瓷。碳化硅陶瓷按制造方法分为反应烧结陶瓷、热压烧结陶瓷和常压烧结陶瓷。碳化硅陶瓷具有很高的高温强度和良好的热稳定性、抗蠕变性、耐磨性、耐蚀性、导热性、耐辐射性。主要用于石油化工、钢铁、机械、电子、原子能等工业中。如浇注金属的浇道口、轴承、密封阀片、轧钢用导轮、内燃机器件、热变换器、热电偶保护套管、炉管等。

(4) 氮化硼陶瓷　氮化硼陶瓷分为低压型和高压型两种。低压型结构与石墨相似，又称白石墨，其硬度较低，具有自润滑性，有良好的高温绝缘性、耐热性、导热性和化学稳定性。主要用于耐热润滑剂、高温轴承、高温容器、坩埚、热电偶套管、散热绝缘材料、玻璃制品成型模等。高压型硬度接近金刚石，主要用于磨料和金属切削刀具。

3.3.1.4　复合材料

由两种或两种以上在物理和化学上不同的物质结合起来而得到的一种多相固体材料，称为复合材料。复合材料不仅具有各组成材料的优点，而且还具有单一材料无法具备的优越的综合性能。因此，复合材料发展迅速，在各个领域得到广泛应用。

1. 复合材料的分类和性能

复合材料是由两种或两种以上的物质组成的，通常分成两个基本组成相：一是连续相，称为基体相，主要起黏接和固定作用；另一相是分散相，称为增强相，主要起承受载荷作用。复合材料按基体材料，可分为树脂基复合材料、金属基复合材料、陶瓷基复合材料等；按增强材料的类型和形态，可分为纤维增强复合材料、颗粒增强复合材料、叠层复合材料、骨架复合材料、涂层复合材料等。

复合材料具有高的比强度、比模量（弹性模量与密度之比）和疲劳强度，减振性和高温性能好，断裂安全性高，抗冲击性差，横向强度较低。

2. 常用复合材料

（1）树脂基复合材料　树脂基复合材料是将树脂浸到纤维和纤维织物上，在成型模具上涂树脂，铺织物，然后固化而制成。

① 玻璃纤维增强塑料。又称玻璃钢。基体相为树脂，分散相为玻璃纤维。根据树脂的性质可分为热固性玻璃钢和热塑性玻璃钢。热固性玻璃钢密度小，强度高，耐蚀性好，绝缘好，绝热性好，吸水性差，防磁，弹性模量低，刚度差，耐热性差；热塑性玻璃钢强度比热固性玻璃钢低，但韧性、低温性能良好，线膨胀系数低。玻璃钢主要用于制造飞机螺旋桨、直升机机身，轻型船的各种配件，汽车、机车、拖拉机的车身、发动机机罩、仪表盘，耐酸碱油的容器、管道、冷却塔等。

② 碳纤维增强塑料。基体相为树脂，分散相为碳纤维。碳纤维增强塑料密度小，比强度、比模量高，抗疲劳性、减摩耐磨性、耐蚀性、耐热性优良，垂直纤维方向的强度、刚度低。主要用于制造飞机螺旋桨、机身、机翼，汽车外壳、发动机壳体，机械工业中的轴承、齿轮，化工中的容器、管道等。

③ 石棉纤维增强塑料。基体材料主要有酚醛、尼龙、聚丙烯树脂等，分散相为石棉纤维。石棉纤维增强塑料化学稳定性和电绝缘性良好，主要用于汽车制动件、导管、密封件、化工耐蚀件、隔热件、电绝缘件、耐热件等。

（2）金属基复合材料　金属基复合材料是将金属与增强材料利用一定的工艺均匀混合在一起而制成的，基体相为金属。常用的基体金属有铝、钛、镁等；常用的纤维增强材料有硼纤维、碳纤维、氧化铝纤维、碳化硅纤维等，颗粒增强材料有碳化硅、氧化铝、碳化钛等。

金属基复合材料具有高的强度、耐磨性、抗冲击韧性，高弹性模量，好的耐热性、导热性、导电性，不易燃，不吸潮，不变形，不老化。这些优点大大扩展了金属材料的应用范围。但金属基复合材料密度较大，成本较高，有的材料制备工艺复杂。

（3）陶瓷基复合材料　陶瓷基复合材料是将陶瓷与增强材料利用一定的工艺均匀混合在一起而制成的，基体相为陶瓷，常用的增强材料有氧化铝、碳化硅、金属等。

陶瓷具有耐高温、耐磨、耐蚀、高抗压强度和弹性模量等优点，但脆性大，抗弯强度低。而陶瓷基复合材料的韧性、抗弯强度都大为提高。如 SiO_2 的抗弯强度和断裂能分别为 62MPa 和 1.1J；而 SiC/SiO_2 复合材料的抗弯强度和断裂能分别为 825MPa 和 17.6J，与 SiO_2 相比较，抗弯强度和断裂能分别提高了 12 倍和 15 倍。

3.3.2　非金属管材

3.3.2.1　钢筋混凝土压力管及管件

主要包含：

（1）自应力钢筋混凝土输水管。

（2）预应力钢筋混凝土输水管。

（3）预应力钢筒混凝土管。

（4）自应力钢筋混凝土输水管件。

（5）混凝土及钢筋混凝土压力管接头橡胶圈。

3.3.2.2　塑料管及管件

塑料管一般是以塑料树脂为原料，加入稳定剂、润滑剂等，在制管机内经挤压加工而成。由于它具有质轻、耐腐蚀、外形美观、无不良气味、加工容易、施工方便等特点，在建筑工程中获得了越来越广泛的应用。主要用作房屋建筑的自来水供水系统配管、排水、排气和排污卫生管、地下排水管系统、雨水管以及电线安装配套用的穿线管等。

塑料管有热塑性塑料管和热固性塑料管两大类。热塑性塑料管采用的主要树脂有聚氯乙烯树脂（PVC）、聚乙烯树脂（PE）、聚丙烯树脂（PP）、聚苯乙烯树脂（PS）、丙烯腈-丁二烯-苯乙烯树脂（ABS）、聚丁烯树脂（PB）等；热固性塑料采用的主要树脂有不饱和聚酯树脂、环氧树脂、呋喃树脂、酚醛树脂等。表 3-1 列举了常用的几种塑料管的特点和主要用途比较。

表 3-1　常用的几种塑料管的特点和主要用途比较

名称	特点	连接方式	主要用途
PVC 管	具有较好的抗拉、抗压强度，但其柔性不如其他塑料管，耐腐蚀性优良，价格在各类塑料管中最便宜，但低温下较脆	黏接、承插胶圈连接、法兰螺纹连接	生活、工矿、农业的供排水、灌溉、供气、排气用管、电线导管、雨水管、工业防腐管等
CPVC 管	耐热性能突出，热变形温度为 100℃，耐化学性能优良	黏接、法兰螺纹连接	热水管

续表

名称	特点	连接方式	主要用途
PE 管	重量轻、韧性好，耐低温，无毒，价格较便宜，抗冲击强度高，但抗压、抗拉强度较低	热熔焊接、法兰螺纹连接	饮水管、雨水管、气体管道、工业耐腐蚀管道
PP 管	耐腐蚀性好，具有较好的强度、较高的表面硬度、表面光洁度，具有一定的耐高温性能	热熔焊接、法兰螺纹连接	化学污水、海水、油和灌溉的管道，地热管
ABS 管	耐腐蚀性优良，重量较轻，耐热性高于PE、PVC，但价格较昂贵	黏接、法兰螺纹连接	输气管、污水管、地下电缆管、高防腐工业管道等
PB 管	强度介地 PE 和 PP 之间，柔性介于LDPE和HDPE之间，其突出特点是抗蠕变性能(冷变形)，反复绕缠而不断，耐温，化学性能也很好	热熔焊接、法兰螺纹连接	给水管、冷热水管、燃气管、地下埋高管道
GRP 管	优良的耐腐蚀性、质轻、强度高、可设计性能好	承插胶圈连接、法兰连接	广泛用于石油化工管道和大口径给排水管道

1. 聚氯乙烯管及管件

(1) 建筑排水用硬聚氯乙烯管材及管件　建筑排水用硬聚氯乙烯(UPVC)管材、管件是以 PVC 树脂为主要原料，加入专用助剂，在制管机内经挤出和注射成型而成。

特点：耐腐蚀，抗冲击强度高，流体阻力小，不结垢，内壁光滑，不易堵塞，并达到建筑材料难燃性能的要求，耐老化，使用寿命长。重量轻，便于运输、储存和安装。

用途：适用于建筑物内排水系统，在考虑管材的耐化学性的耐热性和条件下也可用于工业排水系统，在 60℃以下温度可连续使用，在 80℃温度以下可间歇性使用。

(2) 给水用硬聚氯乙烯塑料管材及管件　给水用硬聚氯乙烯塑料管材及管件是以食品卫生级的聚氯乙烯树脂为主要原料，加入无毒专用助剂，经混合、塑化、挤出或注射而成。产品符合国家饮水卫生标准，采用承插黏接、弹性密封圈、金属变接头等连接方式。

特点：抗冲击强度高，表面光滑，流体阻力小，不易结垢，耐腐蚀、不生锈，重量轻、便于运输、储存和安装。

用途：主要用于民用住宅室内供水系统，取代传统的白铁管和管件，并可用于排水、排污、输送腐蚀性流体等系统。还可用于输送温度在 45℃以下的建筑物(架空或埋地)的给水管。

(3) 硬聚氯乙烯电气专用管及接头　以聚氯乙烯树脂为原料，配以专用助剂，经塑化、挤出而制成。

特点：具有难燃性能好，耐腐蚀、耐气候、质轻、美观、成本低，产品配套、施工方便等特点。

用途：适用于各种建筑物作室内外(明敷、暗敷)电气安装用套管，起到美化室内环境、防火、安全、绝缘和电线装饰作用。

(4) 软聚氯乙烯塑料管　以聚氯乙烯树脂为原料，配以增塑剂、稳定剂等辅助剂，经配合、挤出而制成。

特点：具有质轻、耐腐蚀、电绝缘性能好，施工方便等优点。

用途：适用于电气套管及流体输送管，常温下电气套管可用保护电线、电缆，液体输送管可用于输送某些液体及气体。

2. 聚乙烯(PE)管及管件

主要有聚乙烯塑料管和聚乙烯波纹管。

聚乙烯塑料管以聚乙烯树脂为原料，配以一定量助剂，经挤出成型加工而成。分高压(低密度)聚乙烯与低压(高密度)聚乙烯两种。前者性质较软，机械强度及熔点较低；后者密度较高，刚性较大，机械强度及熔点较高；聚乙烯波纹管以高密度聚乙烯树脂为原料，配以一定量的助剂，经塑化，挤出而成。

特点：具有质轻、耐腐蚀、无毒、产品强度大、易弯曲、施工方便等特点。

用途：聚乙烯塑料管适用于工业和民用住宅，用作饮水管、雨水管、气体管道、工业耐腐蚀管道，输送液体、气体、食用介质等，也可作医疗用软管。聚乙烯波纹管适用于电缆套管、地下电缆管、农业灌溉管、通风管、输水管等。

3. 交联聚乙烯(PEX)管及管件

聚乙烯是最大宗的塑料树脂之一，由于其结构上的特征，聚乙烯往往不能承受较高的温度，机械强度不足，限制了其在许多领域的应用。为提高聚乙烯的性能，研究了许多改性方法，对聚乙烯进行交联，通过聚乙烯分子间的共价键形成网状的三维结构，迅速改善了聚乙烯树脂的性能，如：热性变形、耐磨性、耐化学药品性、耐应力开裂等一系列物理、化学性能。

特点：不含增塑剂，不会霉变和滋生细菌；不含有害成分，可应用于饮用水传输；耐热性好，常规工作温度可达 95℃，能够经受 110℃ 环境下 8000h 的测试；耐压性能好，有常温下工作压力 1.25MPa(12.5bar)和 2MPa(20bar)两个等级；耐腐蚀性能好，能经受大多数化学药品的腐蚀；隔热效果好，节约能源；能够任意弯曲，不会脆裂；在同等条件下，水流量比金属管大；抗蠕变强度高，可配金属管，可省去连接管件，降低安装成本，加快安装周期，便于维修；交联聚乙烯管的重要特性在于其强度和耐温性能，特别是其蠕变强度，其强度随使用时间的变化不显著，寿命可达50年之久。

应用：建筑或市政工程中的冷热水管道、饮用水管道；采暖管；石油、化工行业流体输送管道；食品工业中流体的输送；制冷系统管道；纯水系统管道；地埋式煤气管道等。

4. 聚丙烯(PP)管

以聚丙烯树脂为原料，加入适当的稳定剂，经挤出成型加工而成。

特点：具有质轻、耐腐蚀、耐热性较高、施工方便等特点。

用途：适用于化工、石油、电子、医药、饮食等行业及各种民用建筑输送流体介质(包括腐蚀性流体介质)。亦可作自来水管、农用排灌、喷灌管道及电气绝缘管之用。

5. ABS工程塑料管及管件

ABS管是由丙烯腈-丁二烯-苯乙烯的三元共聚物为主要原料，经挤出而成。用于管和管件的ABS，其中丁二烯的最小含量为6%，丙烯腈最小含量为15%，苯乙烯或其代用物的最小含量为25%。

特点：ABS塑料管质轻，具有较高的抗冲击强度和表面硬度，在-40～100℃范围内仍能保持韧性、坚固性和刚度，它的耐腐蚀性、耐冲击性的性能均优于聚氯乙烯管。ABS管比紫铜管、黄铜管更能保持热量且有极高的韧性，能避免严寒、天气、装卸运输的损坏。在受到较高的屈服应变时，能恢复到原有尺寸而不会损坏。因此可取代不锈钢管、铜管等管材。

用途：ABS管适用于生活供水、排污、透气系统、灌溉系统、潜水泵装置、饮用水管道、气体分配管道、井套、地下电气管道，也可用作输送腐蚀性盐水溶液、含有流体腐蚀剂的有机物(如原油和食物)以及纯化学品或其他敏感产品工业管装置。

6. 钢塑复合管及管件

钢塑复合管是以普通碳素钢管作为基体，内衬化学稳定性优良的热塑性塑料管，经冷拉复合或滚塑成型，它既有钢管的机械性能，又有塑料管的耐腐蚀、缓结垢、不易生长微生物的特点，是输送酸、碱、盐、有腐蚀性气体等介质的理想管道。

特点：具有优良的物理性能；具有极好的耐腐蚀性能；机械强度与钢管相同。

用途：广泛用于化工、电力、冶金、食品等行业的介质输送及环保处理系统。如内衬食品级聚丙烯，可用于食品、医药及饮水等行业。

现在有一种新的钢衬塑复合管——钢衬聚苯硫醚复合管，这种产品比钢衬聚丙烯复合管、钢衬聚氯乙烯复合管、钢衬聚乙烯复合管的性能更优，比钢衬聚四氟乙烯复合管的成本更低。

7. 铝塑复合管及管件

铝塑复合管是最早替代铸铁管的供水管，其基本构成应为五层，即由内而外依次为塑料、热熔胶、铝合金、热熔胶、塑料。

铝塑复合管有较好的保温性能，内外壁不易腐蚀，因内壁光滑，对流体阻力很小；又因为可随意弯曲，所以安装施工方便。作为供水管道，铝塑复合管有足够的强度，但如横向受力太大时，会影响强度，所以宜作明管施工或埋于墙体内，但不宜埋入地下。铝塑复合管的连接是卡套式的，因此施工中一是要通过严格的试压，检验连接是否牢固。二是防止经常振动，使卡套松脱。三是长度方向应留足安装量，以免拉脱。

市场上出现的铝塑复合管有三种，PE/AL/PE、PE/AL/XPE、XPE/AL/XPE。第一种是内外层为聚乙烯；第二种是内层为交联聚乙烯，外层为聚乙烯；第三种是内外层均为交联聚乙烯，中部层均为铝层。第一种一般用于冷水管道系统，后两种一般用于热水管。

此类管材，由于其含有铝层，可增加耐内压强度，阻隔氧气、CO_2等而避免对输水管道设备的锈蚀威胁，导热性好而减少热点集中，抗静电且屏蔽性好并有一定的阻燃作用，因此易被大众所接受。而且由于其连接管件为铜制、不锈钢制螺纹密封管件，连接较为方便，不需特殊工具，与现在大量存在的铸铁管接口接近，因而显示出其一定的优势。

3.3.2.3 玻璃钢管及管件

玻璃钢管及管件：用玻璃纤维作为连接基材，涂覆固化树脂，并在模具上成型的树脂材料就叫玻璃钢，用玻璃钢制成的管道就叫玻璃钢管材。

特点：质轻、强度高、绝缘好、耐腐蚀、寿命长、阻力小、安装、维护费用低、不污染介质。

3.3.3 其他非金属材料

其他非金属材料有防腐材料(如防腐涂料、油漆、玻璃钢型材等)，绝热材料及绝热制品(如岩棉、矿渣棉及其制品，玻璃棉及其制品，泡沫塑料及其制品，橡塑海绵及其制品等)，止水橡胶制品，玻璃纤维制品，胶黏剂。

3.4 药剂和滤料

3.4.1 水处理药剂

水处理剂是工业用水、生活用水、废水处理过程中必需的化学药剂，通过使用这些化学药剂，可使水达到一定的质量要求。它的主要作用是控制水垢和污泥的形成、减少泡沫、减少与水接触的材料腐蚀、除去水中的悬浮固体和有毒物质、除臭脱色、软化水质等。

水处理剂包括凝聚剂、絮凝剂、缓蚀剂、阻垢剂、杀菌剂、分散剂、清洗剂、消泡剂、脱色剂、螯合剂、除氧剂及离子交换树脂等。

1. 缓蚀剂

主要的缓蚀剂品种有：无机盐类、有机盐类和芳香唑类。主要有铬酸盐、磷酸盐、硫酸锌、硅酸盐、钼酸盐、钨酸盐和有机磷酸盐。东南大学研究了一系列新型的以钨酸盐、钨酸盐络合物的过氧化物(POTS)为主体的缓蚀剂，对高氯高盐水有较好的缓蚀阻垢效果。芳香唑类是用于铜及其合金的缓蚀剂，国内常用的是苯并三氮唑和巯基苯并三氮唑。生物高分子聚天冬氨酸对环境无害，被誉为绿色缓蚀剂。

2. 阻垢剂

水处理阻垢剂主要有两类：一类是有机磷酸，如：羟基亚乙基二膦酸(HEDP)、乙二胺基四亚甲基膦酸(EDTMP)、氨基三亚甲基膦酸(ATMP)；另一类是聚羧酸，如：聚丙烯酸(PAA)、聚马来酸酐(HP2MA)、马来酸酐(MA)/2丙烯酰胺2甲基丙基磺酸(AMPS)/2丙烯酰胺2甲基膦酸(AMPP)三元共聚物。

3. 杀菌剂

目前常用的水处理杀菌剂主要有两类：即氧化型杀菌剂和非氧化型杀菌剂。氧化型杀菌剂中应用最广泛的是氯、NaOCl、$Ca(OCl)_2$，但它们易与水中的有机物生成致癌物三卤甲烷(THMS)，从而限制了应用，因而溴、臭氧和过氧化氢及氯胺的应用有所增加。非氧化型杀菌剂，目前国内使用较为普遍的是季铵盐，如十二烷基二甲基苄基氯化铵(商品名为1227)、二硫氰基甲烷和戊二醛。

4. 凝聚剂和絮凝剂

凝聚剂一般指只有电中和作用的无机化合物，中国已经生产的品种有三氯化铁、硫酸亚铁、硫酸铝等；絮凝剂一般指有机水溶性高分子化合物，我国主要品种有聚丙烯酰胺等，以下将凝聚剂和絮凝剂统称絮凝剂。

絮凝剂的用途是饮用水、城市污水、工业废水和工艺水处理，其中造纸工业的工艺用水和废水处理是絮凝剂的最大用户，约占絮凝剂总需求量的 40%。絮凝剂可分为无机絮凝剂和有机絮凝剂。

（1）无机絮凝剂　作为低分子的无机絮凝剂如硫酸铝、硫酸亚铁、三氯化铁在水处理剂中仍具有较大的市场。近年来发展的主要是无机高分子絮凝剂。

无机高分子絮凝剂是一类新型的水处理药剂，它的生产和应用正在全世界迅速发展。由于这类化合物与历来的水处理药剂相比在很多方面都具有特色，因而被称为第二代无机絮凝剂。它比传统的絮凝剂效能优异，而比有机高分子絮凝剂价格低廉，现在已成功地应用在给水、工业废水以及城市污水的各种流程，逐渐成为主流絮凝剂。

无机高分子絮凝剂的三要品种有聚合氯化铝(PAC)、聚合硫酸铝(PAS)、聚合硫酸铁(PFS)和聚合氯化铁(PFC)。前三种已有定型产品，聚合氯化铁尚处于研制开发阶段。但在形态、聚合度及相应的凝聚絮凝效果方面，无机高分子絮凝剂仍不如有机高分子。它的相对分子质量和粒度大小以及絮凝架桥能力仍比有机絮凝剂差很多，而且还存在对水解反应的不稳定性问题。这些主要弱点使得它的研究和开发正在向各种复合型无机高分子絮凝剂发展。

无机高分子絮凝剂出现的品种很多，如表 3-2 所示。

表 3-2　无机高分子絮凝剂的品种系列

阳离子型	阴离子型	无机复合型	无机有机复合型
聚合氯化铝 PAC 聚合硫酸铝 PAS 聚合磷酸铝 PAP 聚合氯化铁 PFC 聚合硫酸铁 PFS 聚合磷酸铁 PFP	活化硅酸 ASi 聚合硅酸 PSi	聚合氯化铝铁 PAFC 聚合硅酸铝 PASi 聚合硅酸铝铁 PAFSi 聚合硫酸铝铁 PAFS 聚合硅酸铁 PFSi 聚合磷酸铝铁 PAFP	聚合氯聚丙烯酰胺(PACM) 聚合铝甲壳素(PAPCh) 聚合铝有机阳离子(PCAT)

（2）有机絮凝剂　有机絮凝剂可分为三类：合成有机高分子絮凝剂、天然有机高分子改性絮凝剂和微生物絮凝剂，见表 3-3。

表 3-3　有机絮凝剂品种系列

合成有机高分子絮凝剂	天然有机高分子改性絮凝剂	微生物絮凝剂
聚丙烯酰胺(PAM)及其衍生物(占整个合成高分子絮凝剂总量的 80%)、聚丙烯酸钠	淀粉、纤维素、含胶植物、多糖类和蛋白质等类的衍生物产量约占高分子絮凝剂总量的 20%，具有原料来源广泛、价格低廉、无毒、易于生物降解等特点	微生物絮凝剂是指利用生物技术，通过微生物的发酵、抽提、精制而得到的一类絮凝剂，包括机能性蛋白质和机能性多糖类物质

3.4.2 滤料/填料

主要有：石英砂滤料、无烟煤滤料、磁铁矿滤料、锰砂滤料、果壳滤料、陶瓷滤料、卵石垫层滤料、纤维球滤料，沸石滤料、水处理填料等。

3.5 水处理器材

主要有：蜂窝管、滤池配水器材（如全塑复合反冲洗滤砖、陶瓷滤砖、滤头、滤板等）、过滤介质（如陶瓷过滤介质、塑料过滤管、蜂房式管状滤芯、玻璃滤芯及钛管等）、水射器，管道混合器、曝气器（如微孔曝气器、可变孔曝气软管、旋混曝气器、振动曝气器、散流曝气器等）。

第4章　环境工程设备

4.1　环保产业概况

环保产业是指以防止环境污染、改善生态环境、保护自然资源为目的所进行的诸如技术开发、产品生产、商品流通、资源利用、信息服务、工程承包等经济活动并达到一定规模的总称。当前的环保产业主要是指环保设备制造业、环境工程建设和环境保护服务业及自然生态保护三大部分。

我国的环保产业由七大领域组成，即：环保产品生产、环保产品营销、环境工程设计施工、环境保护咨询服务、环保技术研究开发、资源综合利用与再生利用、生态恢复与生态农业。其中环保产品生产、资源综合利用和环保技术服务是环保产业的主体部分，而环保机械工业又是环保产业的支柱行业，是促进我国环保产业迅速发展的主力军。环保机械工业产值约占环保产业生产总值的40%。环保机械行业服务的主要领域是：水及水污染处理、废弃物管理和循环利用、大气污染、消除噪声、环境事故处理或清理活动、环境评价与监测、环境服务、能源和城市环境美化等。

4.1.1　环保设备现状

环保设备是环境保护设备的简称，是以控制环境污染为主要目的的设备，是水污染治理设备、空气污染治理设备、固体废物处理处置设备、噪声与振动控制设备、放射性与电磁波污染防护设备和环境监测及分析设备的总称。

在我国，环保设备业是环保产业的重要子行业，环保产业的发展和壮大关键是靠环保设备业和环保服务业来支撑的。按环保设备的应用类别分，环保设备既包括废水处理设备、废弃物管理和循环利用设备、大气污染控制设备、噪声消除设备、监测仪器和设备、科研和实验室设备，又包括用于自然保护以及提高城市环境质量的设备等。环境服务业则从事废水处理、废弃物处理处置、大气污染控制、噪声消除等方面的服务(主要指环保设施运营)，技术与工程服务，环境研究与开发，环境培训与教育，环境核算与法律服务，咨询服务，以及其他以保护环境为目的的服务。在上还两个子行业中，前者为后者提供生产装备及手段。因此，环保设备业是环保服务业发展的基础，同时环保设备业的市场需求又受制于环保服务业的发展状况。

随着环境治理的深入，国家也将加大对环保产业的投入。“九五”期间，中国环境保护总投资达3460亿元，占GDP的0.93%。“十五”期间，国家安排了1200个环保项目，总投资达2000亿元，而同期全国环保投资需求则高达7000亿元。2005年环保产值已由720亿元增加到1400亿元，约占当年GDP的1.4%，其中环保设备产品产值约550亿元。2010年环保总产值已超过11000亿元。“十二五”期间，环保产业将大有所为，主要污染物排放总量要显著减少，化学需氧量、二氧化硫排放分别减少8%，氨氮、氮氧化物排放均减少10%。按此标准计算，需要约3.4万亿元投资。

环保设备业作为环保产业的基础子行业，在产业发展中处于重要地位。在国家经贸委、科技部、财政部等八部委联合发布的《关于加快发展环保产业的意见》中，环保设备业位列当前国家优先发展的三大环保产业重点领域之首。其中规定，国家鼓励优先发展以烟气脱硫技术与装备、机动车尾气污染防治技术、城市垃圾资源化利用与处理处置技术和装备、城市污水处理及再生利用技术、工业废水处理及循环利用工艺技术、清洁生产技术与装备、生态环境保护技术与装备、污染防治装备控制仪器、在线环境监测设备等为主要内容的环保技术与装备以及性能先进的环保材料及环保药剂等。环保设备业将因此得到国家产业政策的扶持。

4.1.2 环保设备的分类

1. 按设备的功能分类

（1）水污染控制设备；

（2）大气污染控制及除尘设备；

（3）固体废物处理设备；

（4）噪声与振动控制设备；

（5）环境监测及分析设备；

（6）放射性与电磁波污染防护设备等。

2. 按设备的性质分类

（1）机械设备：各种用于治理污染和改善环境质量的机械加工设备，如除尘器、机械式通风机、机械式水处理设备等。机械设备是目前环保设备中种类及型号最多、应用最普遍、使用最方便的环保设备。

（2）仪器设备：包括大气监测、水质自动连续监测仪器、噪声监测仪器及环境工程实验仪器等四部分。

（3）构筑物：为治理环境而用钢筋混凝土结构件、玻璃钢、钢结构或其他材料建造的设施。

3. 按设备的构成分类

（1）单体设备是环保设备的主体，如各种除尘器、单体水处理设备等。

（2）成套设备是以单体设备为主，由各种附属设备（如风机、电机等）组成的整体。

（3）生产线指由一台或多台单体设备、各种附属设备及其管线所构成的整体，如废旧轮胎回收制胶粉生产线。

环境保护设备的名称应能表示设备的功能和主要特点。它由基本名称和主要特征两部分组成，其中，基本名称表明设备控制污染的功能；主要特征表明设备的用途、结构特点、工作原理。

环保设备的分类详见附录 4：中华人民共和国环境保护行业标准——环境保护设备分类与命名（HJ/T11—1996）。

4.1.3　环保设备的特点

1. 产品体系庞大

由于环境污染物质种类和形态的多样性，为适应治理各种废水、废气、固体废弃物以及噪声和辐射污染的需要，环保设备已经形成庞大的产品体系，拥有几千个品种、几万种规格。多数产品彼此之间结构差异大，专用性强，标准化难度大，难于形成批量生产。

2. 设备与工艺之间的配套性强

由于污染源不同，污染物质的成分、状态以及排放量等都存在较大的差异，因此必须结合现场数据进行专门的工艺设计，相应采用最经济合理的工艺方法和设备，否则难以达到预期目的。

3. 设备工作条件差异大

由于各种污染源的具体状况不同，环保设备在污染源中的工作条件有较大差异。相当多的设备在室外、潮湿条件下连续运行，要求设备具有良好的工作稳定性和可靠的控制系统。有些设备在高温、强腐蚀、重磨损、高载荷的条件下运行，要求设备具备耐高温、耐腐蚀、抗磨损、高强度等技术性能。某些大型成套设备如大型垃圾焚烧炉、大型除尘设备、大型除硫脱氮装置等，系统庞大，结构复杂，对系统的综合技术水平要求较高。

4. 部分设备具有兼用性

部分环保设备与其他行业的机械设备结构相似，具有相互兼用性，即环保设备可以应用于其他行业，其他行业的有关机械设备也可以应用于环境污染治理。

这类设备也称为通用设备。如石油、化工、矿山、轻工等行业中的蒸发器、塔罐、搅拌机、分离机、萃取机、破碎机、筛分机、分选机等机械设备，都可以与环保设备中的同类设备兼用。

4.1.4 环保设备的选型与设计

环保设备有定型的产品和非定型的产品，可根据污染物的性质、场地条件、处理要求、处理费用等诸多因素决定选择定型产品还是非定型产品。

1. 定型设备的选择

定型的环保设备也称为标准设备，是成批成系列生产的，可以现成买到。定型设备有产品目录或样本手册，有各种规格牌号，有不同的生产厂家，如电机、水泵、风机等。定型设备选择的原则如下。

(1) 合理性　即选择的设备必须满足处理工艺一般要求，与工艺流程、处理规模、操作条件、控制水平相适应，又能充分发挥设备的作用。

(2) 先进性　设备的运行可靠性、自控水平、处理能力、处理效率要尽量达到先进水平，同时还要注意处理的水平要尽量考虑今后发展的要求。

(3) 安全性　要求安全可靠、操作稳定、有缓冲能力、无事故隐患，对工艺、建筑物、地基、厂房等无过多的苛刻要求，操作时劳动强度小等。

(4) 经济性　设备较为便宜，易于维修、更新，尽量减少特殊维护要求，设备的运行费用要尽量低。

总之，要综合考虑以上的原则，审慎地研究对比，选择最合理的定型设备，同时注意定型设备的更新换代。

2. 非定型设备的设计

环境工程中需要专门设计的特殊设备，称为非标准设备或非定型设备。由于污染物的种类非常多，处理的方法也较多，非标准设备在环境工程中大量存在，它是根据处理工艺要求，通过处理工艺的计算，提出设备的形式、材料、大小尺寸和其他一些要求，由建筑、结构、机械或环境工程等专业人员进行设计，由有关工厂或施工单位制造完成。

非定型设备设计原则与定型设备的相同。其主要的设计程序如下。

(1) 处理工艺流程上确定处理设备的类型。处理工艺流程大体上已确定，如生活污水采用活性污泥法处理，曝气池和二沉池常为构筑物；除尘常用机械设备。

(2) 确定设备的材质。根据处理的污染物、工艺流程和操作条件，确定适合的设备材料。如上述处理水的曝气池和二沉池一般采用钢筋混凝土材料；除尘机械采用钢铁材料；气态污染物处理设备一般采用不锈钢或工程塑料等防腐材料。

(3) 汇集设计条件和参数。根据处理污染物的量、处理效率、物料平衡和热量平衡等，确定设备的负荷、设备的操作条件，如温度、压力、流逗、加药、卸灰形式、工作周期等，作为设备设计计算的主要依据。

(4) 选定设备的基本结构形式。根据各类处理设备的性能、使用特点和使用范围，依据各类规范、样本和说明书，进行权衡比较，确定设备的基本结构形式。

(5) 设计设备的基本尺寸。根据设计数据进行有关的计算和分析，确定处理设备的外形尺寸；确定设备的各种工艺附件；设备基本尺寸计算和设计完成之后，画出设备示意草图，标注有关尺寸。

(6) 选型和选择标准图纸。确定基本结构形式之后，根据处理工艺计算，选择非定型设备。在设计出基本尺寸后，应查阅有关标准规范，将有关尺寸规范化，尽量采用标准图纸。

(7) 设计数据汇总。

(8) 向有关专业人员提出设计要求、完成时间等。

(9) 汇总列出设备一览表。

4.2　通用设备

4.2.1　阀门

阀门是流体管路的控制装置，其基本功能是接通或切断管路介质的流通，改变介质的流通，改变介质的流动方向，调节介质的压力和流量，保护管路的设备的正常运行。

工业用的阀门的大量应用是在瓦特发明蒸汽机之后，近二三十年来，由于石油、化工、电站、冶金、船舶、核能、宇航等方面的需要，对阀门提出更高的要求，促使人们研究和生产高参数的阀门，其工作温度从超低温 -269℃ 到高温 1200℃，甚至高达 3430℃，工作压力从超真空 1.33×10^{-8}MPa(0.1mmHg) 到超高压 1460MPa，阀门通径从 1mm 到 600mm，甚至达到 9750mm，阀门的材料从铸铁、碳素钢发展到钛及钛合金、高强度耐腐蚀钢等，阀门的驱动方式从手动发展到电动、气动、液动、程控、数控、遥控等。

4.2.1.1　分类方法

阀门的用途广泛，种类繁多，分类方法也比较多。总的可分两大类：

第一类自动阀门：依靠介质(液体、气体)本身的能力而自行动作的阀门。

如止回阀、安全阀、调节阀、疏水阀、减压阀等。

第二类驱动阀门：借助手动、电动、液动、气动来操纵动作的阀门。如闸阀，截止阀、节流阀、蝶阀、球阀、旋塞阀等。

此外，阀门的分类还有以下几种方法：

(1) 按结构特征，根据关闭件相对于阀座移动的方向可分为：

① 截门形：关闭件沿着阀座中心移动。

② 闸门形：关闭件沿着垂直阀座中心移动。

③ 塞和球形：关闭件是柱塞或球，围绕本身的中心线旋转。

④ 旋启形；关闭件围绕阀座外的轴旋转。

⑤ 蝶形：关闭件的圆盘，围绕阀座内的轴旋转。

⑥ 滑阀形：关闭件在垂直于通道的方向滑动。

(2) 按用途，根据阀门的不同用途可分为：

① 开断用：用来接通或切断管路介质，如截止阀、闸阀、球阀、蝶阀等。

② 止回用：用来防止介质倒流，如止回阀。

③ 调节用：用来调节介质的压力和流量，如调节阀、减压阀。

④ 分配用：用来改变介质流向、分配介质，如三通旋塞、分配阀、滑阀等。

⑤ 安全阀：在介质压力超过规定值时，用来排放多余的介质，保证管路系统及设备安全，如安全阀、事故阀。

⑥ 其他特殊用途：如疏水阀、放空阀、排污阀等。

(3) 按驱动方式，根据不同的驱动方式可分为：

① 手动：借助手轮、手柄、杠杆或链轮等，有人力驱动，传动较大力矩时，装有涡轮、齿轮等减速装置。

② 电动：借助电机或其他电气装置来驱动。

③ 液动：借助(水、油)来驱动。

④ 气动；借助压缩空气来驱动。

(4) 按压力，根据阀门的公称压力可分为：

① 真空阀：绝对压力<0.1MPa(760mmHg)的阀门，通常用mm汞柱或mm水柱表示压力。

② 低压阀：公称压力 $PN \leqslant 1.6$MPa 的阀门(包括 $PN \leqslant 1.6$MPa 的钢阀)。

③ 中压阀：公称压力 PN 为 2.5~6.4MPa 的阀门。

④ 高压阀：公称压力 PN 为 10.0~80.0MPa 的阀门。

⑤ 超高压阀：公称压力 $PN \geqslant 100.0$MPa 的阀门。

(5) 按介质的温度分，根据阀门工作时的介质温度可分为：

① 普通阀门：适用于介质温度在-4~425℃的阀门。

② 高温阀门：适用于介质温度在425~600℃的阀门。

③ 耐热阀门：适用于介质温度在600℃以上的阀门。

④ 低温阀门：适用于介质温度在-150~-40℃的阀门。

⑤ 超低温阀门：适用于介质温度在-150℃以下的阀门。

(6) 按公称通径分，根据阀门的公称通径可分为：

① 小口径阀门：公称通径 DN<40mm 的阀门。

② 中口径阀门：公称通径 DN 为 50~300mm 的阀门。

③ 大口径阀门：公称通径 DN 为 350~1200mm 的阀门。

④ 特大口径阀门：公称通径 DN≥1400mm 的阀门。

(7) 按与管道连接方式分，根据阀门与管道连接方式可分为；

① 法兰连接阀门：阀体带有法兰，与管道采用法兰连接的阀门。

② 螺纹连接阀门：阀体带有内螺纹或外螺纹，与管道采用螺纹连接的阀门。

③ 焊接连接阀门：阀体带有焊口，与管道采用焊接连接的阀门。

④ 夹箍连接阀门：阀体上带有夹口，与管道采用夹箍连接的阀门。

⑤ 卡套连接阀门：采用卡套与管道连接的阀门。

按阀门的性质和用途，可将阀门分类总结归纳为如图4-1所示。

4.2.1.2 型号含义

阀门的型号是用来表示阀类、驱动及连接形式、密封圈材料和公称压力等要素的。

由于阀门种类繁杂，为了制造和使用方便，国家对阀门产品型号的编制方法做了统一规定。阀门产品的型号由七个单元组成，用来表明阀门类别、驱动种类、连接和结构形式、密封面或衬里材料、公称压力及阀体材料，详见中华人民共和国机械行业标准《阀门 型号编制方法》(JB/T 308—2004)。

4.2.1.3 阀门的类型与用途

1. 闸阀

闸阀是指关闭件(闸板)沿管路中心线的垂直方向移动的阀门。

闸阀在管路中主要作切断用。

闸阀是使用很广的一种阀门，一般口径 DN≥50mm 的切断装置都选用它，有时口径很小的切断装置也选用闸阀，闸阀有以下优点：

(1) 流体阻力小。

(2) 开闭所需外力较小。

(3) 介质的流向不受限制。

(4) 全开时，密封面受工作介质的冲蚀比截止阀小。

(5) 体形比较简单，铸造工艺性较好。

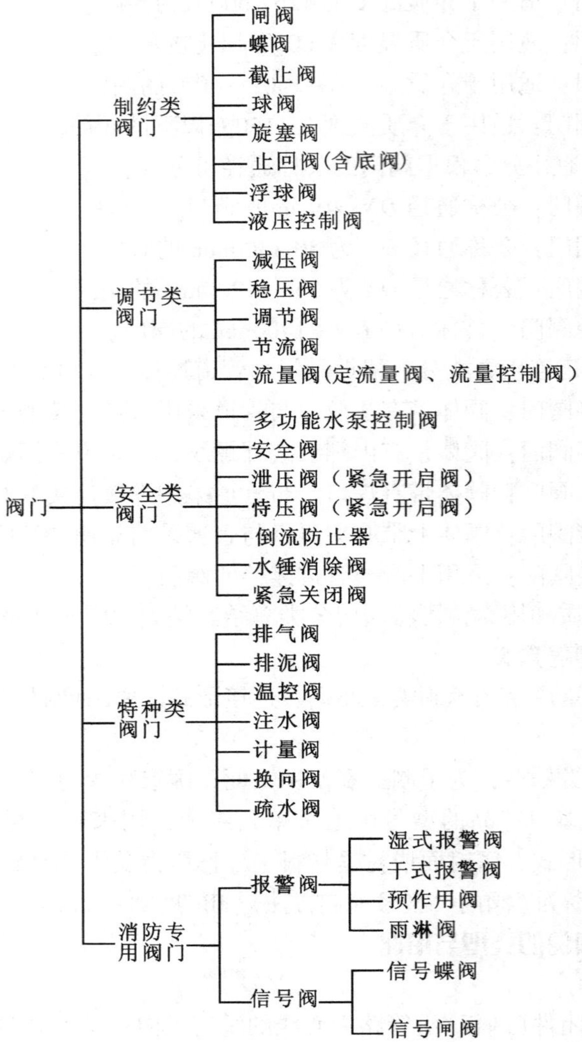

图 4-1　阀门的分类

闸阀也有不足之处：

(1) 外形尺寸和开启高度都较大。安装所需空间较大。

(2) 开闭过程中，密封面间有相对摩擦，容易引起擦伤现象。

(3) 闸阀一般都有两个密封面，给加工、研磨和维修增加一些困难。

2. 截止阀

截止阀是关闭件(阀瓣)沿阀座中心线移动的阀门。

截止阀在管路中主要作切断用。截止阀有以下优点：

(1) 在开闭过程中密封面的摩擦力比闸阀小，耐磨。

(2) 开启高度小。

(3) 通常只有一个密封面，制造工艺好，便于维修。

截止阀使用较为普遍，但由于开闭力矩较大，结构长度较长，一般公称通径都限制在 $DN \leqslant 200\text{mm}$ 以下。截止阀的流体阻力损失较大。因而限制了截止阀更广泛的使用。

3. 节流阀

节流阀是指通过改变通道面积达到控制或调节介质流量与压力的阀门。

节流阀在管路中主要作节流使用。

最常见的节流阀是采用截止阀改变阀瓣形状后作节流用。但用改变截止阀或闸阀开启高度来作节流用是极不合适的，因为介质在节流状态下流速很高，必然会使密封面冲蚀磨损，失去切断密封作用。同样用节流阀作切断装置也是不合适的。

4. 止回阀

止回阀是指依靠介质本身流动而自动开、闭阀瓣，用来防止介质倒流的阀门。

止回阀根据其结构可分升降式止回阀、旋启式止回阀、碟式止回阀和管道式止回阀。

5. 旋塞阀

旋塞阀是指关闭件(塞子)绕阀体中心线旋转来达到开启和关闭目的的一种阀门。

旋塞阀在管路中主要用作切断、分配和改变介质流动方向。

旋塞阀是历史上最早被人们采用的阀件。由于结构简单，开闭迅速(塞子旋转四分之一圈就能完成开闭动作)，操作方便，流体阻力小，至今仍被广泛使用。目前主要用于低压，小口径和介质温度不高的情况下。

6. 球阀

球阀和旋塞阀是同属一个类型的阀门，只有它的关闭件是个球体，球体绕阀体中心线作旋转来达到开启、关闭的目的。

球阀在管路中主要用作切断、分配和改变介质的流动方向。

球阀是近年来被广泛采用的一种新型阀门，它具有以下优点：

(1) 流体阻力小，其阻力系数与同长度的管段相等。

(2) 结构简单、体积小、重量轻。

(3) 紧密可靠，目前球阀的密封面材料广泛使用塑料、密封性好，在真空系统中也已广泛使用。

(4) 操作方便，开闭迅速，从全开到全关只要旋转90°，便于远距离的控制。

(5) 维修方便，球阀结构简单，密封圈一般都是活动的，拆卸更换都比较方便。

(6) 在全开或全闭时，球体和阀座的密封面与介质隔离，介质通过时，不会引起阀门密封面的侵蚀。

(7) 适用范围广，通径从小到几毫米，大到几米，从高真空至高压力都可应用。

球阀已广泛应用于石油、化工、发电、造纸、原子能、航空、火箭等各部门，以及人们日常生活中。

7. 蝶阀

蝶阀是蝶板在阀体内绕固定轴旋转的阀门。作为密封型的蝶阀，是在合成橡胶出现以后，才给它带来了迅速的发展，因此它是一种新型的截流阀。蝶阀能输送和控制的介质有水、凝结水、循环水、污水、海水、空气、煤气、液态天然气、干燥粉末、泥浆、果浆及带悬浮物的混合物。蝶阀的特点如下：

(1) 结构简单，外形尺寸小。由于结构紧凑，结构长度短，体积小，重量轻，适用于大口径的阀门。

(2) 流体阻力小，全开时，阀座通道有效流通面积较大，因而流体阻力较小。

(3) 启闭方便迅速，调节性能好，蝶板旋转90°即可完成启闭。通过改变蝶板的旋转角度可以分级控制流量。

(4) 启闭力矩较小，由于转轴两侧蝶板受介质作用基本相等，而产生转矩的方向相反，因而启闭较省力。

(5) 低压密封性能好，密封面材料一般采用橡胶、塑料，故密封性能好。受密封圈材料的限制，蝶阀的使用压力和工作温度范围较小。但硬密封蝶阀的使用压力和工作温度范围，都有了很大的提高。

8. 安全阀

安全阀是防止介质压力超过规定数值起安全作用的阀门。

安全阀在管路中，当介质工作压力超过规定数值时，阀门便自动开启，排放出多余介质。

4.2.1.4 各类阀门的设计选用要点

1. 闸阀

(1) 大口径管道需调节流量、压力时；

(2) 需截断水流，以便于管道、配件、附件和设备的检修时；

(3) 水流需双向流动或单向流动的管段时；

（4）流道直通、水流阻力小，但结构复杂、启闭时间长、闸槽易堵塞。

2. 蝶阀

（1）大口径管道需调节流量、压力时；

（2）需截断水流，以便于管道、配件、附件和设备的检修时；

（3）安装空间小，启闭状态需明示的场所；

（4）结构简单、阀体短、启闭迅速、扭矩小、重量轻。

3. 截止阀

（1）小口径管道需调节流量、压力时；

（2）需截断水流，而阀门启闭经常乃至频繁时；

（3）水流为单向流动的管段上；

（4）结构简单、维修简便、密封性能好、体积小，但启闭力矩大、水流阻力大。

4. 球阀

（1）低压、小口径管道用于截断水流和改变水流的分配；

（2）需快速启闭的场所；

（3）结构简便、体积小、启闭灵活，但易引起水锤。

5. 止回阀

需防止介质逆向流动的管段，如水泵出水管、给水引入管、消防水泵接合器下游、水箱消防出水管、加热设备和储热设备的冷水供水管、机械循环的热水回水管等。

6. 水力控制阀

（1）水力控制阀有：遥控浮球阀、减压阀(可调式减压阀)、缓闭止回阀、泄压阀、释压阀。

（2）适用条件：

① 遥控浮球阀。适用于生活、生产、消防给水系统的水池、水箱，以及其公称直径大于或等于 50mm 的进水管。

② 缓闭止回阀：

a. 在生活、生产、消防给水系统中，需要在水泵停机时阻止介质回流，并消除或缓解由此而产生的水锤现象，宜设置缓闭止回阀。

b. 缓闭止回阀的公称通径应与管路公称直径相同。

c. 缓闭止回阀前宜设过滤器，当缓闭止回阀设置在水泵出水管上时，过滤器可设在水泵吸水管上。

d. 缓闭止回阀宜水平安装，阀盖朝上。当垂直安装时，阀盖宜朝外。

e. 一台水泵机组应配套设置一组缓闭止回阀组。

③ 泄压阀：

a. 在生活、生产、消防给水系统中，需要保持管网压力在一定范围内(如≯1.0MPa)，防止压力突升及消除因流量变化而逐渐增大的压力过高，应设置泄压阀。

b. 管路公称直径小于200mm时，泄压阀的公称通径应与管路公称直径相同或小一级规格；管路公称直径大于或等于200mm时，泄压阀的公称通径宜采用150mm。

c. 泄压阀前应设置过滤器。

④ 释压阀：

a. 在生活、生产给水管路中，需要保持一定区域内管线的压力在某一设定值范围，应设置释压阀。

b. 释压阀的公称通径应与被保护的管路公称直径相同。

c. 释压阀前应设过滤器。

d. 释压阀组应由以下组件组成(沿水流方向)：压力表、控制阀(闸阀或蝶阀)、过滤器、释压阀和控制阀(闸阀或蝶阀)。

e. 释压阀可设置在干管或支管上，应串联设置在设定保压区域的最末端位置。并宜水平安装，阀盖朝上。

f. 释压阀可不设旁通管；对重要管路，应并联设置释压阀，一用一备。

g. 释压阀出口端连接的管段不应缩小。

h. 释压阀出口端管段可不设压力表。

7. 减压阀

(1) 减压阀有比例式减压阀、可调式减压阀两种。

(2) 适用条件：

① 需减静压时(在减静压的同时也减动压)；

② 需竖向分区，但不设置减压水箱、分区水箱或分区水泵时；

③ 用水点或消防灭火设施的供水压力需恒定时。

(3) 设置：

① 减压阀应设置在单向流动的管道上。

② 减压阀可设置在干管或支管、立管或横管上。减压阀的设置部位应考虑维修方便。

③ 当单个减压阀不能达到减压要求时，宜采用两个减压阀串联，也可采用两个减压阀组串联设置的减压方式。

注：两个减压阀串联时，中间应设长度为3倍公称直径的短管。

④ 当减压阀阀前压力不小于阀后给水配件或消防给水灭火设施破坏压力时，

应串联设置。当串联设置时，减压阀应为两个，其公称直径、公称压力和连接方式均应一致。

⑤ 减压阀串联设置时，可采用同类型减压阀串联，也可采用不同类型减压阀串联。

同类型减压阀串联设置，其减压比或减压值可相等也可不相等；不同类型减压阀串联时，沿水流方向，比例式减压阀应在前，可调式减压阀应在后。

⑥ 两组减压阀宜并联设置，一用一备。轮换工作，轮换周期宜为3个月。与环状给水管网连接并向其供水的比例式减压阀，可在环状管网的两侧各设一组。支管设减压阀时，宜单组设置。

⑦ 两组并联设置的减压阀，可不设旁通管。当减压阀阀前压力不致造成减压阀阀后超压时，可设旁通管，旁通管上应设阀门。

⑧ 减压阀阀体上的箭头方向应和管道水流方向一致，不得装反。减压阀前应设过滤器。

⑨ 接减压阀的管段不应有气堵、气阻现象。设置减压阀的给水管道，在减压阀设置位置的前后管段应设排气阀。

⑩ 减压阀出口端连接的管道，其管径不应缩小，且管道直线长度应不小于5倍公称直径。

8. 倒流防止器

（1）从生活饮用水管道接出的非生活饮用水管道起点；

（2）从市政生活饮用水管道直接吸水和水泵吸水管上；

（3）生活饮用水管道向有压容器注水的注水管上；

（4）储水构筑物的进水为淹没出流时的进水管上；

（5）防污隔断阀水流阻力大、价格高、体积大。

9. 排气阀

（1）立管顶部、液体储罐的顶部、给排水输送管路上；

（2）管道竖向转弯处的上部积存空气处。

10. 选用要点

（1）根据功能要求，选择阀门种类。再根据管道输送的介质性质、温度、建筑标准和业主要求等，确定阀门的阀体和密封部位的材质。常用的阀体材料有铸铁、铜、塑料等。常用的密封面和衬里材料有铜合金、塑料、钢、硬质合金、橡胶等。阀体材料应与管道材料相匹配。

（2）阀门的公称压力有0.6MPa、1.0MPa、1.6MPa、2.5MPa和4.0MPa等不同级别，管道输送的介质，其工作压力应小于阀门的公称压力值。

（3）制约类阀门、调节类阀门和消防专用阀门的公称直径应与管道的公称直径相同；安全类阀门和特种类阀门的公称直径应小于管道的公称直径。

（4）阀门的连接方式应与管道连接方式相一致。

（5）设置在介质单向流动管道上的阀门，阀体上的箭头方向应与管道水流方向一致。

（6）易堵塞和易发生机械故障的阀门（如减压阀、调节阀、多功能水泵控制阀），在阀前应设过滤器。

（7）阀门水平安装时，阀盖、阀杆应朝上；垂直安装时，阀盖、阀杆应朝外。

4.2.1.5 管件与管道连接

1. 管件

（1）法兰　法兰是最常用的管道间相互连接的元件。管道法兰按与管子连接方式可分为：平焊、对焊、螺纹、承插焊和松套法兰等五种基本类型。法兰密封面有突面、光面、凸凹面、榫槽面和梯形面。

管道法兰按公称压力、公称直径和操作温度来选用，可参考原化工部颁布的管法兰标准选用。

（2）法兰垫圈　它是法兰连接中必须使用的管件，起密封作用。垫圈材料由管路通过介质的性质：最高工作温度和最大工作压力来选择合适的垫圈，有软橡胶、石棉橡胶、聚氯乙烯塑料等多种，可通过查有关工艺手册选取。

（3）其他管件　在管系中改变走向、管径、封闭管路以及由主管上引出支管等均需用管件。由于管系形状各异，简繁不等，因此管件种类较多，有弯头、同心异径管、偏心异径管、三通、四通、管箍、活接头、螺纹短接、管帽（封头）、堵头、内外丝等。管件的选择，主要是根据操作介质的性质、最高工作温度和最大工作压力来选择。

2. 管道连接

管道连接的方式有以下几种。

（1）焊接　所有压力管道，如煤气、蒸汽、空气、真空等管道尽量采用焊接。

（2）承插焊　密封性要求高的管子连接，应尽量采用承插连接。

（3）法兰连接　法兰连接是管道连接最常用的形式，具有装拆方便，密闭可靠，适用的压力、温度和管径范围大的特点。一般适用于较大管径、密封性要求高的连接。

（4）螺纹连接　一般用于管径≤50mm 低压钢管、水煤气管、硬聚氯乙烯塑料管的连接。

（5）承插连接　适用于埋地或沿墙敷设的给排水管，如铸铁管、陶瓷管、石棉水泥管、工作压力≤0.3MPa，介质温度≤60℃的场合。

（6）承插黏结　适用于各种塑料管（如 ABS 管、玻璃钢管等）的连接。

（7）卡套连接　适用于管径≤40mm 的金属管与金属管件或与非金属管件、阀件的连接，一般用于仪表、控制系统等处。

（8）卡箍连接　适用于洁净物料、直径较小的管道连接，具有装拆方便、安全可靠、经济耐用等优点。

4.2.2　泵与风机

4.2.2.1　泵与风机的重要性

泵与风机是将原动机的机械能转换成流体机械能，以达到输送流体或造成流体循环流动等目的的机械。通常把提高液体机械能的机械称为泵，把提高气体机械能的机械称为风机。

泵与风机是在国民经济各部门中都广泛应用的通用机械。例如：农业中的排涝、灌溉；石油工业中的输油和注水；化学工业中高温、腐蚀性流体的排送；市政工程和其他工业中的给水排水、采暖通风等都离不开泵或风机。据统计，在全国的总用电量中，有 30%左右是泵与风机耗用的，其中泵的耗电约占 21%。由此可见泵与风机在我国国民经济建设中的地位和作用。

4.2.2.2　泵与风机的分类

泵与风机的应用广泛、种类繁多，常根据科研、生产等需要从以下几个方面进行分类。

1. 按泵与风机所产生的全压的高低分类

泵与风机可按其所产生的全压的高低进行分类，见表 4-1。

表 4-1　泵与风机的分类

泵		风机	
低压泵	<2MPa	通风机	<14.709kPa
中压泵	2~6MPa	鼓风机	14.709~241.6kPa
高压泵	>6MPa		

2. 按泵与风机的工作原理分类

（1）叶片式泵与风机　依靠装在主轴上的叶轮旋转，由叶轮上的叶片对流体做功来提高流体能量的泵与风机。根据流体在其叶轮内的流动方向和所受力的性质不同又分为：离心式、轴流式及混流式三种形式。

（2）容积式泵与风机　利用工作室容积周期性的变化来输送流体的泵与风机。如往复式、回转式泵与风机。

（3）其他类型的泵与风机　无法归入叶片式或容积式的各类泵与风机。如射流泵、水锤泵等。

上述各种类型的泵与风机还可以按结构形式的不同进一步细分，如表 4-2、图 4-2 和表 4-3 所示。

表 4-2 泵的类型

<table>
<tr><td rowspan="19">泵</td><td rowspan="7">叶片式泵</td><td rowspan="2">离心泵</td><td colspan="2">单级</td></tr>
<tr><td colspan="2">多级</td></tr>
<tr><td rowspan="3">轴流泵</td><td rowspan="2">固定叶片</td><td>单级</td></tr>
<tr><td>多级</td></tr>
<tr><td colspan="2">可动叶片</td></tr>
<tr><td colspan="3">混流泵</td></tr>
<tr><td colspan="3">旋涡泵</td></tr>
<tr><td rowspan="9">容积式泵</td><td rowspan="3">往复泵</td><td colspan="2">活塞式</td></tr>
<tr><td colspan="2">柱塞式</td></tr>
<tr><td colspan="2">隔膜式</td></tr>
<tr><td rowspan="6">回转泵</td><td rowspan="2">齿轮泵</td><td>外齿轮泵</td></tr>
<tr><td>内齿轮泵</td></tr>
<tr><td rowspan="3">螺杆泵</td><td>单螺杆泵</td></tr>
<tr><td>双螺杆泵</td></tr>
<tr><td>三螺杆泵</td></tr>
<tr><td colspan="2">滑片泵</td></tr>
<tr><td rowspan="3">其他类型泵</td><td colspan="3">射流泵</td></tr>
<tr><td colspan="3">水锤泵</td></tr>
<tr><td colspan="3">气泡泵</td></tr>
</table>

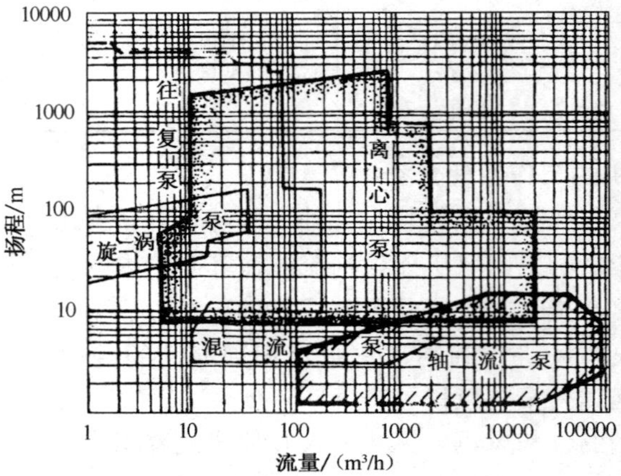

图 4-2 几种常用水泵的总型谱图

表 4-3　风机的类型

<table>
<tr><td rowspan="7">风机</td><td rowspan="3">叶片式风机</td><td colspan="2">离心式风机</td></tr>
<tr><td colspan="2">轴流式风机</td></tr>
<tr><td colspan="2">横流式风机</td></tr>
<tr><td rowspan="4">容积式风机</td><td colspan="2">往复风机</td></tr>
<tr><td rowspan="3">回转风机</td><td>叶氏风机</td></tr>
<tr><td>罗茨风机</td></tr>
<tr><td>螺杆风机</td></tr>
</table>

4. 2. 2. 3　泵与风机的工作原理

1. 离心式泵与风机的工作原理

如离心式泵或风机内分别充满了液体或气体时，只要原动机带动它们的叶轮旋转，则叶轮中的叶片就对其中的流体做功，迫使它们旋转。旋转的流体将在惯性离心力作用下，从中心向叶轮边缘流去，其压力不断增高，最后以很高的速度流出叶轮进入泵壳内，若此时开启出口阀门，流体将由压出管排出，这个过程称为压出过程。这是流体在泵与风机中唯一能获得能量的过程。与此同时，由于叶轮中心的流体流向边缘，在叶轮中心形成了低压区，当它具有足够低的压力或具有足够的真空时，流体将在吸水池液面压力(一般是大气压)作用下，经过吸入管进入叶轮，这个过程称为吸入过程。叶轮不断旋转，流体就会不断地被压出和吸入，形成了泵与风机的连续工作。

离心式泵与风机和其他形式相比，具有效率高、性能可靠、流量均匀、易于调节等优点，特别是可以制成各种压力及流量的泵与风机以满足不同的需要，所以应用最为广泛。在火力发电厂中，给水泵、凝结水泵以及大多数闭式循环水系统的循环水泵等都采用离心泵；送风机、引风机等也大多用离心式风机。本课程将着重介绍离心式泵与风机。

2. 轴流式泵与风机的工作原理

原动机驱动浸在流体中的叶轮旋转，轮内流体就相对叶片作绕流运动，根据升力定理和牛顿第三定律可知，绕流流体会对叶片作用一个升力。而叶片也会同时给流体一个与升力大小相等方向相反的反作用力，称为推力，这个叶片推力对流体做功，使流体的能量增加，并沿轴向流出叶轮，经过导叶等，进入压出管路。与此同时，叶轮进口处的流体被吸入。只要叶轮不断地旋转，流体就会源源不断地被压出相对叶片作绕流运动，形成轴流式泵与风机的连续工作。

轴流式泵与风机适用于大流量、低压头的情况；它们具有结构紧凑、外形尺寸小、重量轻等特点。动叶可调式轴流风机还具有变工况性能好、工作范围大等优点，因而其应用范围随着电站单机容量的增加而扩大，大多用作大型电站的送引风机。

3. 混流式泵与风机的工作原理

这种泵与风机因流体是沿介于轴向与径向之间的圆锥面方向流出叶轮，工作原理又是部分利用叶型升力、部分利用惯性离心力的作用，故称为混流式泵与风机。其流量较大、压头较高，是一种介于轴流式与离心式之间的叶片式泵与风机。在火力发电厂的开式循环水系统中，常用作循环水泵。

4. 往复泵的工作原理

往复泵属于容积式泵，包括活塞泵和柱塞泵。常用于输送流量较小、压力较高的各种介质，例如低密度、高黏度、腐蚀性、易燃、易爆等各种液体。

往复泵的结构和工作原理如图 4-3 所示，主要部件有气缸 1 及在其中做往复直线运动的活塞 2，活塞的驱动是用曲柄连杆机构 3(包括十字头)来完成的。除上述主要部件外还有排气阀 4 和吸气阀 5 等重要部件，以及机座、曲轴箱、动密封和静密封等辅助部件。

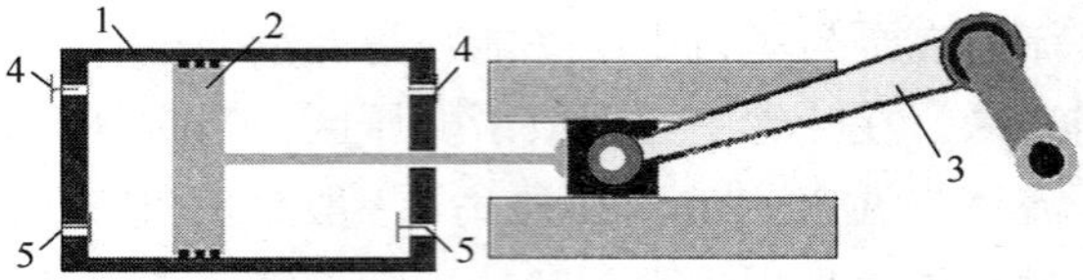

图 4-3 往复泵的工作原理图

1—气缸；2—活塞；3—曲柄连杆机构；4—排气阀；5—吸气阀

运转时，在电动机的驱动下，通过曲柄连杆机构的作用，使气缸内的活塞做往复运动。当活塞在气缸内从左端向右端运动时，由于气缸的左腔体积不断增大，气缸内气体的密度减小，而形成抽气过程，此时被抽容器中的气体经过吸气阀 5 进入泵体左腔。当活塞达到最右位置时，气缸左腔内就完全充满了气体。接着活塞从右端向左端运动，此时吸气阀 5 关闭。气缸内的气体随活塞从右向左运动而逐渐被压缩，当气缸内气体的压力达到或稍大于一个大气压时，排气阀 4 被打开，将气体排到大气中，完成一个工作循环。当活塞由左向右运动时，又重复前一循环，如此反复下去，被抽容器内最终达到某一稳定的平衡压力。

为提高抽气效率，一般在气缸的两端均设有吸气阀和排气阀，然后用管路将气缸两端的吸气口和排气口并联起来。

5. 齿轮泵的工作原理

齿轮泵属于容积式的回转泵，它与活塞泵的不同在于自身没有进、出水阀门，它的流量要比活塞泵更为均匀。它有一对啮合齿轮，主动齿轮由原动机带动旋转，从动齿轮与主动齿轮相啮合而转动。当两齿逐渐分开，工作空间的容积逐渐增大，形成部分真空，吸取液体进吸入腔口腔内，液体由齿槽携带沿泵体内壁运动进入压出腔中，并通过两齿的啮合将齿槽内液体挤压到腔内，再排入压出管。当主动轮不断被带动旋转时，泵便能不断吸入和压出液体。齿轮泵结构简单，轻便紧凑，工作可靠，适用于输送扬程较高而流量较小的润滑液，在火力发电厂中，常作为小型汽轮机的主油泵，以及电动给水泵、锅炉送引风机的润滑油泵。

6. 螺杆泵的工作原理

螺杆泵也属于容积式回转泵。它与齿轮泵的相似之处是利用类似齿廓的螺纹之间相互分开和啮合来吸入和压出液体。不同的是螺杆泵用两根或两根以上的螺杆，而不是用一对齿轮来工作。

螺杆泵比齿轮泵的效率更高，流量均匀，工作时噪声低，是一种较现代化的流体输送机械。在火力发电厂中，它可用来输送润滑油和燃油，也可作为中小型汽轮机的主油泵。

7. 喷射泵的工作原理

喷射泵是一种没有任何运动部件，完全依靠能量较高的工作流体来输送流体的泵。它的工作原理是高压工作流体经压力管路引入喷射泵的喷嘴后，降压升速以高速喷出，从而携带走喷嘴附近的流体，使混合室内形成真空。该真空将被输送流体吸入混合室，在喷嘴附近被工作流体携带混合接受能量后，进入扩压器升压，然后经排出管排出，工作流体不断地喷射，便能不断地输送其他流体。

喷射泵的工作流体可以是高压蒸汽，也可以是高压水，分别称为蒸汽喷射泵和液体喷射泵。被输送的流体可以是水、油或空气。在火力发电厂中，被用作输送炉渣的高压水力喷射器、凝汽设备中的抽气器以及为主油泵供油的注油器等。

8. 罗茨鼓风机的工作原理

利用两个叶形转子在气缸内做相对运动来压缩和输送气体的回转压缩机。这种压缩机靠转子轴端的同步齿轮使两转子保持啮合。转子上每一凹入的曲面部分与气缸内壁组成工作容积，在转子回转过程中从吸气口带走气体，当移到排气口附近与排气口相连通的瞬时，因有较高压力的气体回流，这时工作容积中的压力突然升高，然后将气体输送到排气通道。两转子依次交替工作。两转子互不接触，它们之间靠严密控制的间隙实现密封，故排出的气体不受润滑油污染。这种鼓风机结构简单，制造方便，适用于低压力场合的气体输送和加压，也可用作真空泵。由于周期性地吸、排气和瞬时等容压缩造成气流速度和压力的脉动，因而会产生较大的气体动力噪声。此外，转子之间和转子与气缸之间的间隙会造成气体泄漏，从而使效率降低。

9. 空气压缩机的工作原理

工作原理与往复泵相同，只是被提高能量的流体为气体。当电动机驱动皮带轮旋转后，会带动曲轴运动，并通过连杆、十字头和活塞杆使一、二级气缸内活塞均作往复运动。空气压缩机在火力发电厂中除作一般动力外，还供气动控制仪表用气。

4.2.2.4 离心泵的主要零件

离心泵是由许多零件组成的。下面以给水排水工程中常用的单级单吸卧式离心泵（如图 4-4 所示）为例，来讨论各零件的作用、材料和组成。

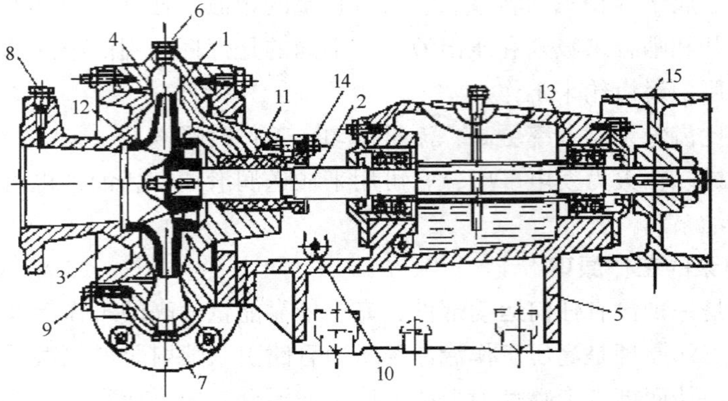

(a)

1—叶轮；2—泵轴；3—键；4—泵壳；5—泵座；6—灌水孔；7—放水孔，8—接真空表孔，9—接压力表孔，10—泄水孔，11—填料盒；12—减漏环；13—轴承座；14—压盖调节螺栓；15—传动轮

图 4-4 单级单吸卧式离心泵

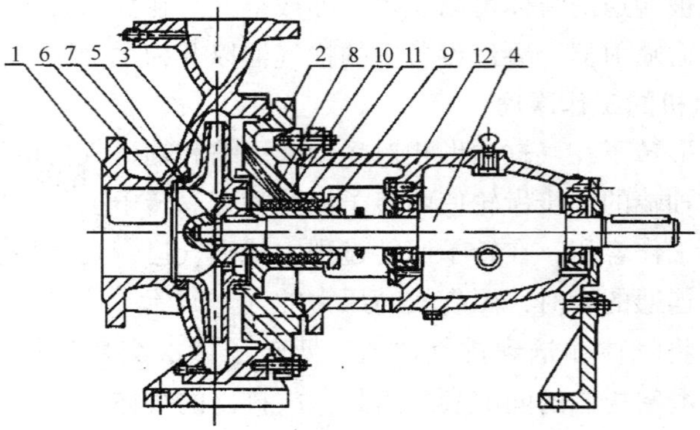

(b)

1—泵体；2—泵盖；3—叶轮；4—轴；5—密封环；6—叶轮螺母；7—止动垫圈；8—轴套；9—填料压盖；10—填料环；11—填料；12—悬架轴承部件

图 4-4 单级单吸卧式离心泵（续）

1. 叶轮(又称工作轮)

叶轮是离心泵的主要零件，叶轮的形状和尺寸是通过水力计算来决定的。选择叶轮材料时，除了要考虑离心力作用下的机械强度以外，还要考虑材料的耐磨和耐腐蚀性能。目前多数叶轮采用铸铁、铸钢和青铜制成。

叶轮一般可分为单吸式叶轮与双吸式叶轮两种。单吸式叶轮单边吸水，双吸式叶轮两边吸水，一般大流量离心泵多数采用双吸式叶轮，见图 4-5。

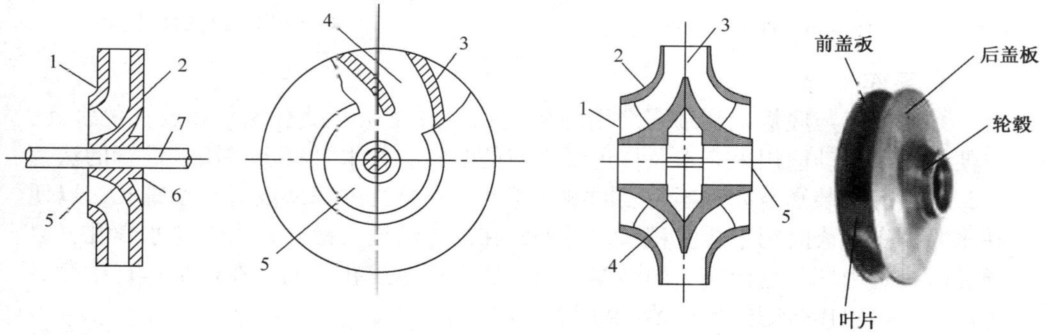

(a)　　(b)

1—前盖板；2—后盖板；3—叶片；4—叶槽；5—吸水口；6—轮毂；7—泵轴

1—吸入口；2—轮盖；3—叶片；4—轮毂；5—轴孔

图 4-5　叶轮型式与结构

2. 泵轴

泵轴是用来旋转泵叶轮的，见图 4-6。常用材料是碳素钢和不锈钢。泵轴应有足够的抗扭强度和足够的刚度，其挠度不超过允许值，工作转速不能接近产生共振现象的临界转速。叶轮和轴用键来联结。键是转动体之间的连接件，离心泵中一般采用平键，这种键只能传递扭矩而不能固定叶轮的轴向位置，在大、中型水泵中叶轮的轴向位置通常采用轴套和并紧轴套的螺母来定位的。

3. 泵壳

离心泵的泵壳通常铸成蜗壳形，见图 4-7。其过水部分要求有良好的水力条件。叶轮工作时，沿蜗壳的渐扩断面上；流量是逐渐增大的，为了减少水力损失，在水泵设计中应使沿蜗壳渐扩断面流动的水流速度是一常数。水由蜗壳排出后，经锥形扩散管而流入压力管。蜗壳上锥形扩散管的作用是降低水流的速度，使流速水头的一部分转化为压力水头。

泵壳的材料选择，除了考虑介质对过流部分的腐蚀和磨损以外，还应使壳体具有作为耐压容器的足够的机械强度。

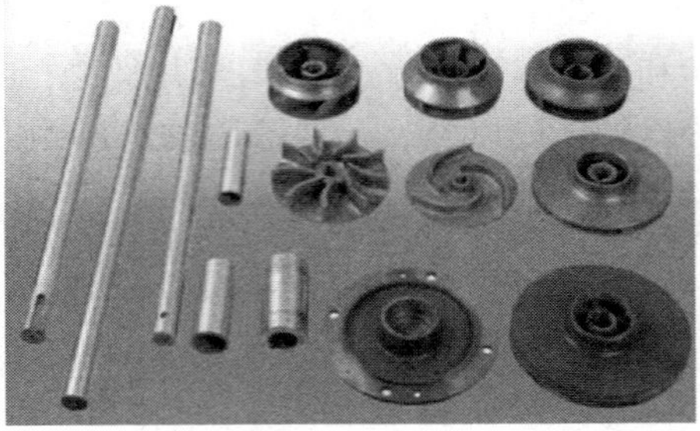

图 4-6 水泵的泵轴

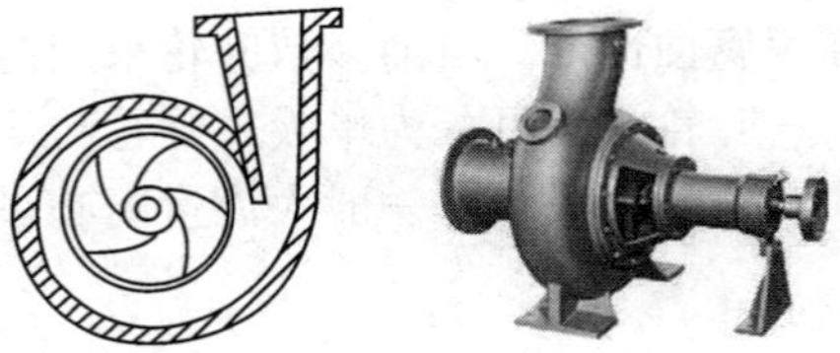

图 4-7 离心泵的泵壳

4. 泵座

泵座上有与底板或基础固定用的法兰孔。泵壳顶上设有充水和放气的螺孔，以便在水泵启动前用来充水及排走泵壳内的空气。在水泵吸水和压水锥管的法兰上，开设有安装真空表和压力表的测压螺孔。在泵壳的底部设有放水螺孔，以便在水泵停车检修时用来放空积水。另外，在泵座的横向槽底开设有泄水螺孔，以便随时排走由填料盒内流出的渗漏水滴。所有这些螺孔，如果在水泵运行中暂时无用时，可以用带螺纹的丝堵(又叫“闷头”)拴紧。

上述的零件中，叶轮和泵轴是离心泵中的转动部件，泵壳和泵座是离心泵中的固定部件，此两者之间存在着 3 个交接部分，它们是：泵轴与泵壳之间的轴封装置为填料盒；叶轮与泵壳内壁接缝处的减漏装置为减漏环；以及泵轴与泵座之间的转动连接装置为轴承座。

5. 填料盒

泵轴穿出泵壳时，在轴与壳之间存在着间隙。有间隙就会有泄漏。在单吸式离心泵中，此部位如不采取轴封装置，泵壳内高压水就会向外大量泄漏。填料盒就是常用的一种轴封手段，见图 4-8。

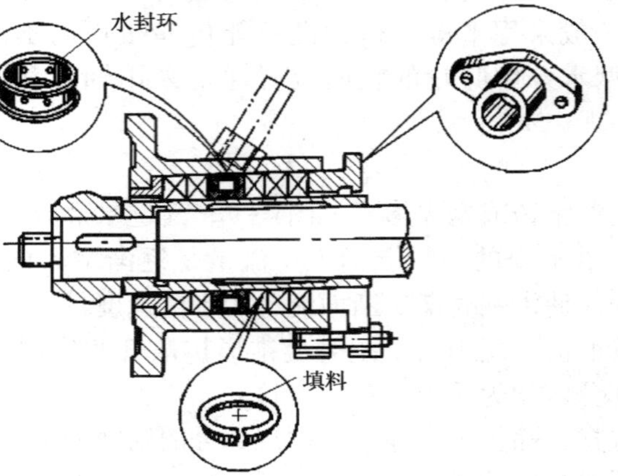

图 4-8 水泵的轴封装置

6. 减漏环

叶轮吸入口的外圆与泵壳内壁的接缝处存在一个转动接缝，它正是高低压交界面，且具有相对运动的部位，很容易发生泄漏，为了减少泵壳内高压水向吸水口的回流量，一般在水泵构造上采用两种减漏方式：①减小接缝间隙（不超过 0.1~0.5mm）；②增加泄漏通道中的阻力等。在实际应用中，由于加工、安装以及轴向力等问题，在接缝间隙处很容易发生叶轮与泵壳间的磨损现象。为了延长叶轮和泵壳的使用寿命，通常在泵壳上镶嵌一个金属的口环，此口环的接缝面可以做成多齿型，以增加水流回流时的阻力，提高减漏效果，因此，一般称此口环为减漏环，见图 4-9。

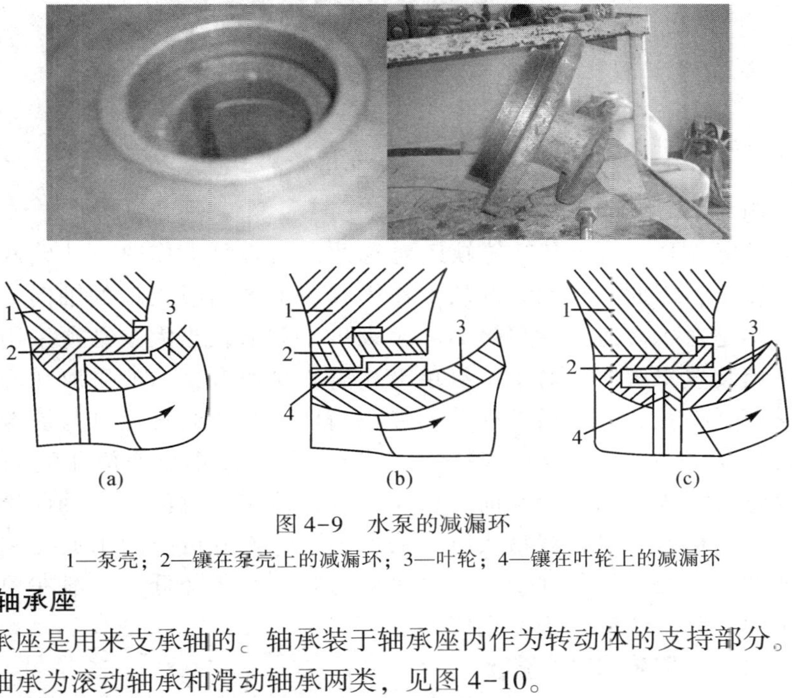

(a)　　(b)　　(c)

图 4-9　水泵的减漏环

1—泵壳；2—镶在泵壳上的减漏环；3—叶轮；4—镶在叶轮上的减漏环

7. 轴承座

轴承座是用来支承轴的。轴承装于轴承座内作为转动体的支持部分。水泵中常用的轴承为滚动轴承和滑动轴承两类，见图 4-10。

(a) 滑动轴承　　(b) 滚动轴承

图 4-10　水泵的轴承座

8. 联轴器

电动机的出力是通过联轴器来传递给水泵的，见图4-11。联轴器又称“靠背”轮，有刚性和挠性两种。刚性联轴器，实际上就是用两个圆法兰盘连接，由于它对于泵轴与电机轴的不同心度，在连接中无调节余地，因此，要求安装精度高。常用于小型水泵机组和立式泵机组的连接。

图4-11　水泵的联轴器

9. 轴向力平衡措施

单吸式离心泵，由于其叶轮缺乏对称性，离心泵工作时，叶轮两侧作用的压力不相等，因此，在水泵叶轮上作用有一个推向吸入口的轴向力。这种轴向力特别是对于多级式的单吸离心泵来讲，数值相当大，必须采用专门的轴向力平衡装置来解决。对于单级单吸式离心泵而言，一般采取在叶轮的后盖板上钻开平衡孔，并在后盖板上加装减漏环。此环的直径可与前盖板上的减漏环直径相等。压力水经此减漏环时压力下降，并经平衡孔流回叶轮中去，使叶轮后盖板上的压力与前盖板相接近，这样，就消除了轴向推力。此方法的优点是构造简单，容易实行。缺点是，叶轮流道中的水流受到平衡孔回流水的冲击，使水力条件变差，对水泵的效率有所降低。一般在单级单吸式离心泵中，此方法应用仍是很广的。

4.2.2.5　离心泵的性能参数

水泵的基本性能，通常由6个性能参数来表示：

（1）流量（抽水量）　水泵在单位时间内所输送的液体数量：用字母 Q 表示，常用的体积单位是 m^3/h 或 L/s。常用的重量单位是 t/h。

（2）扬程（总扬程）　水泵对单位质量1kg液体所作之功，也即单位质量液体通过水泵后其能量的增值。用字母 H 表示，其单位为 kg · m/kg，也可折算成抽送液体的液柱高度（m）表示；工程中也常用 kg/cm^2 或国际压力单位帕斯卡（Pa）表示。

扬程是表征液体经过水泵后比能增值的一个参数，如果，水泵抽送的是水，水流进水泵时所具有的比能为 E_1，流出水泵时所具有的比能为 E_2，则水泵的扬程 $H=E_2-E_1$。那么，水泵的扬程，也就是水比能的增值。

(3) 轴功率　泵轴得自原动机所传递来的功率称为轴功率，以 N 表示。原动机为电力拖动时，轴功率单位以 kW 表示。

(4) 效率　水泵的有效功率与轴功率之比值，以 η 表示。

(5) 转速　水泵叶轮的转动速度，通常以每分钟转动的次数来表示，以字母 n 表示。常用单位为 r/min。

(6) 允许吸上真空高度(H_s)　指水泵在标准状况下(即水温为 20℃、表面压力为 101.32kPa 运转时，水泵所允许的最大的吸上真空高度。单位为 mH_2O。水泵厂一般常用 H_s 来反映离心泵的吸水性能。

4.3　专用设备

4.3.1　搅拌设备

4.3.1.1　搅拌设备作用与分类

搅拌设备使用历史悠久，大量应用于化工、医药、食品、采矿、造纸、涂料、冶金、废水处理等行业中。搅拌设备在许多场合是作为反应器来用的。

1. 搅拌作用

(1) 使不互溶液体混合均匀，制备均匀混合液、乳化液，强化传质过程；

(2) 使气体在液体中充分分散，强化传质或化学反应；

(3) 制备均匀悬浮液，促使固体加速溶解、浸取或发生液-固化学反应；

(4) 强化传热，防止局部过热或过冷。

2. 搅拌设备分类

搅拌设备按作用方式可分为机械搅拌设备和气流搅拌设备两种。

(1) 气流搅拌设备是利用气体鼓泡通过液体层，对液体产生搅拌，或使气泡群以密集状态上升借所谓气升作用促进液体产生对流循环。这种搅拌没有运动部件，主要用于处理腐蚀性介质，以及高温高压条件下的反应物料。但由于其搅拌能力比较弱，因而一般仅用于低黏度物料的搅拌。

(2) 机械搅拌设备由搅拌容器和搅拌机两大部分组成。搅拌容器包括釜体、外夹套、内构件以及各种用途开孔接管等；搅拌机则包括搅拌器、搅拌轴、轴封、机架及传动装置等部件。其结构构成如图 4-12 所示。

- 搅拌设备
  - 搅拌机
    - 传动装置
      - 电动机
      - 变速器
      - 机架
      - 联轴器
    - 搅拌轴
    - 搅拌器
    - 轴封(或磁力联轴器)
  - 搅拌容器
    - 釜体
    - 外夹套
    - 内构件（挡板、盘管、导流筒、气体分布器等）
    - 接管、人孔、手孔、视镜等

图 4-12　搅拌机结构构成

4.3.1.2　搅拌设备设计与选用的基本方法

1. 搅拌设备的设计步骤

搅拌设备设计包括工艺设计和机械设计两部分内容。工艺设计提出机械设计的原始条件，即给出处理量、操作方式、最大工作压力(或真空度)、最高工作温度(或最低工作温度)、被搅物料的物性和腐蚀情况等，同时还需提出传热面的型式和传热面积、搅拌器型式、搅拌转速与功率等。而机械设计则应对搅拌容器、传动装置、轴封以及内构件等进行合理的选型、强度(或刚度)计算和结构设计。具体的设计步骤如下：

(1) 明确任务、目的　设计的全部依据来源于搅拌的任务和目的，其基本内容应包括：

① 明确被搅物料体系；

② 搅拌操作所达到的目的；

③ 被搅物料的处理量(间歇操作按一个周期的批量，连续操作按时班或年处理量)；

④ 明确有无化学反应、有无热量传递等，考虑反应体系对搅拌效果的要求。

(2) 了解物料性质　物料体系的性质是搅拌设备设计计算的基础。物系性质包括物料处理量，物料的停留时间、物料的黏度、体系在搅拌或反应过程中达到的最大私度、物料的表面张力、粒状物料在悬浮介质中的沉降速度、固体粒子的含量和通气量等。

(3) 搅拌器选型　搅拌器的结构型式和混合特性很大程度上决定了体系的混合效果。因此，搅拌器的选型好坏直接影响着整个搅拌设备的搅拌效果和操作费用。目前，对于给定的搅拌过程，搅拌器的选型还没有成熟、完善的方法。往往在同一搅拌目的下，几种搅拌器均可适用。此时多数依靠过去的经验，或相似工业实例分析以及对放大技术的掌握程度。有时对一些特殊的搅拌过程，还需进行中试甚至需要模型演示过程才能确定合适的搅拌器结构型式。在搅拌器结构型式选定之后，还应考虑搅拌器直径的大小与转速的高低。

(4) 确定操作参数　操作参数包括搅拌设备的操作压力与温度、物料处理量与时间、连续或间歇操作方式、搅拌器直径与转速、物料的有关物性与运动状态等。而最基本的目的是要通过这些参数，计算出搅拌雷诺数，确定流动类型，进而计算搅拌功率。

(5) 搅拌设备结构设计　在确定搅拌器结构型式和操作参数的基础上进行结构设计，主要内容是确定搅拌器构型的几何尺寸、搅拌容器的几何形状和尺寸。

(6) 搅拌特性计算　搅拌特性包括搅拌功率、循环能力、切应变速率及分布等，根据搅拌任务及目的确定关键搅拌特性。搅拌功率计算又分两个步骤：第一步确定搅拌功率；第二步考虑轴封和传动装置中的功率损耗，确定适当的电动机额定功率，进而选用相应的电动机。

(7) 传热设计　当搅拌操作过程中存在热量传递时，应进行传热计算。其主要目的是核算搅拌设备提供的换热面积是否满足传热的要求。

(8) 机械设计　根据操作环境和工艺要求，确定传动机构的类型；同时根据搅拌器转速和所选用的电动机转速，选择合适的变速器型号；并进行必要的强度计算，提供所有机械零部件的加工尺寸，绘制相应的零部件图和总体装配图。

(9) 费用估算　在满足工艺要求的前提下，花费最低的总费用是评价搅拌设备性能、校验设计是否合理的重要指标之一。完整的费用估算应包括以下几个方面：

① 设备加工与安装费用，包括设备材料、加工制造与安装、通用设备购置等所需费用。

② 操作费用，包括动力消耗、载热剂消耗、操作管理人员配备等所需的费用。

③ 维修费用，包括按生产周期进行维修时对耗用材料、更新零部件、人工、器材等所需的费用。

④ 整体设备折旧费用。

2. 搅拌设备设计与选用的基本原则

(1) 搅拌器　一般情况下，搅拌器结构型式的选用应满足下列基本要求：保证物料的有效混合，消耗最少的功率，所需费用最低，操作方便，易于制造和维修。

同时，搅拌器的桨叶应该具有足够的强度。桨叶根部所受弯矩最大，该截面应有足够的抗弯截面模量。当桨叶很长时，在桨叶根部非工作面处可设置加强板，使截面成空心形状。这不仅能有效地增加截面抗弯模量，还不致过分地增加桨叶的质量。对于轴流式搅拌器的加强板，其形状不应破坏流形，不宜在桨叶根部处加焊立筋。径向流搅拌器可以焊水平的筋板。桨叶的防腐包衬层厚度不宜过大，以防止叶型偏离最佳形状，使流量及输入的搅拌功率减小，影响操作的效果。

（2）搅拌容器　应根据生产规模（即物料处理量）、搅拌操作目的和物料特性确定搅拌容器的形状和尺码。在确定搅拌容器的容积时应合理选择装料系数，尽量提高设备的利用率。如果没有特殊需要，釜体一般宜选用最常用的立式圆筒形容器，并选择适宜的筒体高径比（或容器装液高径比）。若有传热要求，则釜体外须设置夹套结构。夹套种类有整体夹套、螺旋挡板夹套、半管夹套、蜂窝夹套，传热效果依次提高，但制造成本也相应增加。

（3）搅拌轴　搅拌轴应有足够的扭转强度和弯曲强度。通常，搅拌轴均应设计成刚性轴，要求具有足够的刚性。为防止轴发生共振，操作转速应控制在第一阶临界转速的15%以下。当操作转速较高（800~1200r/min）时，搅拌轴也可设计成柔性的，但尽可能不用。搅拌轴的结构应保证其质量较小，如轴径较大时尽量采用空心轴结构。

（4）轴封　在允许液体泄漏量较多、釜内压力较低的场合，可选用填料密封；在允许液体泄漏量少、釜内压力或真空度较高，并且要求轴与轴套间摩擦动力消耗少的场合，则建议采用机械密封结构；而当搅拌介质为剧毒、易燃、易爆，或较为昂贵的高纯度物料，或者需要在高真空状态下操作，对密封要求很高，且填料密封和机械密封均无法满足时，可选用全封闭的磁力传动装置，但磁力传动装置可传递的功率一般较小。

（5）变速器　应根据工艺要求和操作环境，选配合适的变速器。所选用的变速器除应满足功率和输出转速的要求外，还应运转可靠，维修方便，并具有较高的机械效率和较低的噪声。

（6）机架　搅拌设备的机架应该使搅拌轴有足够的支承间距，以保证操作时搅拌轴下端的偏摆量不大。机架应保证变速器的输出轴与搅拌轴对中，同时还应与轴封装置对中。机架轴承除承受径向载荷外，还应承受搅拌器所产生的轴向力。

（7）搅拌设备内构件　应根据搅拌器结构型式和物料操作特性确定容器内是否设置挡板和内冷管。安装有挡板的搅拌设备，大多在全挡板条件下操作。

4.3.2　其他设备

其他设备有：拦污设备、加药气浮设备、消毒设备、过滤与混合设备、膜分离设备、软化除盐设备、排泥除砂设备、污泥脱水设备、脱硫除尘设备、消声设备等(见附录 4)。

第5章　环境工程检测仪表

5.1　流量仪表

测量流体流量的仪表统称为流量计或流量表。流量计是环保产业测量中重要的仪表之一。随着环保行业工艺和设备的发展，对流量测量的准确度和范围的要求越来越高，流量测量技术也越来越成熟。目前已投入使用的流量计达近百种。

5.1.1　流量计的分类

流量计常用的分类方法有两种：一是按流量计采用的测量原理分类，二是按流量计的结构原理进行分类。

1. 按测量原理分类

（1）力学原理　属于此类原理的仪表有利用伯努利定理的变压式、转子式；利用动量定理的冲量式、对动管式；利用牛顿第二定律的直接质量式；利用流体动量原理的靶式；利用角动量定理的涡轮式；利用流体振荡原理的旋涡式、涡街式；利用总静压力差的皮托管式以及容积式和堰、槽式等。

（2）电学原理　属于此类原理的仪表有电磁式、差动电容式、电感式、应变电阻式等。

（3）声学原理　利用声学原理进行流量测量的有超声波式、声学式(冲击波式)等。

（4）热学原理　利用热学原理测量流量的有热量式、直接量热式、间接量热式等。

（5）光学原理　包括激光式、光电式等仪表。

2. 按流量计结构原理分类

根据流量计的结构原理，流量计产品大致上可归纳为以下几种类型。

（1）容积式流量计　容积式流量计相当于一个标准容积的容器。它接连不断地对流动介质进行度量，流量越大，度量的次数越多，输出的频率越高。容积式流量计的原理比较简单，适于测量高黏度、低雷诺数的流体。包括适于测量液体流量的椭圆齿轮流量计、罗茨流量计、旋转活塞和刮板式流量计；适于测量气体流量的伺服式容积流量计、皮膜式和转筒流量计等。

(2) 叶轮式流量计　叶轮式流量计的工作原理是将叶轮置于被测流体中，叶轮受流体流动的冲击旋转，以叶轮旋转的快慢来反映流量的大小。典型的冲轮式流量计是水表和涡轮流量计，其结构可以是机械传动输出式或电脉冲输出式。一般机械传动输出的水表准确度较低，但结构简单，造价低。电脉冲信号输出的涡轮流量计的准确度较高。

(3) 差压式流量计　差压式流量计由一次装置和二次装置组成。一次装置为流量测量元件，它安装在被测流体的管道中，产生与流量(流速)成比例的压力差，供二次装置进行流量显示。二次装置为显示仪表。它接收测量元件产生的差压信号，并将其转换为相应的流量进行显示。差压流量计的一次装置常为节流装置或动压测定装置(皮托管、均速管等)。二次装置为各种机械式、电子式、组合式差压计配以流量显示仪表。

(4) 变面积式流量计　放在上大下小的锥形流道中的浮子受到自下而上流动的流体的作用力而移动。当此作用力与浮子的“显示重量”(浮子本身的重量减去它所受流体的浮力)相平衡时，浮子即静止。浮子静止的高度可作为流量大小的量度。

(5) 动量式流量计　利用测量流体的动量来反映流量大小的流量计称为动量式流量计。由于流动流体的动量与流体的密度及流速的平方成正比，当通流截面确定时，测得流体动量即可反映流量。这种流量计的典型仪表是靶式和转动翼板式流量计。

(6) 电磁流量计　电磁流量计是应用导电体在磁场中运动产生感应电动势，而感应电动势又和流量大小成正比，通过测电动势来反映管道流量的原理而制成的。其测量精度和灵敏度都较高。工业上多用以测量水等介质的流量。

5.1.2　几种流量计的简介

1. 容积式流量计

测量型流量计。由于它是直接根据体积进行流量测量的，影响测量准确度的因素较少，测量准确度较高，可作为工业流量计量的标准仪表。由于在理论上这种类型仪表的测量准确度与流体的种类、黏度、密度等无关，不受流动状态的影响，也即不受雷诺数大小的限制，因此可测气、水、油等介质的流量，长期以来被广泛应用于环保行业过程的流量测量。

为适应脏污流流量测量，20 世纪 70 年代末生产的双转子容积式流量计，采用强制转动方式克服了污物对仪表的影响，并降低了压损，这是容积式流量计的变革之一。另外，一般容积式流量计对介质中的污物较敏感，被测介质中的污物会造成转子卡涩，影响正常测量，故仪表上游均需加装过滤器，这样会造成较大的压力损失。这些是容积式仪表的不足之处，也是仪表选型时应注意的几点。

2. 涡轮流量计

涡轮流量计是近 20 年发展起来的流量测量仪表。它属于速度式叶轮仪表，是利用置于流体中的叶轮的旋转角速度与流体流速成比例的关系，通过测量叶轮的转速来反映体积流量大小的。在环保行业检测中，涡轮流量计应用最广泛，发展较迅速。

涡轮流量计由变送器和显示仪表两部分组成。变送器输出与流量成正比的脉冲信号，该信号通过传输线路远距离传送给显示仪表，便于进行累积和显示。

与容积式流量计相比，涡轮流量计具有加工零件少、重量轻、用料少、成本低的特点。涡轮流量计具有测量准确度高、测量范围广、压力损失小、重量轻、测量重复性好、耐高压、温度范围广及数字信号输出等优点，因此在工业上应用十分广泛。

3. 转子流量计

在环保行业处理和监测过程中，为了保证小流量、低雷诺数的流量测量的准确度，要求仪表有较高的灵敏度。转子流量计由于其灵敏度高、结构简单、直观、压损小、测量范围大、维修方便，而且价格比较便宜等优点，被广泛应用。

转子流量计就锥形管材料不同，分为玻璃管转子流量计和金属管转子流量计。玻璃管转子流量计一般用来测量低压常温、不带颗粒悬浮物的透明液体或气体。由于读数直观、结构简单和便于维护，被广泛应用于只需直观的场合。玻璃管转子流量计虽有很多优点，但由于它只通用于就地指示、信号不能远传、玻璃管强度不够，而不能用于测量高温高压及不透明流体。所以在工业生产中，采用金属管转子流量计的较多。金属管转子流量计既能就地指示，又能远传指示，并可实现记录、计算、自控等多种功能。

4. 电磁流量计

电磁流量计是基于导电流体在磁场中运动所产生的感应电势来推算流量的流量计，它是 20 世纪 60 年代随着电子技术的发展而迅速发展起来的无压损节能型流量测量仪表。由于其独特的优点，目前已广泛应用于各种导电液体和腐蚀性液体及脉动流体的流量测量。由于它密封性好，对被测介质无阻挡部件，可测易燃、易爆介质；还由于仪表本体消毒简单，还适用于测量各种污水及大管径水流量。所以，电磁流量计被环保、化工、医药、食品工业广泛采用。

为解决水处理工艺中开口渠道的流量测量，近期在管型电磁流量计的基础上发展了适用于不规则截面形状的明渠、暗渠、河道的潜水型电磁流量计。

5.1.3　流量计的选型

选用流量检测仪表时，一般应考虑：工艺过程允许的压力损失，最大、最小额定流量，工况条件，精度要求，测量瞬时值还是累积值，流量检测仪表的输出信号等。然后从仪表产品供应的实际情况出发，综合考虑测量安全性、准确性和经济性，并根据被测流体的性质及流动情况确定流量取样装置的方式及测量仪表的类型和规格，选取较为合适的流量仪表。

1. 安全性

流量测量的安全可靠，首先是测量方式安全，即取样装置在运行中不会发生电气回路故障而引起事故；二是测量仪表无论在正常生产或故障情况下都不致影响生产系统的安全。

2. 准确性

在保证仪表安全运行的基础上，力求提高仪表的准确性和节能性。为此，不仅要选用满足准确度要求的显示仪表，而且要根据被测介质的特点选择合理的测量方式。化学水处理能漏水和燃油分别属于脏污流和低雷诺数黏性流，都不适用标准节流件。对脏污流一般选用圆缺孔板等非标准节流件配差压计或超声多普勒式流量计，而黏性流可分别采用容积式、靶式或楔形流量计等。

为保证流量计使用寿命及准确性，选型时还要注意仪表的防震要求。

正确选择仪表的规格，也是保证仪表使用寿命和准确度的重要环节。应特别注意静压及耐温的选择。仪表的静压即耐压程度，它应稍大于被测介质的工作压力，一般取 1.25 倍，以保证不发生泄漏或意外。量程范围的选择，主要是仪表刻度上限的选择。选小了，易过载，损坏仪表；选大了，有碍测量的准确性。一般选为实际运行中最大流量值的 1.2~1.3 倍。

3. 经济性

安装在生产管道上长期运行的接触式仪表，还应考虑流量测量元件所造成的能量损失。一般情况下，在同一生产管道中不应选用多个压损较大的测量元件，如节流元件等。

不同的测量方式和结构，要求不同的测量操作、使用方法和使用条件，每种类型都有它特有的优缺点。因此，应在对各种测量方式和仪表特性作全面比较的基础上选择适于环保工艺的、既安全可靠又经济耐用的最佳类型。

5.2　压力仪表

在环保设备使用中，需要测量的压力范围很广，同时由于使用条件和环境要求的不同，压力仪表的种类很多。

5.2.1 概念

工程上所定义的压力，是指均匀、垂直地作用于单位面积上的力。这里的压力概念，指均匀垂直作用于容器的单位面积上的力，实际上是物理学上的压强，即单位面积上所承受压力的大小，单位是 kg/cm^2。压力的表示方式有三种，即绝对压力、表压力、真空度(或称负压)。

绝对压力是物体所承受的实际压力，其零点为绝对真空；表压力是指高于大气压力时的绝对压力与大气压力之差；真空度(负压)是指大气压力与低于大气压力的绝对压力之差。将用来测量上述三种压力的仪表分别称为绝对压力表、表压力表和真空度表。在工程上若非特别指明，一般所指的压力(即压力表测得的压力)均属表压力。表压力表一般称为压力表，是以大气压力为基准，用于测量压力的仪表。

在工业过程控制与技术测量过程中，由于机械式压力表的弹性敏感元件具有很高的机械强度以及生产方便等特性，使得机械式压力表得到越来越广泛的应用。

机械压力表中的弹性敏感元件随着压力的变化而产生弹性变形。机械压力表采用弹簧管(波登管)、膜片、膜盒及波纹管等敏感元件并按此分类。

在测量范围内的压力值由指针显示，刻度盘的指示范围一般做成 270°。

5.2.2 压力表的分类

压力表有多种分类方法，如按作用原理、被测压力的种类、显示方式和使用环境等。

(1) 根据作用原理分类

① 静重式。静重式压力计包括液体式压力计和活塞式压力计。液体式压力计有 U 形管、单管、斜管、钟罩式和环天平式压力计等。活塞式压力计有活塞式压力计、活塞式压力真空计。从其结构来分，有单活塞式、双活塞式、可控间源活塞式、圆柱形活塞式和球形活塞式压力计等。

② 弹性式。弹性式压力表有弹簧管式、膜片式、膜盒式和波纹管式等。弹簧管式又分单圈弹簧管式、多圈弹簧管式、盘旋管式和螺旋管式等。

③ 电测式。电测式一般为远程传送式压力表，压力变送器属于这一类。压力变送器分位移式、力平衡式等。按其信号转换方式可分为电阻式、电感式、电容式、频率式等。压力变送器除电动式外，还有气动式。

(2) 按被测压力种类和大小分类　按被测压力的种类，可分为表压压力表、绝对压力表、差压压力表等。表压压力表包括压力表、真空表、真空压力表等。压力表按被测压力大小，分为真空表、压力真空表、微压表、低压表、中压表及高压表。真空表用于测量小于大气压力的压力值；压力真空表用于测量小于和大于大气压力的压力值；微压表用于测量小于60000Pa的压力值；低压表用于测量0~6MPa的压力值；中压表用于测量10~60MPa的压力值；高压表用于测量100MPa以上的压力值。

(3) 按显示方式分类按显示方式可分为指示式、记录式、信号式等。

(4) 按使用环境分类按使用环境可分为普通型、耐震型、禁油型、耐酸型、隔爆型和高温型等。

(5) 按测量精确度分类：可分为精密压力表和一般压力表。精密压力表的测量精确度等级分别为0.1、0.16、0.25、0.4级；一般压力表的测量精确度等级分别为1.0、1.6、2.5、4.0级。

5.2.3 几种压力表结构和用途简介

耐震压力表的壳体制成全密封结构，且在壳体内填充阻尼油。由于其阻尼作用，可以使用在工作环境振动或介质压力(载荷)脉动的测量场所。

带有电接点控制开关的压力表可以实现发讯报警或控制功能。

带有远传机构的压力表可以提供工业工程中所需要的电信号(比如电阻信号或标准直流电流信号)。

隔膜表所使用的隔离器(化学密封)能通过隔离膜片将被测介质与仪表隔离，以便测量强腐蚀、高温、易结晶介质的压力。

机械压力表中的弹性敏感元件随着压力的变化而产生弹性变形。机械压力表采用弹簧管(波登管)、膜片、膜盒及波纹管等敏感元件并按此分类。敏感元件一般是由铜合金、不锈钢或由特殊材料制成。

弹簧管(波登管)分为C型管、盘簧管、螺旋管等类型。一般采用冷作硬化型材料坯管，在退火态具有很高的塑性，经压力加工冷作硬化及定性处理后获得很高的弹性和强度。弹簧管在内腔压力作用下，利用其所具有的弹性特性，可以方便地将压力转变为弹簧管自由端的弹性位移。弹簧管的测量范围一般在0.1~250MPa。

膜片敏感元件是带有波浪的圆形膜片，膜片本身位于两个法兰之间，或焊接在法兰盘上或其边缘夹在两个法兰盘之间。膜片一侧受到测量介质的压力。这样，膜片所产生的微小弯曲变形可用来间接测量介质的压力。压力的大小由指针显示。膜片与波登管相比其传递力较大。由于膜片本身周围边缘固定，所以其防震性较好。膜片压力表可达到很高的过压保护(如膜片贴附在上法兰盘上）。膜片还可以加上保护镀层，以提高防腐性。可用膜片压力表测量黏度很大、不清洁的及结晶的介质。膜片压力表的压力测量范围在1600Pa~2.5MPa。

膜盒敏感元件由两块对扣在一起的呈圆形、波浪截面的膜片组成。测量介质的压力作用在膜盒腔内侧，由此所产生的变形可用来间接测量介质的压力。压力值的大小由指针显示。膜盒压力表一般用来测量气体的微压，并具有一定程度的过压保护能力。几个膜盒敏感元件叠在一起后会产生较大的传递力来测量极微小的压力。膜盒压力表的压力测量范围在0.25~60kPa。

5.2.4 压力表的选择

为了使压力表充分发挥作用，应综合考虑测量目的、测量环境、维修管理难易程度、可靠性和经济性等要求，选择最适用的压力仪表。

1. 一般选择条件

（1）仪表种类的选择根据监视的要求可分别选择现场指示型、报警型和控制盘指示型。对于电动或气动压力变送器的应用，则应综合考虑它们各自的特点。如对于气动压力变送器，不需要考虑防爆、防噪声等问题，但是要考虑到它的传送距离受限制的缺点；电动压力变送器一般不受传送距离的限制，但是存在着防爆、防噪声问题，还要考虑统一输出信号的问题。

（2）仪表规格的选择根据被测介质压力的大小，参照压力表系列中规定的压力测量范围进行规格的选择。对于弹性压力表，一般规定被测参数额定值为压力表满量程值的2/3，如被测压力额定值为10MPa，则应选择0~16MPa的压力表，这是指稳定负荷条件下的情况；如在波动负荷情况下，压力表的经常指示范围则不应超过满量程的1/2。对于最低压力，不论是稳定负荷或是波动负荷的情况，压力指示范围都不应该低于满量程的1/3。

选用压力表时，还要考虑其精确度等级。工业用弹性压力表的精确度等级一般为1~4级，气动和电动压力变送器的精确度等级为0.2~0.5级。应根据要求选择所需精确度的压力表。

2. 特殊条件的选择

（1）按环境条件选择　在受机械振动影响大的场所应选用具有耐振结构的压力表。环境温度很高时，可选用结构上耐高温的压力表。对腐蚀性环境原则上应尽量避免。如无法避免则应采取防腐蚀措施。如对外壳涂耐腐漆或使用耐腐蚀材料制成的压力表，并且要求密封性强，以免损伤仪表内部机件。对于易燃易爆等危险环境如油泵房、制氢站等场所，必须选用防爆型仪表。

（2）按被测介质的性质选择　被测介质具有腐蚀性时，应选用耐腐蚀材料制成敏感元件的压力表，或者选用带耐腐蚀材料隔膜的压力表。

测量氧气时，必须使用有禁油标记的压力表。这是因为氧气直接接触油脂，会发生剧烈的氧化反应而引起爆炸。因此，即使感压元件中残存很少一点油脂都是十分危险的。对这种禁油压力表，应进行严格的管理。

对于脉冲压力，如活塞泵出口压力，不仅难以准确测量，而且由于指示机构磨损和感应元件疲劳，压力表很易失效。在这种场合，可选用带有缓冲装置的压力表。

在测量蒸汽或气体压力时，为了防止弹簧管损坏而使压力表正面损坏，应选用外壳背面有排气孔的压力表，这种压力表一般称为安全型仪表。

5.3　液位仪表

5.3.1　液位检测仪表的分类

液位检测仪表按测量方式可分为连续测量仪表和限位测量仪表两大类。

1. 连续测量仪表

能连续不断地测量液位的变化情况称为连续测量。能实现连续测量的仪器表称为液位表或液位变送器。按测量液位的原理与方法，目前常用的有电容式、静压式、超声波式等液位计。

2. 限位测量仪表

检测液位是否达上限、下限等某个特定位置，称为限位测量。能实现连续测量的仪表称为液位开关。

5.3.2　几种液位检测仪表的简介

1. 电容式液位计

电容器的容量与组成电容的极板的面积及中间介质的介电常数成正比，与极板之间的距离成反比。

在电容式液位计中用于检测液位的电容，一般由容器壁与插入容器的探头组成，容器壁与探头组成一对电极。若容器壁为绝缘材料，就利用接地管道、第二探头或金属极等作为参考电极。电容器电容量的大小取决于探头与容器壁之间有多少介质，即液位的高度。通过测量介质电容量的大小，即可计算出液位的高度。

电容式液位计一般由测量探头和变送器两部分组成，变送器装于探头的顶端。测量探头有多种不同的形式，如棒式探头、带套管式探头、双缆式探头、法兰连接式探头、板式探头等。上述每种探头又分为绝缘式和部分绝缘式，以适应不同的被测介质。其中棒式探头的最大长度为4m，绳式探头的最大长度为20m，板式探头用于限位测量。在给水排水工程设计中，应根据被测液体的深度、温度、压力、腐蚀性、黏度、绝缘性、容器的结构和安装等因素来正确选用合适的探头。

2. 静压式液位计

液位计处于被测液体之中时，受到一定的液体静压力，当被测液体的密度不变时，这种静压力与被测液体的高度成正比例。根据此原理，通过测量位于一定深度液体之中的作用于传感器之上的压力信号，即可计算出被测液体的深度。

静压式液位计由传感器、变送器、导气电缆(或电杆)组成。液体的压力使测量膜片产生形变，通过硅油压力传递到扩散硅电阻上，使其电阻值发生变化，然后通过变送器放大输出标准的电流信号。导气电缆(或电杆)不仅承担信号传输功能，而且将大气导入传感器，使之输出的是与相对静压力成正比的电信号。

静压式液位计分为直装式和沉入式。直装式适合于安装在容器或管道的底部或侧面，靠法兰或螺纹连接，结构紧凑。沉入式适合在水池或水井上面安装，有缆式和杆式两种结构。沉入缆式静压液位计的最大测量深度为100m，适合于一般液体液位，特别是深井水位的测量；沉入杆式静压液位计的最大测量深度为4m，适合于液面扰动大及有腐蚀性的液体液位的测量。当用沉入缆式静压液位计测量流动或扰动大液位时，为防止传感器剧烈摆动，传感器应附加重锤或将传感器置于防波管中。

静压式液位计的特点是：测量范围大，最大的测量深度可达100m；采用主动温度补偿式扩散硅传感器，受温度变化而引起的测量误差小；安装方便，工作可靠；可用于黏度较高、易结晶、有固体悬浮物、有腐蚀性液体的液位测量。

3. 超声波式液位计

超声波式液位计的工作原理为：传感器定时发射出超声波脉冲信号，在被测液体的表面被反射，返回的超声波信号再由传感器接收。从发射超声波脉冲到接收到反射信号所需的时间与传感器到液体表面的距离成正比，由此可计算出液位。

由于超声波在空气中的传播速度随空气温度的不同而有所变化，因此超声波液位计中设置了一个温度传感器，以便对因温度而引起的超声波的传播速度的变化进行自动补偿。

超声波液位计由传感器和变送器两部分组成。传感器部分包括超声换能器和温度传感器。超声换能器完成电能和超声能之间的转换。由于这种能量转换是可逆的，所以发射与接收换能器的结构相同，实用中通常是用同一只换能器来发射和接收超声波。温度传感器用以自动补偿因空气温度变化而引起的测量误差。变送器能产生电信号激励换能器，并将超声换能器转换的电信号进行放大和处理，输出表示被测液体液位的标准电流信号。

超声波液位计的特点是：能实现非接触的液位测量，特别适合于测量腐蚀性强、高黏度、密度不确定等液体的液位。超声波液位计的价格较电容式和静压式液位计贵。在给水排水工程中，超声波液位计通常用于加药间混凝剂池液位、污泥池液位的测量。

超声波液位计使用的超声波频率为 13~50kHz(量程小时超声波频率高)，测量范围为 0.9~60m。

超声波液位计的另一个应用是用于明渠流量的测量。

4. 液位开关

进行限位测量的液位开关是用来测量液位是否达到预定的高度(通常是安装测量探头的位置)，并发出相应的开关信号。按测量原理可分为浮球式、电容式、电导式、超声波式等。液位开关可以用于测量液位、固液分界面、液-液分界面、液体的有无等。较连续测量的液位计而言，液位开关具有简单、可靠、使用方便、适用范围广、价格便宜等特点。

5.4 温度仪表

5.4.1 温度计

1. 玻璃液体温度计

玻璃液体温度计是一种使用方便、测温范围广(可用于测量 200~600℃)、测温精度高、价格便宜的测温仪表。无论在日常生活还是在工农业生产以及科研工作中都广泛使用玻璃液体温度计。通常使用的水银温度计是其中主要的一种。

(1) 结构与原理　玻璃液体温度计的工作原理是基于液体在透明玻璃外壳中的热膨胀作用，它是由液体储囊(球形的、圆柱形的或其他形状的，通常称为感温泡)，与毛细管熔接而成。当温度变化时，液体和储囊体积随之发生变化。因此，毛细管中液体柱(简称液柱)的弯月面也就随之升高或降低。通过温度标尺即可读出不同的温度数值。温度计的灵敏度(相当于刻度 1°的长度)与液体储囊的体积成正比，与毛细管的粗细成反比。但是，应当注意，增大储囊和减小毛细管直径都是有一定限度的。储囊过大不只会增加热惰性，还容易产生变形，影响读数准确性。而毛细管过细则因毛细管力的作用，将使液往上升不均匀。

（2）分类：

① 棒式玻璃温度计。由厚壁毛细管制成，温度标尺直接刻在毛细管的外表面上。

② 内标式玻璃温度计。由薄壁毛细管制成，温度标尺另外刻在乳白色的玻璃板上，鼓在毛细管后侧，外面再用玻璃外壳封罩。这种形式的标尺刻度清晰，读数较棒式方便。

③ 外标式玻璃温度计。将玻璃毛细管直接固定在外标尺上，多用来测量室温。

（3）操作要点：

① 使用时应经常保持玻璃温度计的清洁，以便于读数。

② 读数时，视线应与温度标尺垂直；玻璃水银温度计读数时，计液面凸面最高点处，玻璃有机液体温度计读数时，计液面凹面最低点。

③ 玻璃温度计在安装之前和使用中要经常检查零点的位置，如有误差，应在读数时进行修正。

2. 电阻温度计

利用金属导体或金属氧化物等半导体做测度质，利用电阻随温度变化而变化这一物理量做测温量，这种温度计称为电阻温度计。电阻温度计在科研和生产中经常用来测量-200~600℃的温度。它具有测温范围宽、测温精度高、稳定性好、能远距离测量、便于实现温度控制和自动记录等优点，是使用比较广泛的一种测温仪表。

3. 压力式温度计

压力式温度计由温包、毛细管和弹簧管构成一个封闭系统。系统内充有感温物质。测量时，温包放置在被测介质中。当被测介质温度升高，温包内感温物质受热而压力发生变化，温度升高，压力增大；当被测介质温度降低，温包内感温物质温度降低，压力减小。压力的变化经毛细管传递到弹簧管，弹簧管一端固定，另一自由端因压力变化而产生位移，通过传动机构，带动指针指示出相应的温度变化。

在使用压力式温度计之前应该进行校正，读数时应待示数稳定后方可记录。

4. 数字式温度仪表

数字式温度仪表是在数字电压表基础上产生的，它是以数字方式来显示被测温度的仪表。数字式温度仪表测量精度高，可靠性和稳定性好，抗干扰能力强，显示直观，抗震性，使用调整方便，具有参考端温度自动补偿和断偶保护及调节功能，用于处理工程中的自动化控制，有着非常广泛的用途。

为了达到准确、稳定、经济的测量效果，在选用数字式温度仪表时要注意综合考虑处理过程、工艺环境及其自动化程度对仪表的要求、需要测温和控温的范围、被测对象温度随时间变化的速度等因素来选用合适结构和量程的仪表。

5.4.2　温度检测仪表

温度测量是建立在热平衡定律基础上的。通常利用一个标准物体与被测对象进行热交换，待两者建立热平衡时，根据标准物体的某些物理性质随温度而变化的特性来测量被测对的温度。

1. 温度检测仪表的分类

按测量方式的不同，可分为接触式和非接触式两大类。

（1）接触式　测温元件与被测对象直接接触，依靠传导和对流进行热交换。其优点是结构简单，价格便宜，使用方便，测温精度较高；缺点是存在置入误差，不易测量高位。接触测温仪表按工作原理又可分为膨胀式、哑铃式、热电耦式和热电阻式四类。

（2）非接触式　测温元件与被测对象不直接接触，依靠辐射进行热交换。其优点是响应速度快，对被测对象干扰小，特别适合测量高温、运动的被测对象和强电磁干扰、强腐蚀场合；缺点是仪表较复杂，价格较高，测温精度较接触式低。

2. 常用测温仪表的测温范围、原理及主要特点

常用测温仪表的测温范围、原理及主要特点见表 5-1。

表 5-1　常用测温仪表的测量范围、原理及主要特点

测温方式	测量仪表种类		测温范围/℃	测温原理	主要特点
接触式	膨胀式	液体膨胀式 固体膨胀式	-100~500 60~500	利用物体膨胀系数不同的性质	结构简单，使用方便，价格低廉使用范围有限，就地测量
	压力式	液体式 气体式 蒸汽式	-30~600 -20~350 0~250	容积或压力变化的性质	坚固，防爆，价格低，精度低，测温距离短
	热电偶	铂铑-铂 镍铬-镍硅 镍铬-烤铜	0~1600 -50~1000 -50~600	利用金属的热电效应	范围广，精度高，便于远距离、多点、集中测量和自控
	热电阻	铂电阻 铜电阻	-200~850 -50~150	利用导体或半导体的电阻随温度变化特性	精度高，便于远距离、多点、集中商量和自控，但不能测高温
非接触式	辐射式	光学式 比色式 红外式	700~3200 0~3200 0~3500	根据被测对象所发射的辐射能量测定其表面温度	低温段测量不准，环境条件影响测温准确度

3. 热电阻式测量仪表

测温仪表一般用于检测炉温、水温、水泵电机的绕组线圈温度和定子铁芯温度以及前后轴承温度等。对于温度变化范围不大的被测对象，一般采用接触式测温仪表，以热电阻作为检测元件。

二次仪表：与热电阻测温元件配接的二次仪表，目前常用的有温度变送器、数字湿度显示仪和温度巡检仪三种。温度变送器可直接安装在环境恶劣的工业现场，缩短了与测温元件之间的距离，减少了信号传递的失真和干扰，从而获得高精度的测量结果。温度变送器还可以直接装在测温元件的接线盒内，与温度传感元件成为一体。温度变送器输出 4~20mADC 的标准信号，可直接与显示、控制仪表或工业计算机终端连接。数字温度显示使显示直观、速度快、精度高，适合放置于仪表室作单点温度（如水温）的显示和变送。温度巡检仪是一种采用单片机的新型温度检测仪表，它可以对多点温度进行巡检、显示和报警，具有体积小、成本低、便于集中监测管理等特点。

5.5 水质仪表

水质仪表包括以下几种：

(1) 溶解氧测定仪表。

(2) 单因子混凝投药自控仪（系统）。

(3) 酸、碱度检测仪表　酸度计是一种常用的仪器设备，主要用来精密测量液体介质的酸碱度值，配上相应的离子选择电极也可以测量离子电极电位 MV 值，广泛应用于工业，农业、科研、环保等领域。

(4) 电导率检测仪表　电导率仪是适用于精密测量各种液体介质的仪器设备，主要用来精密测量液体介质的电导率值，当配以相应常数的电极可以精确测量高纯水电导率，广泛应用于各领域的科研和生产。

(5) 余氯检测仪表。

(6) 氯气（毒气）探测报警仪。

(7) 浊度计及悬浮固体浓度计　浊度仪就是用来测量水的浊度的专门仪器。可供水厂、电厂、食品加工业、制药工业实验室对水样浑浊度的测定，还可以用于监测天然水等。

5.6 显示仪表

显示仪表包括以下几种：

（1）指示仪　数字显示调节仪，与不同的传感器、变送器配套使用，可测量各非电量的物理量。

（2）记录仪。

（3）闪光信号报警器　闪光信号报警器，可与各种电接点式的控制检测仪表配套使用，用以对生产过程中的参数越限发出声、光报警。

5.7　实验室检测仪器

实验室检测仪器包括以下几种：

（1）比色器　以比色法测量离子浓度的仪器，测量光束通过显色样品时，样品将吸收能量和特定波长的光，通过这种吸收前后光强的变化，可检测离子的浓度。

（2）紫外可见分光光度计　其特点是提供紫外-可见波段的波长范围 200～1000nm，主要应用于样品的紫外-可见光区域之间的定性与定量等分析。

（3）测汞仪　用来测定地表水、工业污水以及水系沉积物等介质中的微量汞。

（4）原子吸收分光光度计：其特点是采用了原子吸收分光光度法对样品进行分析，其分析对象是呈原子状态的金属与部分非金属元素。通常用来分析样品中微量及痕量的元素含量，主要应用于生化、冶金、环保等领域。

（5）气相色谱仪　主要用于分析易挥发的各类物质，广泛应用于环境分析中。在水、气、土壤和生物等样品的分析中，能测定多种污染物质。

（6）高压液相色谱仪　可以分析从离子型到极性、非极性的液体和固体物质。由于它具有快速、高效、高选择性以及高灵敏度的特点，特别适用于气相色谱仪无法解决的化合物的分离、例如高沸点、难挥发、热稳定性差的高分子化合物的分离。也适用于测定如硝基酚、海面浮油以及农药分析，特别适用于残留农药的鉴定、染料分析等。

（7）离子色谱仪　离子色谱仪可同时分析多种阴离子和阳离子，如对 F^-、Cl^-、Br^-、NO_3^-、SO_3^{2-}、SO_4^{2-}、PO_4^{3-} 以及某些有机酸等阴离子和 Li^+、Na^+、K^+、Ca^{2+}、Mg^{2+} 等阳离子的分析。其方法快速、简便，可测范围宽，样品量一般仅需 0.5～1mL，甚至少至 10～100μL，也不需要前处理，灵敏度可达 ng/mL～μg/mL。

（8）总有机碳分析仪　用于河川、湖泊、水库等自然环境水的有机污染物质的调查和监测以及工业污水处理的分析。

(9) 电子天平　是实验室分析或质量控制所必需的仪器，具有称量大，精度高，在较差使用环境下亦可达到精密称量的要求。

(10) 生物显微镜　用来观察生物切片、生物细胞、细菌以及活体组织培养、流质沉淀等的观察和研究，同时可以观察其他透明或者半透明物体以及粉末、细小颗粒等物体。

(11) 恒温干燥箱　是一种常用的仪器设备，主要用来干燥样品，也可以提供实验所需的温度环境。

(12) 恒温水浴锅　适用于对化学药品、生物制品、水样、泥样的蒸馏、干燥、浓缩及恒温加热等。

(13) 振荡器　主要适用于石油化工、卫生防疫、环境监测等科研部门作生物、生化、细胞、菌种等各种液态、固态化合物的振荡培养。

(14) 培养箱　培养箱是科研实验的必需设备，主要适用于医疗卫生、医药、生物、农业、科研单位等部门作储藏菌种、生物培养之用。

(15) 色度仪　测量板状、粉状、粒状、溶液等各类物体的反射色或比较色。

第6章　排水管渠计算

6.1　排水系统的主要组成部分

排水系统是指排水的收集、输送、处理和利用，以及排放等设施以一定方式组合成的总体。下面就城市污水、工业废水等各排水系统的主要组成部分分别加以介绍。

6.1.1　城市污水排水系统的主要组成部分

城市污水包括排入城镇污水管道的生活污水和工业废水。将工业废水排入城市生活污水排水系统，就组成城市污水排水系统。

城市生活污水排水系统由下列几个主要部分组成：

1. 室内污水管道系统及设备

其作用是收集生活污水，并将其排送至室外居住小区污水管道中去。在住宅及公共建筑内，各种卫生设备既是人们用水的容器，也是承受污水的容器，它们又是生活污水排水系统的起端设备。生活污水从这里经水封管、支管、竖管和出户管等室内管道系统流入室外居住小区管道系统。在每一出户管与室外居住小区管道相接的连接点设检查井，供检查和清通管道之用。

2. 室外污水管道系统

分布在地面下的依靠重力流输送污水至泵站、污水厂或水体的管道系统称室外污水管道系统。它又分为居住小区管道系统及街道管道系统。

（1）居住小区污水管道系统　敷设在居住小区内，连接建筑物出户管的污水管道系统，称居住小区污水管道系统。它分为接户管、小区支管和小区干管。接户管是指布置在建筑物周围接纳建筑物各污水出户管的污水管道。小区污水支管是指布置在居住组团内与接户管连接的污水管道，一般布置在组团内道路下。小区污水干管是指在居住小区内，接纳各居住组团内小区支管流来的污水管道，一般布置小区道路或市政道路下。居住小区污水排出口的数量和位置，要取得城市市政部门同意。

（2）街道污水管道系统　敷设在街道下，用以排除居住小区管道流来的污水。在一个市区内它由城市支管、干管、主干管等组成(见图6-1)。

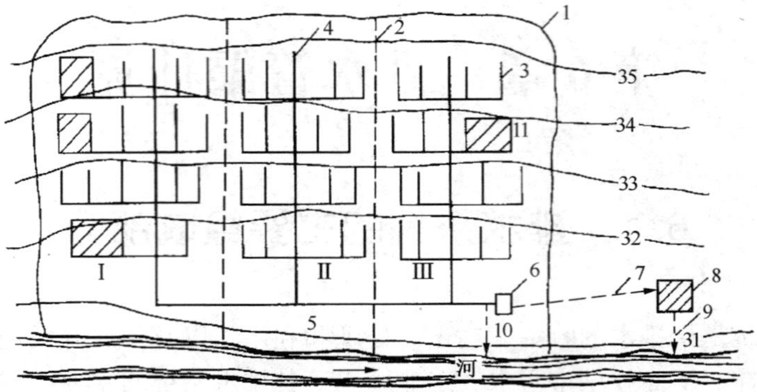

图6-1 城市污水排水系统总平面示意图

Ⅰ, Ⅱ, Ⅲ—排水流域;1—城市边界;2—排水流域分界线;3—支管;4—干管;5—主干管;6—总泵站;7—压力管道;8—城市污水厂;9—出水口;10—事故排出口;11—工厂

支管是承受居住小区干管流来的污水或集中流量排出的污水。在排水区界内,常按分水线划分成几个排水流域。在各排水流域内,干管是汇集输送由支管流来的污水,也常称流域干管。主干管是汇集输送由两个或两个以上干管流来的污水管道。市郊干管是从主干管把污水输送至总泵站、污水处理厂或通至水体出水口的管道,一般在污水管道系统设置区范围之外。

(3) 管道系统上的附属构筑物 有检查井、跌水井、倒虹管,等等。

3. 污水泵站及压力管道

污水一般以重力流排出,但往往由于受到地形等条件的限制而发生困难,这时就需要设置泵站。泵站分为局部泵站、中途泵站和总泵站等。压送从泵站出来的污水至高地自流管道或至污水厂的承压管段,称压力管道。

4. 污水厂

供处理和利用污水、污泥的一系列构筑物及附属构筑物的综合体称污水处理厂。在城市中常称污水厂,在工厂中常称废水处理站。城市污水厂一般设置在城市河流的下游地段,并与居民点或公共建筑保持一定的卫生防护距离。若采用区域排水系统时,每个城镇就不需要单独设置污水厂,将全部污水送至区域污水厂进行统一处理。

5. 出水口及事故排出口

污水排入水体的渠道和出口称出水口,它是整个城市污水排水系统的终点设备。事故排出口是指在污水排水系统的中途,在某些易于发生故障的组成部分前面，例如在总泵站的前面，所设置的辅助性出水渠，一旦发生故障，污水就通过事故排出口直接排入水体。图 6-1 为城市污水排水系统总平面示意图。

6.1.2　工业废水排水系统的主要组成部分

在工业企业中，用管道将厂内各车间及其他排水对象所排出的不同性质的废水收集起来，送至废水回收利用和处理构筑物。经回收处理后的水可再利用或排入水体，或排入城市排水系统。若某些工业废水不经处理容许直接排入城市排水管道时，就不需设置废水处理构筑物，直接排入厂外的城市污水管道中去。

工业废水排水系统，由下列几个主要部分组成：

(1) 车间内部管道系统和设备　主要用于收集各生产设备排出的工业废水，并将其排送至车间外部的厂区管道系统中去。

(2) 厂区管道系统　敷设在工厂内，用以收集并输送各车间排出的工业废水的管道系统。厂区工业废水的管道系统，可根据具体情况设置若干个独立的管道系统。

(3) 污水泵站及压力管道。

(4) 废水处理站　是回收和处理废水与污泥的场所。

在管道系统上，同样也设置检查井等附属构筑物。在接入城市排水管道前宜设置检测设施。

6.2　污水管渠系统的设计

污水管渠系统是由收集和输送城市污水的管道及其附属构筑物组成的。它的设计是依据批准的当地城镇(地区)总体规划及排水工程总体规划进行的。设计的主要内容和深度应按照基本建设程序及有关的设计规定、规程确定。通常，污水管道系统的主要设计内容包括：

(1) 计算基础数据(包括设计地区的面积、设计人口数，污水定额，防洪标准等)的确定(略)；

(2) 污水管渠系统的平面布置(略)；

(3) 污水管渠设计流量计算和水力计算；

(4) 污水管渠系统上某些附属构筑物，如污水中途泵站、倒虹管、管桥等的设计计算；

(5) 污水管渠在街道横断面上位置的确定(略)；

(6) 绘制污水管渠系统平面图和纵剖面图(略)。

6.2.1 污水管渠的水力计算

1. 排水管渠的流量

$$Q=Av$$

式中 Q——设计流量，m^3/s；

A——水流有效断面面积，m^2；

v——流速，m/s。

2. 排水管渠的流速

$$v=\frac{1}{n}R^{\frac{2}{3}}I^{\frac{1}{2}}$$

式中 v——流速，m/s；

R——水力半径，m；

I——水力坡降；

n——粗糙系数。

3. 排水管渠粗糙系数

排水管渠粗糙系数见表6-1。

表6-1 排水管渠粗糙系数

管渠类别	粗糙系数 n	管渠类别	粗糙系数 n
UPVC管、PE管、玻璃钢管	0.009~0.01	浆砌砖渠道	0.015
石棉水泥管、钢管	0.012	浆砌块石渠道	0.017
陶土管、铸铁管	0.013	干砌块石渠道	0.020~0.025
混凝土管、钢筋混凝土管、水泥砂浆抹面渠道	0.013~0.014	土明渠(包括带草皮)	0.025~0.030

4. 排水管道的最大设计流速

(1) 金属管道为10.0m/s；

(2) 非金属管道为5.0m/s。

5. 排水明渠的最大设计流速

(1) 当水流深度 h 为0.4~1.0m时，宜按表6-2的规定取值。

表6-2 明渠最大设计流速

明渠类别	最大设计流速/(m/s)	明渠类别	最大设计流速/(m/s)
粗砂或低塑性粉质黏土	0.8	干砌块石	2.0
粉质黏土	1.0	浆砌块石或浆砌砖	3.0
黏土	1.2	石灰岩和中砂岩	4.0
草皮护面	1.6	混凝土	4.0

（2）当水流深度在 0.4~1.0m 范围以外时，表 6-2 所列最大设计流速宜乘以下列系数：

h<0.4m　　0.85；

1.0<h<2.0m　　1.25；

h≥2.0m　　1.40。

6. 排水管渠的最小设计流速

（1）污水管道在设计充满度下为 0.6m/s；

（2）雨水管道和合流管道在满流时为 0.75m/s；

（3）明渠为 0.4m/s。

7. 污水厂压力输泥管的最小设计流速

压力输泥管的最小设计流速见表 6-3。

表 6-3　压力输泥管最小设计流速

污泥含水率/%	最小设计流速/(m/s)		污泥含水率/%	最小设计流速/(m/s)	
	管径 150~250mm	管径 300~400mm		管径 150~250mm	管径 300~400mm
90	1.5	1.6	95	1.0	1.1
91	1.4	1.5	96	0.9	1.0
92	1.3	1.4	97	0.8	0.9
93	1.2	1.3	98	0.7	0.8
94	1.1	1.2			

8. 其他

排水管道采用压力流时，压力管道的设计流速宜采用 0.7~2.0m/s。

6.2.2　管渠配水与计量

1. 处理构筑物之间连接管渠的设计

从便于维修和清刷的要求考虑，连接污水处理构筑物之间的管渠，以矩形明渠为宜，明渠多由钢筋混凝土制成，也可采用砖砌，必要时或在必要部位，也可以采用钢筋混凝土管或铸铁管。在寒冷地区，为了防止冬季污水在明渠内结冻，在明渠上加设盖板。

为了防止污水中的悬浮物在管渠内沉淀，污水在明渠内必须保持一定的流速。在最大流量时，流速可介于 1.0~1.5m/s 之间，在最低流量时，流速不得小于 0.4~0.6m/s（特殊构造的渠道，流速可减至 0.2~0.3m/s），在管道中的流速应大于在明渠中的流速，并尽可能大于 1m/s，因为如在管道中产生沉淀难以清淤，会增加维修工作量。

2. 配水设备

污水处理厂中，同类型、同尺寸的处理构筑物一般都设有两座或两座以上，向它们均匀配水是污水处理厂设计的重要内容之一。若配水不均匀，各池负担不一样，一些构筑物可能出现超负荷，而另一些构筑物则又没有充分发挥作用。为了实现均匀配水，要设置合适的配水设备。图 6-2 所示为各种形式的配水设备，可按具体条件选用。图中(a)为中管式配水井；(b)为倒虹管式配水井，它们常用于 2 座或 4 座为一组的圆形处理构筑物的配水，因为对称性好，配水效果较好；(c)为挡板式配水槽，可用于更多同类型的处理构筑物；(d)为一简单形式的配水槽，易修建，造价低，但配水的均匀性较差；(e)是它的改进形式，用于同类型构筑物多时的情况，配水效果较好，但构造稍复杂。

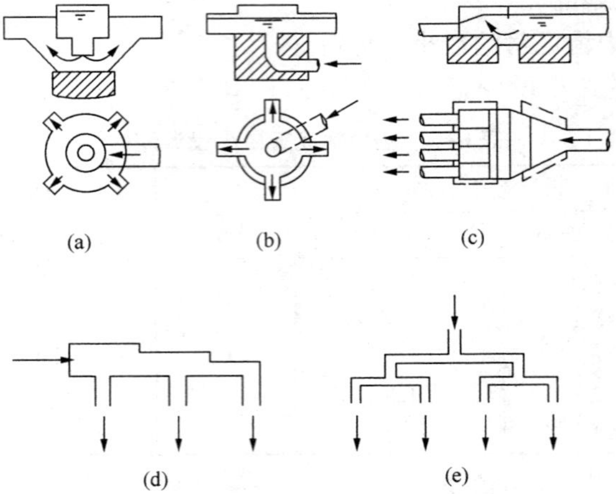

图 6-2　各种类型的配水设备

3. 污水计量设备

准确地掌握污水处理厂的污水量，并对水量资料和其他运行资料进行综合分析，对提高污水处理厂的运行管理水平是十分必要的。为此，应在污水处理系统上设置计量设备。

对污水计量设备的要求是精度高、操作简单，不沉积杂物，并且能够配用自动记录仪表。

污水处理总处理水量的计量是必要的，总水量的计量设备，一般安装在沉砂池与初次沉淀池之间的渠道上或厂的总出水管渠上。如有可能，在每座主要处理构筑物上都应安装计量设备，但这样会使水头损失提高。

现在污水处理厂常用的水量计量设备是计量槽和薄壁堰，这两种设备基本上都能符合上述要求。

(1) 计量槽　又称巴氏槽，构造见图 6-3。这种计量设备的精确度达 95%～98%，其优点是水头损失小，底部冲刷力大，不易沉积杂物。但对施工技术要求高，施工质量不好会影响量测精度。为保证施工质量，国外有的预制好一搪瓷衬里，而在现场埋置于钢筋混凝土槽内即可，效果良好。计量槽颈部有一较大坡底的底($i=0.375$)，颈部后的扩大部分则具有较大的反坡。当水流至颈部时产生临界水深的急流，而当流至后面的扩大部分时，便产生水跃。因此，在所有其他条件相同时，水深仅随流量而变化。量得水深后，便可按有关公式求得其流量。

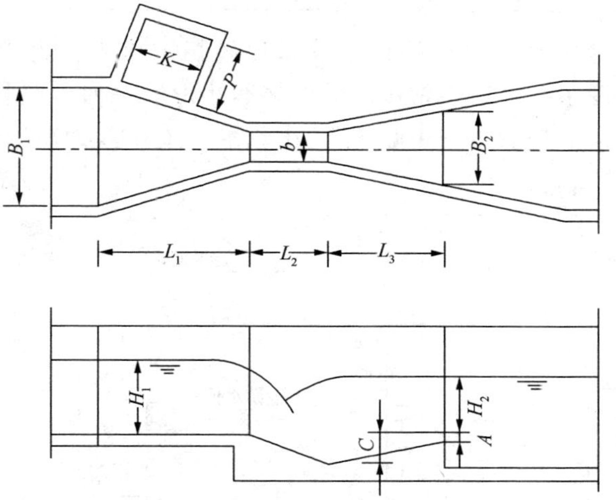

图 6-3　巴氏槽计量槽构造

巴氏计量槽主要部位尺寸为：

$$L_1=0.5b+1.2$$
$$L_2=0.6$$
$$L_3=0.9$$
$$B_1=1.2b+0.48$$
$$B_2=b+0.3$$

在自由流条件下，计量槽的流量，按下列公式计算：

$$Q=0.372b(3.28H_1)^{1.569b_1}$$

式中　$b_1=b^{0.026}$；

b——喉宽，m；

H_1——上游水深，m。

不同喉宽(b 值)的流量计算公式列于表 6-4。

表 6-4　不同喉宽 b 的流量计算公式

喉宽 b/m	计算公式/(m^3/s)	喉宽 b/m	计算公式/(m^3/s)
0.15	$Q=0.329H_1^{1.494}$	0.60	$Q=1.406H_1^{1.549}$
0.20	$Q=0.445H_1^{1.505}$	0.75	$Q=1.777H_1^{1.558}$
0.25	$Q=0.562H_1^{1.514}$	0.90	$Q=2.152H_1^{1.566}$

续表

喉宽 b/m	计算公式/(m^3/s)	喉宽 b/m	计算公式/(m^3/s)
0.30	$Q=0.680H_1^{1.522}$	1.00	$Q=2.402H_1^{1.570}$
0.40	$Q=0.920H_1^{1.533}$	1.25	$Q=3.036H_1^{1.579}$
0.50	$Q=1.162H_1^{1.542}$	1.50	$Q=3.676H_1^{1.587}$

(2) 薄壁堰计量设备　这种计量设备比较稳定可靠，为了防止堰前渠底积泥，只宜设在处理系统之后。常用的薄壁堰有矩形堰、梯形堰和三角堰，后者的水头损失较大，适于量测小于100L/s的小流量。图6-4为矩形堰和三角堰。

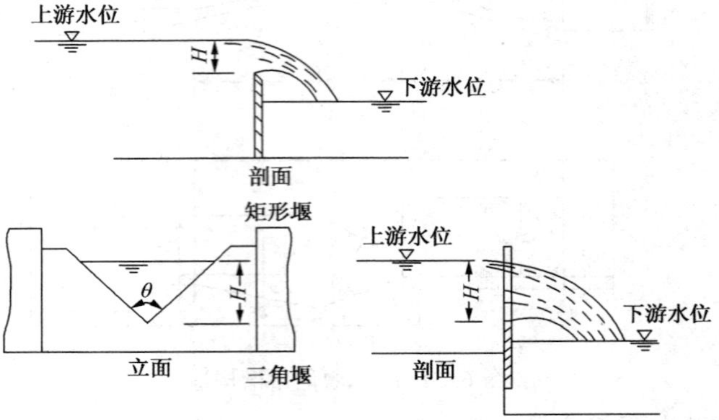

图6-4　薄壁堰计量设备

过堰流量按水力学公式计算。

矩形堰的流量公式为：

$$Q=m_0bH(2gH)^{1/2}$$

式中　H——堰顶水深，m；

b——堰宽，m。

三角堰的流量公式为

当 $\theta=90°$ 时

$$Q=1.43H^{5/2}$$

当 $\theta=60°$ 时

$$Q=0.826H^{5/2}$$

(3) 电磁流量计　这是根据法拉第电磁感应原理量测流量的仪表，由电磁流量变送器和电磁流量转换器组成。前者安装于需量测的管道上(见图6-5)，当导电液体流过变送器时，切割磁力线而产生感应电势，并以电讯号输至交换器进行放大、输出。由于感应电势的大小仅与流体的平均流速有关，因而可测得管中的流量。

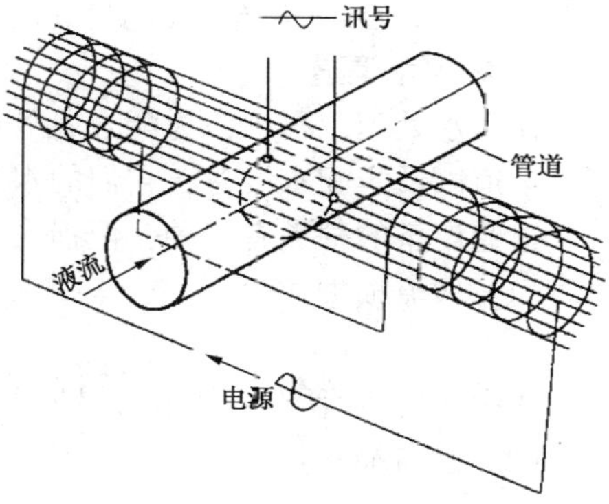

图 6-5　电磁流量计变送器作用原理

电磁流量计可与其他仪表配套，进行记录、指示、计算、调节控制等。其优点为：

① 变送器结构简单可靠，内部无活动部件，维护清洗方便；

② 压力损失小，不易堵塞；

③ 量测精度不受被测污水各项物理参数的影响；

④ 无机械惯性，反应灵敏，可量测脉动流量；

⑤ 安装方便，无严格的前置直管段的要求。

这种计量设备目前价格昂贵，需精心保养，难于维修。安装时要求变送器附近不应有电动机、变压器等强磁场或强电场，以免产生干扰，同时，要求在变送器内必须充满污水，否则可能产生误差。

近年来，国内还开发了几种测定管道中流量的设备，如插入式液体涡轮流量计、超声波流量计等。

6.2.3　堰流的设计计算

堰是一种流量计量工具，在污水处理工程中，常采用的堰有薄壁三角堰及平顶堰(宽顶堰)。在水处理构筑物中，出流堰还具有控制出水流量和出水水质稳定的作用。堰的使用和计算因用途、堰上水深不同而不同。

1. 三角堰

堰的缺口为三角形的称为三角堰，当所需测量的流量较小时(例如 $Q<0.1\text{m}^3/\text{s}$)，采用三角堰，可减少测量所带来误差。

图 6-6 为三角堰，当 $\theta=90°$时，称为直角三角堰薄壁堰，其流量公式为

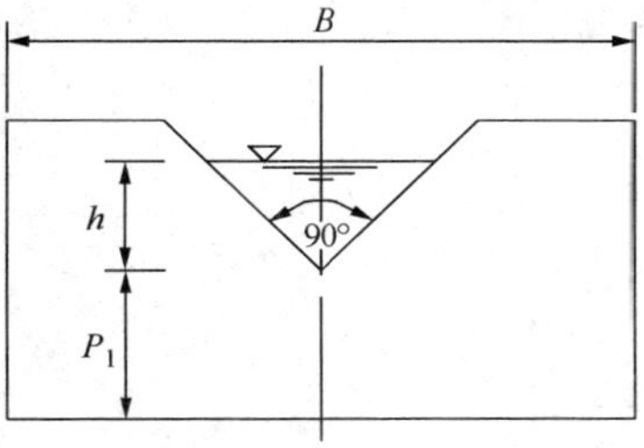

图 6-6　三角堰构造图

$h=0.021\sim0.200$ 时

$$Q=1.4h^{0.4}$$

$h=0.301\sim0.350$ 时

$$Q=1.343h^{2.47}$$

$h=0.201\sim0.300$ 时

$$Q=1/2(1.4h^{2.5}+1.343h^{2.47})$$

式中，h 为水头，m；Q 为流量，m/s。

当 $\theta=60°$时，其流量公式为

$$Q=0.826h^{2.5}$$（测量 h 时，应在堰口上游≥$3h$ 处进行）

2. 集配水渠道

在污水处理工程中，为配合各处理构筑物的正常运行。需要修建一些集水、配水渠道以及集配水设备，它们的水头损失主要是局部水头损失。

这些设备的种类有多种，但损失主要包括堰流损失、进口损失及出口损失。

（1）堰流损失：

$$h_m=H+h$$

式中，h_m 为堰流局部水头损失，m；H 为堰前水头，m；h 为跌落水头，m。

（2）进口损失：

$$h_m=\xi\frac{v^2}{2g}$$

式中，h_m 为局部水头损失，m；ξ 为局部阻力系数；v 为水流流速，m/s；g 为重力加速度，m/s。

对于不同的连接方式，局部阻力系数也不尽相同。见图 6-7。

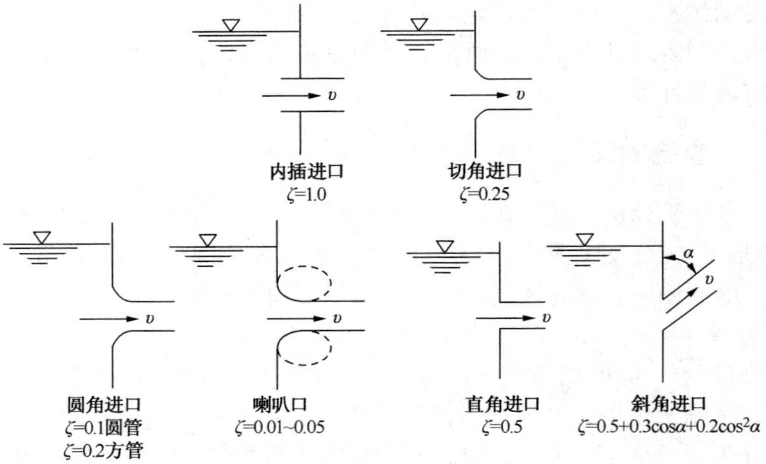

图 6-7　集配水渠道局部阻力系数

（3）出口损失：

$$h_m=\frac{v^2}{2g}$$

式中符号同前。

3. 沉淀池整流配水花墙计算

在沉淀池入口处设置多孔整流墙，使污水均匀分布，有孔整流墙上的开孔总面积为池横断面积的 6%~20%，污水流经整流配水花墙会产生水头损失。

假设设计流量为 Q，沉淀池横断面为 ω，有孔整流墙的开孔率 α，则孔内流速为

$$v=\frac{Q}{\omega\alpha}$$

那么整流配水花墙水头损失为

$$h_{\mathrm{m}}=mn\xi\frac{v^2}{2g}$$

式中，h_{m} 为局部水头损失，m；m 为孔口收缩值，在 2.52～2.44 间取值；n 为孔的个数；ξ 为局部阻力系数；v 为孔内流速，m/s；g 为重力加速度，$\mathrm{m/s^2}$。

第7章　排水泵站设计

7.1　组成与分类

7.1.1　排水泵站组成

排水泵站的工作特点是它所抽升的水是不干净的，一般含有大量的杂质，而且来水的流量逐日逐时都在变化。

排水泵站的基本组成包括：机器间、集水池、格栅、辅助间。有时还附设有变电所。机器间内设置水泵机组和有关的附属设备。格栅和吸水管安装在集水池内。集水池还可以在一定程度上调节来水的不均匀性，以使水泵能较均匀地工作。格栅的作用是阻拦水中粗大的固体杂质，以防止杂物阻塞和损坏水泵，因此，格栅又叫拦污栅。辅助间一般包括储藏室、修理间，休息室和厕所等。

7.1.2　排水泵站分类

(1) 排水泵站按其排水的性质，一般可分为污水(生活污水、生产污水)泵站、雨水泵站、合流泵站和污泥泵站。

(2) 按其在排水系统中的作用，可分为中途泵站(或叫区域泵站)和终点泵站(又叫总泵站)。中途泵站通常是为了解决避免排水干管埋设太深而设置的。终点泵站是将整个城镇的污水或工业企业的污水抽送到污水处理厂或将处理后的污水进行农田灌溉或直接排入水体。

(3) 按水泵启动前能否自流充水分为自灌式泵站和非自灌式泵站。

(4) 按泵房的平面形状，可以分为圆形泵站和矩形泵站。

(5) 按集水池与机器间的组合情况，可以分为合建式泵站和分建式泵站。

(6) 按照控制的方式又可分为人工控制、自动控制和遥控三类。

7.2　排水泵站的基本类型

排水泵站的类型取决于进水管渠的埋设深度、来水流量、水泵机组的型号与台数、水文地质条件以及施工方法等因素。选择排水泵站的类型应从造价、布置、施工、运行条件等方面综合考虑。下面就几种典型的排水泵站说明其优缺点及适用条件。

图 7-1 为合建式圆形排水泵站，装设卧式水泵，自灌式工作。适合于中、小型排水量，水泵不超过 4 台。圆形结构受力条件好，便于采用沉井法施工，可降低工程造价，水泵启动方便，易于根据吸水井中水位实现自动操作。缺点是：机器间内机组与附属设备布置较困难。当泵房很深时，工人上下不便，且电动机容易受潮。由于电动机深入地下，需考虑通风设施，以降低机器间的温度。

若将此种类型泵站中的卧式泵改为立式离心泵(也可用轴流泵)，就可避免上述缺点。但是，立式离心泵安装技术要求较高，特别是泵房较深，传动轴甚长时，须设中间轴承及固定支架，以免水泵运行对传动轴发生振荡。由于这种类型能减少泵房面积，降低工程造价，并使电气设备运行条件和工人操作条件得到改善，故在我国仍广泛采用。图 7-2 为合建式矩形排水泵站，装设立式泵，自灌式工作。大型泵站用此种类型较合适。水泵台数为 4 台或更多时，采用矩形机器间，在机组、管道和附属设备的布置方面较为方便，启动操作简单，易于实现自动化。电气设备置于上层，不易受潮，工人操作管理条件良好。缺点是建造费用高。当土质差，地下水位高时，因不利施工，不宜采用。

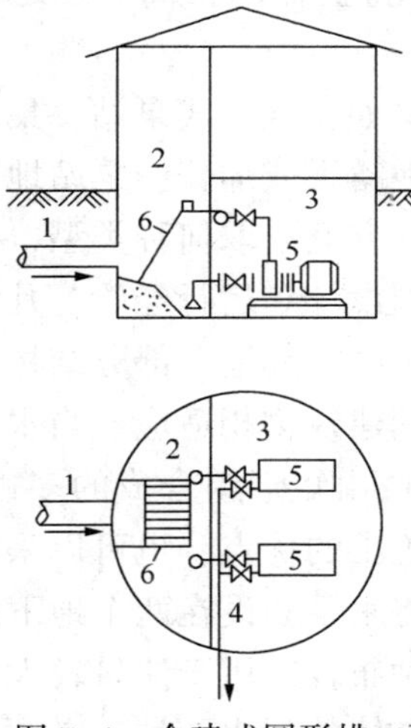

图 7-1 合建式圆形排水泵站

1—排水管渠；2—集水池；3—机器间；4—压水管；5—卧式污水泵；6—格栅

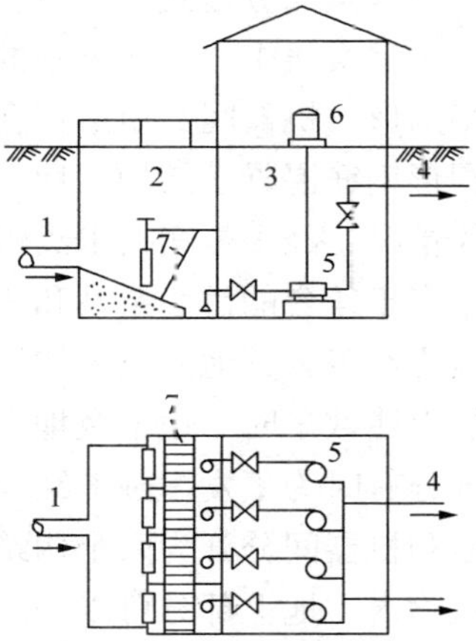

图 7-2 合建式矩形排水泵站

1—排水管渠；2—集水池；3—机器间；4—压水管；5—立式污水泵；6—立式电动机；7—格栅

图 7-3 为分建式排水泵站。当土质差，地下水位高时，为了减少施工困难和降低工程造价，将集水池与机器间分开修建是合理的。将一定深度的集水池单独修建，施工上相对容易些。为了减小机器间的地下部分深度，应尽量利用水泵吸水能力，以提高机器间标高。但是，应注意水泵的允许吸上真空高度不要利用到

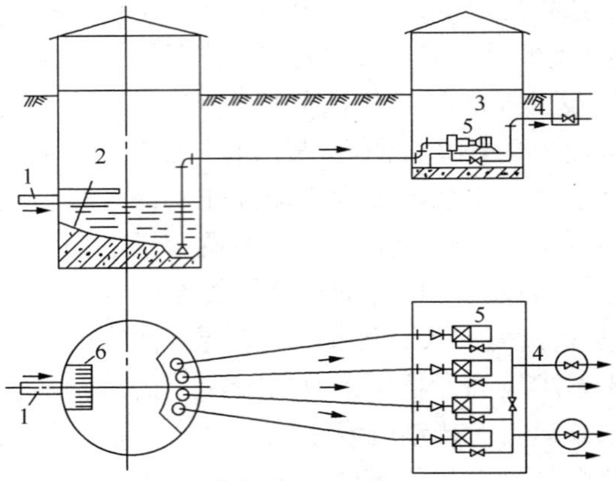

图 7-3 分建式排水泵站
1—排水管渠；2—集水池；3—机器间；
4—压水管；5—水泵机组；6—格栅

极限，以免泵站投入运行后吸水发生困难。因为在设计当中对施工时可能发生的种种与设计不符情况和运行后管道积垢、水泵磨损等情况都无法事先准确估计，所以适当留有余地是必要的。

分建式泵站的主要优点是，结构上处理比合建式简单，施工较方便，机器间没有污水渗透和被污水淹没的危险。它的最大缺点是要抽真空启动，为了满足排水泵站来水的不均匀，启动水泵较频繁，给运行操作带来困难。

合建式排水泵站当机器间中水泵轴线标高高于集水池中水位时(即机器间与集水池的底板不在同一标高时)，水泵也要采用抽真空启动。这种类型适应于土质坚硬、施工困难的条件，为了减少挖方量而不得不将机器间抬高。在运行方面，它的缺点同分建式一样。实际工程中采用较少。

在工程实践中，排水泵站的类型是多种多样的，例如：合建式泵站，集水池采用半圆形，机器间为矩形；合建椭圆形泵站；集水池露天或加盖；泵站地下部分为圆形钢筋混凝土结构，地上部分用矩形砖砌体等。究竟采取何种类型，应根据具体情况，经多方案技术经济比较后决定。根据我国设计和运行经验，凡水泵台数不多于 4 台的污水泵站和 3 台或 3 台以下的雨水泵站，其地下部分结构采用圆形最为经济，其地面以上构筑物的形式，必须与周围建筑物相适应。当水泵台数超过上述数量时，地下及地上部分都可以采用矩形或由矩形组合成的多边形，地下部分有时为了发挥圆形结构比较经济和便于沉井施工的优点，也可以采取将集水池和机器间分开为两个构筑物的布置方式，或者将水泵分设在两个地下的圆形构筑物内，地上部分可以处理为矩形或椭圆形。这种布置适用于流量较大的雨水泵站或合流泵站。对于抽送会产生易燃易爆和有毒气体的污水泵站，必须设计为单独的建筑物，并应采取相应的防护措施。

7.3 泵站工艺设计步骤和方法

泵站工艺设计步骤和方法分述如下：

（1）确定设计流量和扬程。

（2）初步选泵和电动机或其他原动机，包括选择水泵的型号，工作泵和备用泵的台数。由于初步选泵时，泵站尚未设计好，吸水、压水管路也未进行布置，水流通过管路中的水头损失是未知的，所以这时水泵的全扬程不能确切知道，只能先假定泵站内管道中的水头损失为某一个数值。一般在初步选泵时，可假定此数为 2m 左右。

根据所选泵的轴功率及转数选用电动机。如果机组由水泵厂配套供应，则不必另选。

（3）设计机组的基础　在机组初步选好后，即可查水泵及电动机产品样本，查到机组的安装尺寸（或机组底板的尺寸）和总重量，据此可进行基础的平面尺寸和深度的设计。

（4）计算水泵的吸水管和压水管的直径。

（5）布置机组和管道。

（6）精选水泵和电动机　根据地形条件确定水泵的安装高度。计算出吸水管路和泵站范围内压水管路中的水头损失，然后求出泵站的扬程。如果发现初选的水泵不合适，则可以切削叶轮或另行选泵。根据新选的水泵的轴功率，再选用电动机。

（7）选择泵站中的附属设备。

（8）确定泵房建筑高度　泵房的建筑高度，取决于水泵的安装高度、泵房内有无起重设备以及起重设备的型号。

（9）确定泵房的平面尺寸，初步规划泵站总平面　机组的平面布置确定以后，泵房（机器间）的最小长度 L 也就确定了，如图 7-4 所示：a 为机组基础的长度；b 为机组基础的间距；c 为机组基础与墙的距离。查有关材料手册，找出相应管道、配件的型号规格、大小尺寸，按一定的比例将水泵机组的基础和吸水、压水管道上的管配件、闸阀、止回阀等画在同一张图上，逐一标出尺寸，依次相加，就可以得出机器间的最小宽度 B，如图 7-5 所示。

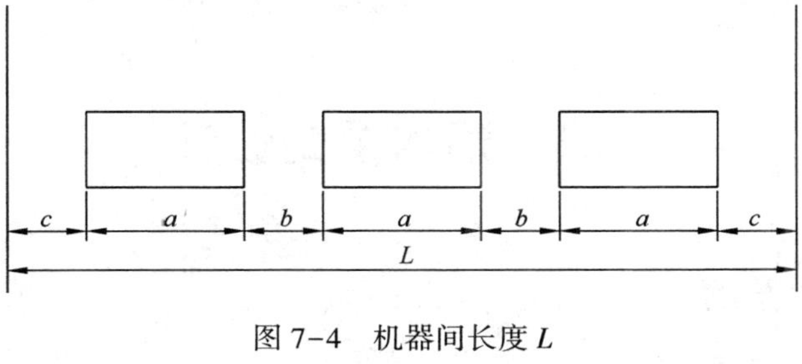

图 7-4　机器间长度 L

a—机组基础的长度；b—机组基础的间距；c—机组基础与墙的距离

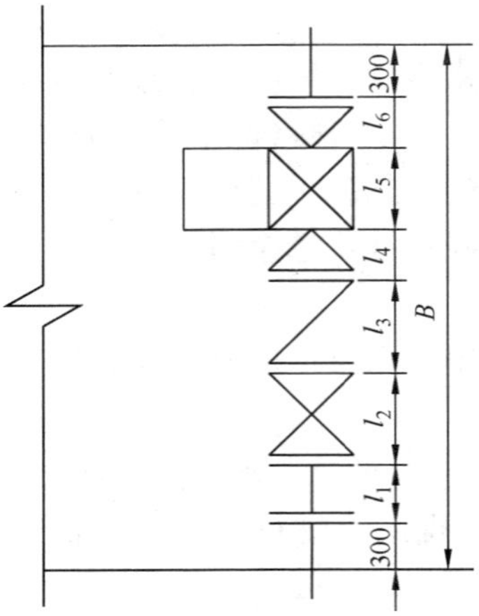

图 7-5　机器间宽度 B

l_1、l_2、l_3、l_4、l_6—短管甲、闸阀、止回阀、水泵出口短管、进口短管的长度；l_5—机组基础的宽度

L 和 B 确定后，再考虑到修理场地等因素，便可最后确定泵站机器间的平面尺寸大小。

泵站的总平面布置包括变压器室、配电室、机器间、值班室、修理间等单元。

总平面布置的原则是：运行管理安全可靠，检修及运输方便，经济合理，并且考虑到有发展余地。

变电配电设备一般设在泵站的一端，有时也可将低压配电设备置于泵房内侧。

泵房内装有立式泵或轴流泵时，配电设备一般装设在上层或中层平台上。

控制设备一般设于机组附近，也可以集中装置在附近的配电室内。

配电室内设有各种受配电柜，因此应便于电源进线，且应紧靠机组，以节省电线，便于操作。配电室与机器间应能通视，否则，应分别安装仪表及按钮(切断装置)，以便当发生故障时，在两个房间内，均能及时切断主电路。

由于变压器发生故障时，易引起火灾或爆炸，故宜将变压器室设置于单独的房间内，且位于泵站一端。

值班室与机器间及配电室应相通，而且一定要靠近机器间，且能很好通视。

修理间的布置应便于重物(如设备)的内部吊运及向外运输。因此，往往在修理间的外墙上开有大门。

进行总平面布置时，尽量不要因为设置配电间而把泵房跨度增大。

(10) 向有关工种提出设计任务。

(11) 审校，会签。

(12) 出图。

(13) 编制预算。

7.4　污水泵站设计

7.4.1　水泵的选择

1. 泵站设计流量的确定

城市的用水量是不均匀的，因而排入管道的污水流量也是不均匀的。要正确地确定水泵的出水量及其台数以及决定集水池的容积，必须知道排水量为最高日中每小时污水流量的变化情况。

2. 泵站的扬程

泵站扬程可按下式计算：

$$H=H_{ss}+H_{sd}+\sum h_s+\sum h_d$$

式中 H_{ss}——吸水地形高度，为集水池内最低水位与水泵轴线之高差，m；

H_{sd}——压水地形高度，为水泵轴线与输水最高点(即压水管出口处)之高差，m；

$\sum h_s$和$\sum h_d$——污水通过吸水管路和压水管路中的水头损失(包括沿程损失和局部损失)，m。

应该指出，由于污水泵站一般扬程较低，局部损失占总损失比重较大，所以不可忽略不计。

考虑到污水泵在使用过程中因效率下降和管道中阻力增加而增加的能量损失，在确定水泵扬程时，可增大 1~2m 安全扬程。

工作泵选用总的要求是在满足最大排水量的条件下，减少投资，节约电耗，运行安全可靠，维护管理方便。在可能的条件下，每台水泵的流量最好相当于 1/2~1/3 的设计流量，并且以采用同型号水泵为好。这样对设备的购置，设备与配件的备用，安装施工，维护检修都有利。但从适应流量的变化和节约电能考虑，采用大小搭配较为合适。如选用不同型号的 2 台水泵时，则小泵的出水量应不小于大泵出水量的 1/2；如设一大两小共 3 台水泵时，则小泵的出水量不小于大泵出水量的 1/3。污水泵站中，一般选择立式离心污水泵，当流量大时，可选择轴流泵。当泵房不太深时，也可选用卧式离心泵。

对于排除含有酸性或其他腐蚀性工业废水的泵站，应选择耐腐蚀的水泵。排除污泥，应尽可能选用污泥泵。

为了保证泵站的正常工作，需要有备用机组和配件。如果泵站经常工作的水泵不多于 4 台，且为同一型号，则可只设 1 套备用机组，超过 4 台时，除安设 1 套备用机组外，在仓库中还应存放 1 套。

污水泵站的流量随着排水系统的分期建设而逐渐增大，在设计时必须考虑这一因素。

7.4.2 确定集水池容积

污水泵站集水池的容积与进入泵站的流量变化情况、水泵的型号、台数及其工作制度、泵站操作性质、启动时间等有关。

集水池的容积在满足安装格栅和吸水管的要求，保证水泵工作时的水力条件以及能够及时将流入的污水抽走的前提下，应尽量小些。因为缩小集水池的容积，不仅能降低泵站的造价，还可以减轻集水池污水中大量杂物的沉积和腐化。

全昼夜运行的大型污水泵站，集水池容积是根据工作水泵机组停车时启动备用机组所需的时间来计算的。一般可采用不小于泵站中最大一台水泵 5min 出水量的体积。

对于小型污水泵站，由于夜间的流入量不大，通常在夜间停止运行。在这种情况下，必须使集水池容积能够满足储存夜间流入量的要求。

对于工厂的污水泵站的集水池，还应根据短时间内淋浴排水量来复核它的容积，以便均匀地将污水抽送出去。

抽升新鲜污泥、消化污泥、活性污泥的泵站的集泥池容积，应根据从沉淀池、消化池一次排出的污泥量或回流和剩余的活性污泥量来计算确定。

对于自动控制的污水泵站，其集水池容积用下式计算（按控制出水量分一、二级）：

（1）泵站为一级工作时：

$$W=\frac{Q_0}{4n}$$

（2）泵站分二级工作时：

$$W=\frac{Q_2-Q_1}{4n}$$

式中 W——集水池容积，m^3；

Q_0——泵站一级工作时，水泵的出水量，m^3/h；

Q_1、Q_2——泵站分二级工作时，一级与二级工作水泵的出水量，m^3/h；

n——水泵每小时启动次数，一般取 $n=6$。

7.4.3 机组与管道的布置特点

1. 机组布置的特点

污水泵站中机组台数，一般不超过 3~4 台；而且污水泵都是从轴向进水，一侧出水，所以常采取并列的布置形式。常见的布置形式有以下几种如图 7-6 所示。

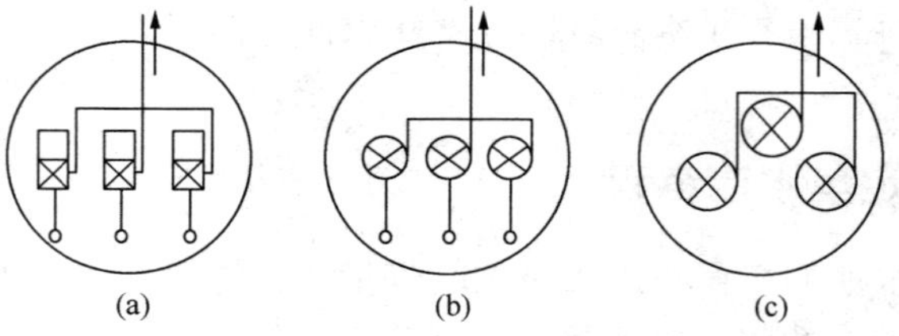

图 7-6 机组布置形式

图 7-6(a)适用于卧式污水泵；图 7-6(b)及图 7-6(c)适用于立式污水泵。

机组间距及通道大小见表 7-1。

为了减小集水池的容积，污水泵机组的“开”“停”比较频繁。为此，污水泵常常采取自灌式工作。这时，吸水管上必须装设闸门，以便检修水泵。但是，采取自灌式工作，会使泵房埋深加大，增加造价。

表 7-1　机器间平面尺寸及高度

1. 机组布置间距 (1) 有起吊设备 (2) 无起吊设备	 电动机容量≤55kW 时，基础之间距离 0.8~1.2m 电动机容量>55kW 时，基础之间距离 1.2~1.6m 轴流泵和混流泵轴间距，采用口径的 3 倍 至少在每个机组的一侧，其间距要比机组宽度大 0.5m
2. 主要通道宽	1.2~2.0m
3. 配电盘前面的通道宽度 (1) 低压配电 (2) 高压配电	 1.5~1.6m 2.0~2.2m
4. 配电盘后面的通道宽度	1.0m
5. 有桥式吊车设备的泵房内应有吊运设备的通道	吊车运行时，不应影响管理人员通行，吊装最大部件尺寸加 0.8~1.0m
6. 楼梯及平台宽度	楼梯宽 0.8~1.0m，平台宽 1.0m，吊装用平台 1.5~2.0m
7. 机器间高度 (1) 无吊车梁 (2) 有吊车梁	 室内地面以上有效高度 3.0~3.5m，应保证吊起物体底部与所跨越之固定物体顶部有不小于 0.5m 的净空

2. 管道的布置与设计特点

每台水泵应设置一条单独的吸水管，这不仅可改善水力条件，而且可减少杂质堵塞管道的可能性。

吸水管设计流速一般采用 1.0~1.5m/s，最低不得小于 0.7m/s，以免管内产生沉淀。吸水管很短时，流速可提高到 2.0~2.5m/s。

如果水泵是非自灌式工作的，应利用真空泵或水射器引水启动，而不允许在吸水管进口处装置底阀，因底阀在污水中易被堵塞，影响水泵的启动，且增加水头损失和电耗。吸水管进口应装置喇叭口，其直径为吸水管直径的 1.3~1.5 倍。喇叭口安设在集水池的集水坑内。

压水管的流速一般不小于 1.5m/s，当两台或两台以上水泵合用一条压水管而仅一台水泵工作时，其流速也不得小于 0.7m/s，以免管内产生沉淀。各泵的出水管接入压水干管(连接管)时，不得自干管底部接入，以免水泵停止运行时，该水泵的压水管内形成杂质淤积。每台水泵的压水管上均应装设闸门。污水泵出口一般不装设止回阀。

泵站内管道敷设一般用明装。吸水管道常置于地面上，压水管由于泵房较深，多采用架空安装，通常沿墙架设在托架上。所有管道应注意稳定。管道的位置不得妨碍泵站内的交通和检修工作。不允许把管道装设在电气设备的上空。

污水泵站的管道易受腐蚀。钢管抵抗腐蚀性能较差，因此，一般应避免使用钢管。

7.4.4 泵站内部标高的确定

泵站内部标高主要根据进水管渠底标高或管中水位确定。自灌式泵站集水池底板与机器间底板标高基本一致，而非自灌式(吸入式)泵站，由于利用了水泵的真空吸上高度，机器间底板标高较高。

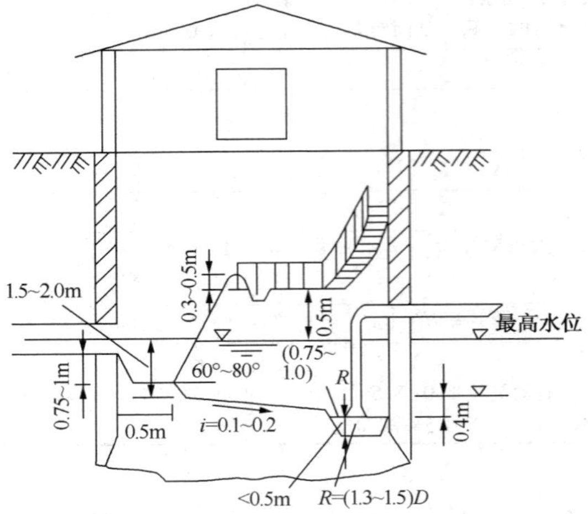

图 7-7 集水池

集水池中最高水位，对于小型泵站即取进水管渠渠底标高，对于大、中型的泵站可取进水管渠计算水位标高。而集水池的有效水深，从最高水位到最低水位，一般取为1.5~2.0m，如图7-7所示，池底坡度 $i=0.1\sim0.2$ 倾向集水坑。集水坑的大小应保证水泵有良好的吸水条件，吸水管的喇叭口放在集水坑内，一般朝下安设，其下缘在集水池中最低水位以下0.4m，离坑底的距离不小于喇叭口进口直径的0.8倍，喇叭口在坑中的布置见图7-7。清理格栅工作平台应比最高水位高出0.5m以上。平台宽度应不小于0.8~1.0m。沿工作平台边缘应有高1.0m的栏杆。为了便于下到池底进行检修和清洗，从工作平台到池底应有爬梯上下。

对于非自灌式泵站，水泵轴线标高可根据水泵允许吸上真空高度和当地条件确定。水泵基础标高则由水泵轴线标高推算，进而可以确定机器间地板标高。机器间上层平台标高一般应比室外地坪高出0.5m。

对于自灌式泵站，水泵轴线标高可由喇叭口标高及吸水管上管配件尺寸推算确定。

7.4.5 污水泵站中的辅助设备

1. 格栅

格栅是污水泵站中最主要的辅助设备。格栅一般由一组平行的栅条组成，斜置于泵站集水池的进口处。其倾斜角度为60°~80°，如图7-7所示。

栅条间隙根据水泵性能确定，可按表 7-2 选用。

栅条的断面形状与尺寸可参考《给排水设计手册》选用。

格栅后应设置工作台，工作台一般应高出格栅上游最高水位 0.5m。

对于人工清除的格栅，其工作平台沿水流方向的长度不小于 1.2m。机械清除的格栅，其长度不小于 1.5m，两侧过道宽度不小于 0.7m。工作平台上应有栏杆和冲洗设施。

为了收集从格栅上取下的杂物，过去都靠人工清除。有的泵站，格栅深达 6 ~7m，人

工清除，不但劳动强度大，而且随着各种工业废水的增加，污水中蒸发的有毒气体往往对清污工人的健康有很大的危害，甚至造成伤亡事故。因此，如何采用机械方法清除格栅上的垃圾、杂物，已成为污水泵站机械化、自动化的重要课题。

表 7-2 污水泵前格栅的栅条间隙

水泵型号		栅条间隙/mm
离心泵	$2\frac{1}{2}$PWA	≤20
	4PWA	≤40
	6PWA	≤70
	8PWA	≤90
轴流泵	202LB-70	≤60
	282LB-70	≤90

2. 水位控制器

为适应污水泵站水泵开停频繁的特点，往往采用自动控制机组运行。自动控制机组启动停车的信号，通常是由水位继电器发出的，有浮球液位控制器、电极液位控制器等。

3. 计量设备

由于污水中含有机械杂质，其计量设备应考虑被堵塞的问题。设在污水处理厂内的泵站，可不考虑计量问题，因为污水处理厂常在污水处理后的总出口明渠上设置计量槽。单独设立的污水泵站可采用电磁流量计。也可以采用弯头水表或文氏管水表计量，但应注意防止传压细管被污物堵塞。为此，应有引高压清水冲洗传压细管的措施。

4. 引水装置

污水泵站一般设计成自灌式，无须引水装置。当水泵为非自灌工作时，可采用真空泵或水射器抽气引水，也可以采用密闭水箱注水。当采用真空泵引水时，在真空泵与污水泵之间应设置汽水分离箱，以免污水和杂质进入真空泵内。

5. 反冲洗设备

污水中所含杂质，往往部分地沉积在集水坑内，时间长了，腐化发臭，甚至填塞集水坑，影响水泵的正常吸水。

为了松动集水坑内的沉渣，应在坑内设置压力冲洗管。一般从水泵压水管上接出一根直径为50~100mm的支管伸入集水坑中，定期将沉渣冲起，由水泵抽走。也可在集水池间设一自来水龙头，作为冲洗水源。

6. 排水设备

当水泵为非自灌式时，机器间高于集水池。机器间的污水能自流泄入集水池，可用管道把机器间的集水坑与集水池连接起来，其上装设闸门，排集水坑污水时，将闸门开启，污水排放完毕，即将闸门关闭，以免集水池中的臭气逸入机器间内。当吸水管能形成真空时，也可在水泵吸水口附近(管径最小处)接出一根小管伸入集水坑，水泵在低水位工作时，将坑中污水抽走。

如机器间污水不能自行流入集水池时，则应设排水泵(或手摇泵)将坑中污水抽到集水池。

另外，干式水泵间室内地面做成0.01~0.015的坡度，倾向排水沟或集水坑，集水坑直径500~600mm，深600~800mm，排水沟断面100mm×100mm，坡度0.01。

7. 采暖与通风设施

集水池一般不需采暖设备，因为集水池较深，热量不易散失，且污水温度通常不低于10~12℃。机器间如必须采暖时，一般采用火炉，也可采用暖气设施。

排水泵站的集水池通常利用通风管自然通风，在屋顶设置风帽。机器间一般只在屋顶设置风帽，进行自然通风。只有在炎热地区，机组台数较多或功率很大，自然通风不满足要求时，才采用机械通风。

8. 起重设备

起重量在0.5t以内时，设置移动三脚架或手动单梁吊车，也可在集水池和机器间顶板上预留吊钩，起重量在0.5~2.0t时，设置手动单梁吊车；起重量超过2t时，设置手动桥式吊车。

深入地下的泵房或吊运距离较长时，可适当提高起吊机械水平。

根据泵站的大小和设备的重量确定。门、过道及孔洞等可能用于设备出入的地方，要有必要的宽度及净空，为使吊车正常运转，必须避开与出水管、闸阀、支架、平台、走廊等的矛盾。起重设备的选择，见表7-3。

表7-3 起重设备选择

起重量/t	起重设备形式	起重量/t	起重设备形式
<0.5	移动吊架、固定吊钩或手动单轨吊车	2.0~5.0	单轨吊车或双轨桥式吊车，电动或手动
0.5~2.0	单轨吊车或双轨吊车，手动	>5.0	双轨桥式吊车，电动操作

7.4.6 排水泵站的构造特点及示例

由于排水泵站的工艺特点，水泵大多数为自灌式工作，所以泵站往往设计成为半地下式或地下式。其深入地下的深度，取决于来水管渠的埋深。又因为排水泵站总是建在地势低洼处，所以它们常位于地下水位以下，因此，其地下部分一般采用钢筋混凝土结构；并应采取必要的防水措施。应根据土压和水压来设计地下部分的墙壁(井筒)，其底板应按承受地下水浮力进行计算。泵房的地上部分的墙壁一般用砖砌筑。

一般说来，集水池应尽可能和机器间合建在一起，使吸水管路长度缩短。只有当水泵台数很多，且泵站进水管渠埋设又很深时，两者才分开修建，以减少机器间的埋深。机器间的埋深取决于水泵的允许吸上真空高度。分建式的缺点是水泵不能自灌充水。

当集水池和机器间合建时，应当用无门窗的不透水的隔墙分开。集水池和机器间各设有单独的进口。

在地下式排水泵站内，扶梯通常沿着房屋周边布置。如地下部分深度超过 3m 时，扶梯应设中间平台。

集水池间的通风管道必须伸到工作平台以下，以免在抽风时臭气从室内通过，影响管理人员健康。集水池中一般应设事故排水管。

图 7-8 所示为设卧式水泵(6PWA 型)的圆形污水泵站。泵房地下部分为钢筋混凝土结构，地上部分用砖砌筑。用钢筋混凝土隔墙将集水池与机器间分开。内设三台 6PWA 型污水泵(两台工作用一台备用)。每台水泵出水量为 110L/s，扬程 $H=23$m。各泵有单独的吸水管，管径为 350mm。由于水泵为自灌式，故每条吸水管上均设有闸门。三台水泵共用一条压水干管。

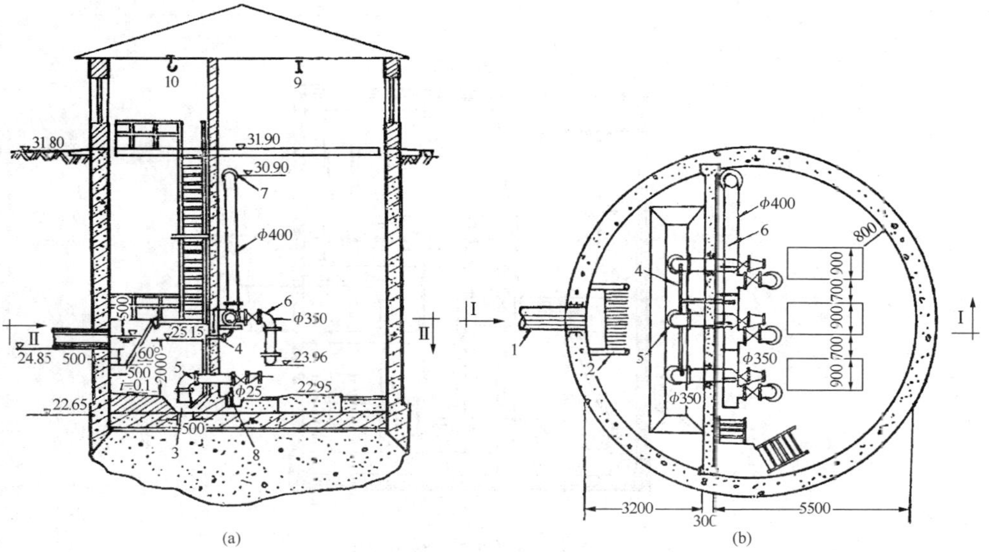

图 7-8　6PWA 型污水泵站

1—来水干管；2—格栅；3—吸水坑；4—冲洗水管；5—水泵吸水管；6—压水管；7—弯头水表；8—D25 吸水管；9—单梁吊车；10—吊钩

利用压水干管上的弯头，作为计量设备。机器间内的污水，在吸水管上接出管径为 25mm 的小管伸到集水坑内，当水泵工作时，把坑内积水抽走。

从压水管上接出一条直径为 50mm 的冲洗管(在坑内部分为穿孔管)，通到集水坑内。

集水池容积按一台水泵 5min 的出水量计算，其容积为 $33m^3$。有效水深为 2m。内设一个宽 1.5m、斜长 1.8m 的格栅。格栅用人工清除。

在机器间起重设备采用单梁吊车，集水池间设置固定吊钩。

图 7-9 为设三台立式水泵机组的圆形污水泵站。集水池与机器间用不透水

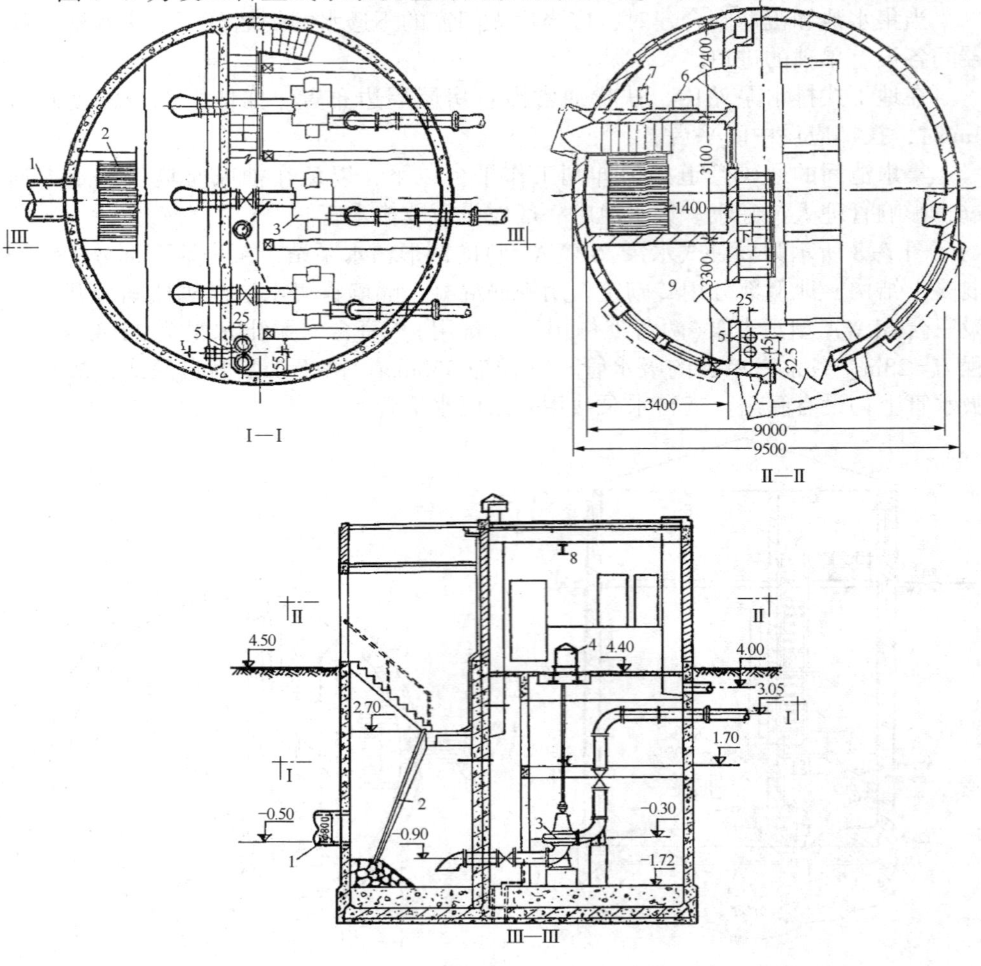

图 7-9 立式水泵的圆形污水泵站

1—来水管；2—格栅；3—二水泵；4—电动机；5—浮筒开关装置；6—洗面盆；7—大便器；8—单梁手动吊车；9—休息室

的钢筋混凝土隔墙分开，各有单独的门进出。集水池中装有格栅，休息室与厕所分别设在集水池两侧。均有门通往机器间。水泵为自灌式，机组开停用浮筒开关装置自动控制。各泵吸水管上均设有闸阀，便于检修，联络干管设于泵房外。电动机及有关电气设备设在楼板上，所以水泵间尺寸较小，以降低工程造价。而且通风条件良好，电机运行条件和工人操作环境也好。

起吊设备采用单梁手动吊车。

7.5　污水泵站设计规范

7.5.1　一般规定

（1）泵站宜按远期规模设计，水泵机组可按近期规模配置。

（2）泵站宜设计为单独的建筑物。

（3）抽送会产生易燃易爆和有毒有害气体的污水泵站，必须设计为单独的建筑物，并应采取相应的防护措施。

（4）泵站的建筑物和附属设施宜采取防腐蚀措施。

（5）单独设置的泵站与居住房屋和公共建筑物的距离，应满足规划、消防和环保部门的要求。泵站的地面建筑物造型应与周围环境协调，做到适用、经济、美观，泵站内应绿化。

（6）泵站室外地坪标高应按城镇防洪标准确定，并符合规划部门要求；泵房室内地坪应比室外地坪高 0.2~0.3m；易受洪水淹没地区的泵站，其入口处设计地面标高应比设计洪水位高 0.5m 以上；当不能满足上述要求时，可在入口处设置闸槽等临时防洪措施。

（7）泵房宜有二个出入口，其中一个应能满足最大设备或部件的进出。

（8）泵站供电应按二级负荷设计，特别重要地区的泵站，应按一级负荷设计。当不能满足上述要求时，应设置备用动力设施。

（9）位于居民区和重要地段的污水、合流污水泵站，应设置除臭装置。

（10）自然通风条件差的地下式水泵间应设机械送排风综合系统。

（11）经常有人管理的泵站内，应设隔声值班室并有通信设施。对远离居民点的泵站，应根据需要适当设置工作人员的生活设施。

7.5.2　设计流量和设计扬程

（1）污水泵站的设计流量，应按泵站进水总管的最高日最高时流量计算确定。

(2) 合流污水泵站的设计流量，泵站前设污水截流装置时，雨水部分和污水部分分别按下式计算。

① 雨水部分：

$$Q_p = Q_s - n_o Q_{dr}$$

② 污水部分：

$$Q_p = (n_o + 1)\ Q_{dr}$$

式中 Q_p——泵站设计流量，m^3/s；

Q_s——雨水设计流量，m^3/s；

Q_{dr}——旱流污水设计流量，m^3/s；

n_o——截流倍数。

(3) 污水泵和合流污水泵的设计扬程，应根据设计流量时的集水池水位与出水管渠水位差和水泵管路系统的水头损失以及安全水头确定。

7.5.3 集水池

(1) 集水池的容积，应根据设计流量、水泵能力和水泵工作情况等因素确定。一般应符合下列要求：

① 污水泵站集水池的容积，不应小于最大一台水泵 5min 的出水量；

注：如水泵机组为自动控制时，每小时开动水泵不得超过 6 次。

② 合流污水泵站集水池的容积，不应小于最大一台水泵 30s 的出水量；

③ 污泥泵房集水池的容积，应按一次排入的污泥量和污泥泵抽送能力计算确定。活性污泥泵房集水池的容积，应按排入的回流污泥量、剩余污泥量和污泥泵抽送能力计算确定。

(2) 大型合流污水输送泵站集水池的面积，应按管网系统中调压塔原理复核。

(3) 流入集水池的污水和雨水均应通过格栅。

(4) 合流污水泵站集水池的设计最高水位，应与进水管管顶相平。当设计进水管道为压力管时，集水池的设计最高水位可高于进水管管顶，但不得使管道上游地面冒水。

(5) 污水泵站集水池的设计最高水位，应按进水管充满度计算。

(6) 集水池的设计最低水位，应满足所选水泵吸水头的要求。自灌式泵房尚应满足水泵叶轮浸没深度的要求。

(7) 泵房应采用正向进水，应考虑改善水泵吸水管的水力条件，减少滞流或涡流。

（8）泵站集水池前，应设置闸门或闸槽；泵站宜设置事故排出口，污水泵站和合流污水泵站设置事故排出口应报有关部门批准。

（9）集水池池底应设集水坑，倾向坑的坡度不宜小于 10%。

（10）集水池应设冲洗装置，宜设清泥设施。

7.5.4　泵房设计

（1）水泵的选择应根据设计流量和所需扬程等因素确定，且应符合下列要求：

① 水泵宜选用同一型号，台数不应少于 2 台，不宜大于 8 台。当水量变化很大时，可配置不同规格的水泵，但不宜超过 2 种，或采用变频调速装置，或采用叶片可调式水泵。

② 污水泵房和合流污水泵房应设备用泵，当工作泵台数不大于 4 台时，备用泵宜为 1 台。工作泵台数不小于 5 台时，备用泵宜为 2 台；潜水泵房备用泵为 2 台时，可现场备用 1 台，库存备用 1 台。雨水泵房可不设备用泵。立交道路的雨水泵房可视泵房重要性设置备用泵。

（2）选用的水泵宜满足设计扬程时在高效区运行；在最高工作扬程与最低工作扬程的整个工作范围内应能安全稳定运行。2 台以上水泵并联运行合用一根出水管时，应根据水泵特性曲线和管路工作特性曲线验算单台水泵工况，使之符合设计要求。

（3）多级串联的污水泵站和合流污水泵站，应考虑级间调整的影响。

（4）水泵吸水管设计流速宜为 0.7~1.5m/s。出水管流速宜为 0.8~2.5m/s。

（5）非自灌式水泵应设引水设备，并均宜设备用。小型水泵可设底阀或真空引水设备。

（6）水泵布置宜采用单行排列。

（7）主要机组的布置和通道宽度，应满足机电设备安装、运行和操作的要求，一般应符合下列要求：

① 水泵机组基础间的净距不宜小于 1.0m；

② 机组突出部分与墙壁的净距不宜小于 1.2m；

③ 主要通道宽度不宜小于 1.5m；

④ 配电箱前面通道宽度，低压配电时不宜小于 1.5m，高压配电时不宜小于 2.0m。当采用在配电箱后面检修时，后面距墙的净距不宜小于 1.0m；

⑤ 有电动起重机的泵房内，应有吊运设备的通道。

(8) 泵房各层层高，应根据水泵机组、电气设备、起吊装置、安装、运行和检修等因素确定。

(9) 泵房起重设备应根据需吊运的最重部件确定。起重量不大于3t，宜选用手动或电动葫芦；起重量大于3t，宜选用电动单梁或双梁起重机。

(10) 水泵机组基座，应按水泵要求配置，并应高出地坪0.1m以上。

(11) 水泵间与电动机间的层高差超过水泵技术性能中规定的轴长时，应设中间轴承和轴承支架，水泵油箱和填料函处应设操作平台等设施。操作平台工作宽度不应小于0.6m，并应设置栏杆。平台的设置应满足管理人员通行和不妨碍水泵装拆。

(12) 泵房内应有排除积水的设施。

(13) 泵房内地面敷设管道时，应根据需要设置跨越设施。若架空敷设时，不得跨越电气设备和阻碍通道，通行处的管底距地面不宜小于2.0m。

(14) 当泵房为多层时，楼板应设吊物孔，其位置应在起吊设备的工作范围内。吊物孔尺寸应按需起吊，最大部件外形尺寸每边放大0.2m以上。

(15) 潜水泵上方吊装孔盖板，可视环境需要采取密封措施。

(16) 水泵因冷却、润滑和密封等需要的冷却用水可接自泵站供水系统，其水量、水压、管路等应按设备要求设置。当冷却水量较大时，应考虑循环利用。

7.5.5 出水设施

(1) 当2台或2台以上水泵合用一根出水管时，每台水泵的出水管上均应设置闸阀，并在闸阀和水泵之间设置止回阀。当污水泵出水管与压力管或压力井相连时，出水管上必须安装止回阀和闸阀等防倒流装置。雨水泵的出水管末端宜设防倒流装置，其上方宜考虑设置起吊设施。

(2) 出水压力井的盖板必须密封，所受压力由计算确定。水泵出水压力井必须设透气筒，筒高和断面根据计算确定。

(3) 敞开式出水井的井口高度，应满足水体最高水位时开泵形成的高水位，或水泵骤停时水位上升的高度。敞开部分应有安全防护措施。

(4) 合流污水泵站宜设试车水回流管，出水井通向河道一侧应安装出水闸门或考虑临时封堵措施。

7.6 污水泵站设计计算例题

例题：自灌式泵站设计(见图7-10)

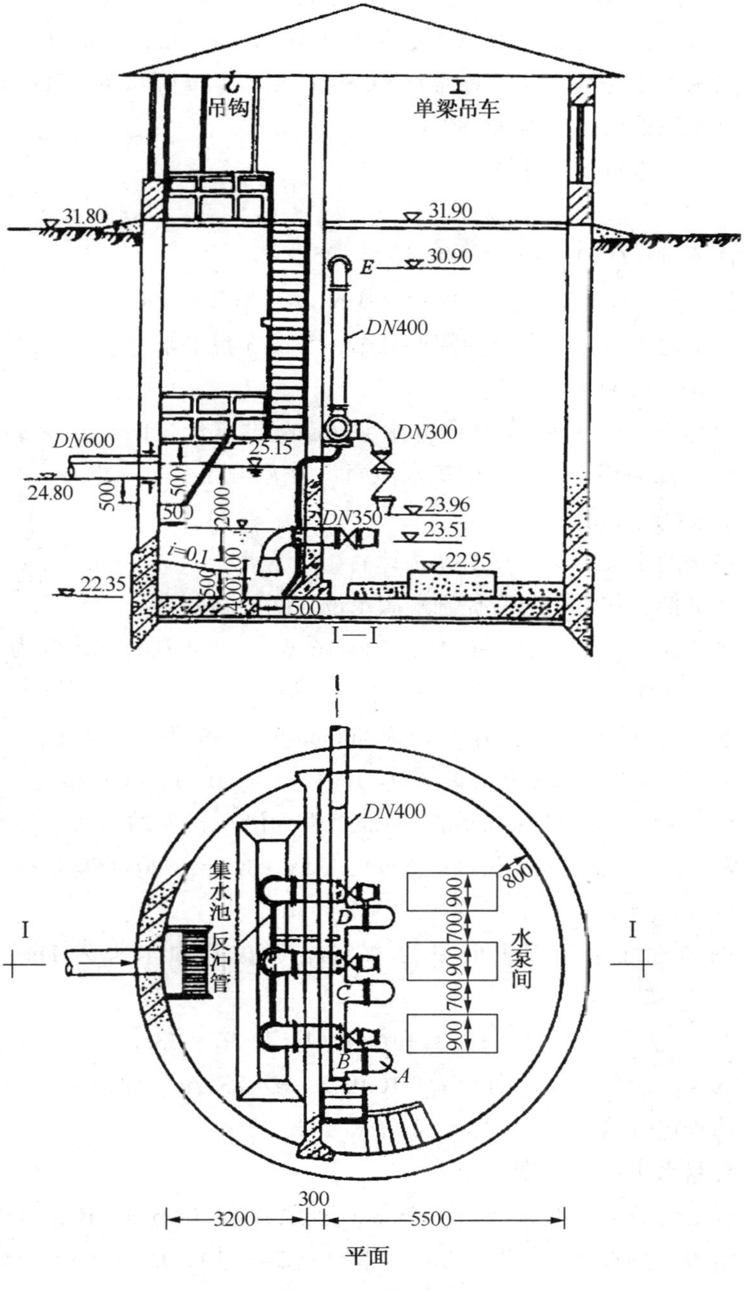

图 7-10　自灌式污水泵站

(1) 城市人口 80000 人，生活污水量定额为 135L/(人·d)；

(2) 进水管管底高程为 24.80m，管径 DN600mm，充满度 $h/D=0.75$；

(3) 出水管提升后的水面高程为 39.80m，经 320m 管长至处理构筑物；

(4) 泵站原地面高程为 31.80m。

请对该泵站进行设计计算。

【解】

平均秒流量：$Q=135\times80000/86400=125$L/s；

最大秒流量：$Q_1=K_2Q=1.59\times125=199$L/s，取 200L/s。

选择集水池与机器间合建的圆形泵站，考虑 3 台水泵(1 台备用)，每台水泵的容量为 200/2=100L/s。

集水池容积，采用相当于一台水泵 6min 的容量：$W=100\times60\times6/1000=36\text{m}^3$，有效水深采用 $H=2$m，则集水池面积为 $F=18\text{m}^2$。

选泵前总扬程估算：

经过格栅的水头损失为 0.1m(估算)。

集水池最低工作水位与所提升最高水位之间的高差为：

$39.8-(24.8+0.6\times0.75-0.1-2.0)=16.65$m(集水池有效水深为 2m)

出水管管线水头损失：

总出水管 $Q=200$L/s，选用管径为 400mm 的铸铁管，查表得：$v=1.59$m/s；$1000i=8.93$m。当一台水泵运转时，$Q=100$L/s，$v=0.8\text{m/s}>0.7\text{m/s}$

设总出水管管中心埋深 0.9m，局部损失为沿线损失的 30%，则泵站外管线水头损失为：(出水管线水平长度+竖向长度)$\times i\times1.3=[320+(39.8-31.8+0.9)]\times(8.93/1000)\times1.3=3.82$m

泵站内的管线水头损失假设为 1.5m，考虑自由水头为 1m，则水泵总扬程：

$$H_s=1.5+3.82+16.65+1=22.97\approx23\text{m}$$

选用 6PWA 型污水泵，每台 $Q=100$L/s，$H=23.3$m，泵站经平剖面布置后，对水泵总扬程进行核算。

吸水管路水头损失计算：

每根吸水管 $Q=100$L/s，选用 350mm 管径，$v=1.04$m/s，$1000i=4.62$m。

根据图示，直管部分长度 1.2m，喇叭口($\xi=0.1$)，DN350mm、90°弯头 1 个($\xi=0.5$)，DN350mm 闸门一个($\xi=0.1$)，DN350mm×150mm 渐缩管(由大到小，$\xi=0.25$)。

沿程损失为

$$1.2\times4.62/1000=0.0056\text{m}$$

局部损失

$$(0.1+0.5+0.1)\times1.04^2/2g+0.25\times5.7^2/2g=0.453\text{m}$$

吸水管路水头总损失为

$$0.453+0.006=0.459=0.46\text{m}$$

出水管路水头损失计算：

每根出水管 $Q=100\text{L/s}$，选用300mm管径，$v=1.41\text{m/s}$，$1000i=10.2\text{m}$，以最不利点A为起点，沿A、B、C、D，E线顺序计算水头损失。

A~B段：

*DN*150mm×300mm渐扩管1个($\xi=0.375$)，*DN*300mm单向阀1个($\xi=1.7$)，*DN*300mm 90°弯头1个($\xi=0.50$)，*DN*300mm阀门1个($\xi=0.1$)。

局部损失

$$0.375\times5.7^2/19.62+(1.7+0.5+0.1)\times1.41^2/19.62=0.85\text{m}$$

B~C段(选*DN*400mm管径，$v=0.8\text{m/s}$，$1000i=2.37\text{m}$)：

直管部分长度0.78m，丁字管1个($\xi=1.5$)

沿程损失

$$2.37/1000=0.002\text{m}$$

局部损失

$$1.5\times1.41^2/19.62=0.152\text{m}$$

C~D段(*DN*400mm管径，$Q=200\text{L/s}$，$v=1.59\text{m/s}$，$1000i=8.93\text{m}$).

直管部分长度0.78m，丁字管1个($\xi=0.1$)

沿程损失

$$0.78\times8.93/1000=0.007\text{m}$$

局部损失

$$0.1\times1.59^2/19.62=0.013\text{m}$$

D~E段：

直管部分长5.5m，丁字管1个($\xi=0.1$)，*DN*400mm，90°弯头2个($\xi=0.6$)

沿程损失

$$5.5\times8.93/1000=0.049\text{m}$$

局部损失

$$(0.1+0.6\times2)\ 1.59^2/19.62=1.3\times0.129=0.168\text{m}$$

出水管路水头总损失：

3. 82+0. 85+0. 002+0. 152+0. 007+0. 013+0. 049+0. 168＝5. 061m

则水泵所需总扬程：

H＝0. 46+5. 061+16. 65+1＝23. 171m，故选用 6PWA 型水泵是合适的。

第 8 章　工程设计与制图

8.1　工艺流程设计

在环境工程设计中，环境污染治理工艺流程的设计是最重要的一个环节，贯穿设计过程的始终。在整个设计中，设备的选型、工艺的计算、设备的布置等工作都与工艺流程有直接的关系，只有处理工艺流程确定后，才能开展其他工作，工艺流程设计涉及各个方面，而各个方面的变化又反过来影响处理工艺流程的设计。环境污染治理工艺流程设计是否合理，可直接影响到污染治理效果的好坏、操作管理的方便与否、初投资的大小和运行费用的高低以及处理后得到的物料能否回收利用，甚至会影响到生产工艺的正常运行。

8.1.1　工艺路线的选择

在实际操作中，需要处理的污染物千差万别，处理的方式和方法也是有差异的。选择工艺路线是决定设计质量的关键，必须认真对待。如果某一种污染物仅有一种处理方法，也就无须选择；若有几种不同的处理方法，就应该逐个进行分析研究，通过各方面的比较，从中筛选出一种最佳的处理方法，作为下一步处理工艺流程设计的依据。

8.1.1.1　工艺路线的选择原则

在选择处理的工艺路线时，应注意考虑如下基本原则。

1. 合法性

环境保护设计必须遵循国家有关环境保护法律、法规，合理开发和利用各种自然资源，严格控制环境污染，保护和改善生态环境。

2. 先进性

先进性主要是指技术上的先进性和经济上的合理可行，具体包括处理项目的总投资、处理系统的运行费用和管理等方面的内容，应该选择处理能耗小、效率高、管理方便和处理后得到的产物能直接利用的处理工艺路线。随着经济的发展和环境意识的提高，对于各种污染物的排放要求会越来越高，因此还要考虑处理的工艺路线要有一定前瞻性。

3. 可靠性

可靠性是指所选择的处理工艺路线是否成熟可靠。工程设计中可能采用的技术有：成熟技术、成熟技术基础上延伸的技术、不成熟技术和新技术。如果采用了不成熟技术，就会影响处理的效果和环境的质量，甚至造成极大的浪费。对于尚在试验阶段的新处理技术、处理工艺和新处理设备，应该慎重对待，防止只考虑和追求新的一面，而忽略可靠性和不稳妥的一面。必须坚持一切经过试验的原则。在实际中，要处理的污染物种类很多，有的是新的从来没有处理过的污染物，这就需要慎重考虑处理的工艺路线，一种是进行类比选择，另一种是进行试验确定。设计中考虑可靠性设计是提高工程项目质量的重要途径。

4. 安全性

无论是大气污染物、水污染物，还是固体废弃物，它们中有一些是具有毒性的，选择对这些污染物的处理工艺路线时要特别注意。要防止污染物作为毒物散发，要有较合理的补救措施。同时还要考虑劳动保护和消防的要求。

5. 结合实际情况

我们国家正在处于一个初级的发展阶段，经济能力、制造能力、自动化水平、环境保护意识和管理水平等各个方面都有一定缺陷，因此在选择处理工艺路线时，就要考虑企业的承受能力、管理水平和操作水平等各个具体问题，也就是说具体问题要具体分析。

6. 简洁和简单性

选择处理工艺路线时，要选择简洁和简单的处理工艺路线，往往简洁和简单的处理工艺路线是比较可靠的工艺路线。同时要考虑系统中某一个设备出问题时，不至于对整个系统有较大的影响。

上述6项原则必须在选择处理工艺路线时全面衡量，综合考虑。对于需要处理的污染物，任何一种处理技术既有优点，也有短处。设计人员必须从实际出发，根据工程的具体要求选择其中不仅对现在有利而且对将来有利的工艺路线，尽量发挥有利的一面，设法减少不利的因素，以保证对污染物处理的效果好、能耗低、费用小、运行管理以及维修方便。

在比较时要仔细领会设计任务书提出的各项原则和要求，要对所收集到的资料进行加工整理，提炼出能够反映本质的、突出主要优缺点的数据材料作为比较的依据。要经过全面分析、反复对比后选出优点多、符合国情、切实可行的处理工艺路线。

8.1.1.2 工艺路线的选择依据

工艺路线选择依据一般包括以下6个方面，视治理项目具体情况收集和使用。

1. 污染物理化性质及原始数据

污染物理化性质和原始数据是开展污染控制工艺路线选择设计(方案设计、初步设计)的最基本、最重要的依据。

污染物理化性质主要包括：

(1) 污染物排放量及变化范围；

(2) 环境温度及变化范围；

(3) 污染物理化性质及转移过程；

(4) 污染物成分及浓度。

根据工程设计的需要，选择性地收集污染物理化性质和数据。原始资料和数据一般由排污企业提供，或排污企业委托专门的测试机构来获得。原始数据和资料应真实可靠。

2. 有关工程设计依据性文件

(1) 设计委托书、设计任务书、协议书、合同等；

(2) 政府主管部门的批文；

(3) 可行性研究报告、立项书、方案文件等文号和名称；

(4) 有关项目建设的会议纪要；

(5) 选址及环境评价报告；

(6) 城市规划设计或总图运输设计的要求(若必要的话)；

(7) 设计中涉及的国家相关政策、法规。

3. 设计基础资料

(1) 工程所在地区气象资料；

(2) 水文地质、地形地貌资料；

(3) 地震设防与抗震要求；

(4) 公用设施、交通运输和通信条件；

(5) 防火、防爆、消防等要求和资料；

(6) 用地、绿化、环保、劳动卫生、节能等要求和资料；

(7) 工程所在地的现场状况、条件及相关图纸资料，如平立面布局、交通、水电气供应和接口等状况；

(8) 建设单位提供的工艺资料、图纸和测试数据。

4. 设计采用的技术法规及标准

(1) 国家和地方制定的污染物排放标准和总量控制指标；

(2) 国家和行业制定的有关技术措施、技术规程、技术规定；

(3) 相关专业的设计规范、设计规定、施工验收规范。

目前我国与环境工程建设设计相关的标准，大体上分为工艺技术规范、工程设计规范、管理规范、运行维护规范四类。其中，《室外排水设计规范》、《污水稳定塘设计规范》、《污水再生利用工程设计规范》、《火电厂烟气脱硫工程技术规范》、《生活垃圾卫生填埋技术规范》、《生活垃圾焚烧处理工程技术规范》、《危险废物集中焚烧处置工程建设技术规范》等工艺技术规范、工程设计规范是环境工程师进行工程设计的技术依据，应在实际工作中熟练应用。此外，化工、石化、石油、冶金、交通、建材、机械、纺织等行业还制定了20余项本行业建设项目环境保护设计规范，如《石油化工企业环境保护设计规范》《化工建设项目环境保护设计规定》《有色金属工业环境保护设计技术规范》。这些规范内容与环境保护法规、国家环境标准、环境保护行业标准规定存在不一致时，应以国家环境保护法规、标准的规定为准。表8-1列举了现行的环境工程设计、建设以及运行的相关技术标准，其他相关标准见附录1、附录2和附录3。

5. 工程造价与运行费用

工程造价和运行费用也是工艺流程选定的重要因素，当然，处理水应当达到的水质标准是前提条件。这样，以原污水的水质、水量及其他自然状况为已知条件，以处理水应达到的水质指标为制约条件，而以处理系统最低的总造价和运行费用为目标函数，建立三者之间的相互关系。

减少占地面积也是降低建设费用的重要措施，从长远考虑，它对污水处理厂的经济效益和社会效益有着重要的影响。

表8-1 环境工程设计、建设与运行相关技术标准

名称	代号
室外排水设计规范	GB 50014—2006
建筑与给水排水设计规范	GB 50015—2003
建筑中水设计规范	GB 50336—2002
给水排水工程结构设计规范	GBJ 69—1984
污水排海管道工程技术规范	GB/T 19570—2004
工业循环水冷却设计规范	GB/T 50102—2003
工业用水软化除盐设计规范	GBJ 109—1987
城镇污水处理厂附属建筑和附属设备设计标准	CJJ 31—1989
城市污水处理厂工程质量验收规范	GB 50334—2002
城市污水处理厂运行、维护及其安全技术规程	CJJ 60—1994
污水稳定塘设计规范	CJJ/T 54—1993
污水再生利用工程设计规范	GB 50335—2002
电镀废水治理设计规范	GBJ 136—1990
医疗机构水污染物排放标准	GB 18466—2005
火力发电厂废水治理设计技术规定	DL/T 5046—1995
石油化工企业给水排水系统设计规范	SH 3015—2003

续表

名　　称	代　　号
石油化工企业循环水设计规范	SH 3016—1990
石化企业污水处理设计规范	SH 3034—1999
化工企业循环冷却水处理设计技术规范	SH 3095—2000
烟囱设计规范	GB 50051—2002
排风罩的分类及技术条件	GB/T 16758—1997
燃煤烟气脱硫设备	GB/T 19229—2003
火电厂烟气脱硫工程技术规范(石灰石/石灰-石膏法)	HJ/T 179—2005
火电厂烟气脱硫工程技术规范(烟气循环流化床法)	HJ/T 178—2005
火力发电厂烟气脱硫设计技术规程	DL/T 5196—2004
火力发电厂除灰设计规程	DL/T 5142—2002
燃煤电厂电除尘器运行维护导则	DL/T 461—2004
有色金属冶炼厂收尘技术设计规定	YSJ 015—1992
水泥生产防尘技术规程	GB/T 16911—1997
石英砂(粉)厂防尘技术规程	GB/T 17270—1998
城市垃圾好氧静态堆肥处理技术	CJJ/T 52—1993
生活垃圾卫生填埋技术规范	CJJ 17—2004
生活垃圾焚烧处理工程技术规范	CJJ 90—2002
城市生活垃圾堆肥处理厂运行维护及安全技术规程	CJ/T 86—2000
城市生活垃圾卫生填埋场运行维护技术规程	CJJ 93—2003
废弃机电产品集中拆解利用处置区环境保护技术规范(试行)	HJ/T 181—2005
医疗废物集中焚烧处置工程建设技术规范	HJ/T 177—2005
危险废物集中焚烧处置工程建设技术规范	HJ/T 176—2005
危险废物安全填埋处置工程建设技术要求	环发(2004)75号
化工废渣填埋场设计规定	HG 20504—1992
石油化工企业环境保护设计规范	SH 3024—1995
合成纤维厂环境保护设计规范	SH 3025—1990
陆上石油天然气生产环境保护推荐	JSY/T 6628—2005
化工企业环境保护监测站设计规定	HG 20501—1992
化工建设项目环境保护设计规定	HG 20667—2005
橡胶建设项目环境保护设计规定	HG 20502—1992
化工矿山建设项目环境保护设计规定	HG/T 22806—1994
铁路工程环境保护设计规范	TB 10501—1998
公路环境保护设计规范	JTJ/T 006—1998
港口工程环境保护设计规范	JTJ 231—1994

续表

名　称	代　号
冶金工业环境保护设计规定	YB 9066—1995
有色金属工业环境保护设计技术规范	YS 5017—2004
水泥工厂环境保护设计规定	JCJ 11—1997
机械工业企业环境保护设计技术规定	JBJ 16—2000
纺织工业企业环境保护设计技术规定	FJJ 108—89

6. 当地的各项条件

当地的地形、气候等自然条件也对污水处理工艺流程的选定具有一定的影响。例如，当地拥有农业开发利用价值不大的旧河道、洼地、沼泽地等，就可以考虑采用稳定塘、土地处理等污水的自然生物处理系统，在寒冷地区应当采用在采取适当的技术措施后，在低温季节也能够正常运行，并保证取得达标水质的工艺，而且处理构筑物都建在露天，以减少建设与运行费用。

当地的原材料与电力供应等具体问题，也是选定处理工艺应当考虑的因素。

8.1.1.3　工艺路线选择的基本步骤

选择处理工艺路线时一般要经过四个阶段。

1. 收集资料，调查研究

这是选择处理工艺路线的准备阶段。在此阶段，根据要处理的污染物种类、数量和规模，有计划、有目的地收集国内外同类污染物处理的有关资料，包括处理技术路线的特点、工艺参数、运行费用、消耗材料、处理效果以及各种技术路线的发展情况与动向等经济和技术资料。收集和掌握国内外污染处理的经济和技术资料，仅仅靠设计人员自己是不够的，还要得到信息技术部门的帮助，甚至还可以向咨询部门提出咨询。

具体收集的内容主要有以下几方面：

（1）要处理的污染物的种类、数量、规模、物理性质、化学性质和其他特性；

（2）国内外处理该污染物的工艺路线；

（3）试验研究报告；

（4）处理技术先进与否、自动化的高低以及污染物的测试方法；

（5）所需要的设备的制造、运输和安装情况；

（6）处理项目建设的投资、运行费用、占地面积；

（7）水、汽、电和燃料的用量及供应，主要基建材料的用量及供应；

（8）厂址、水文地质、气象等资料；

（9）车间的位置环境和周围的情况。

2. 设备、设施及仪器的落实

设备、设施及仪器是保证完成处理重要条件，是确定处理工艺路线时必然要涉及到的因素。因此在收集资料时，设备、设施及仪器应予以足够的重视。对各种处理方法中所涉及到的设备、设施及仪器，须分清国内已有的定型产品、需要进口的及国内需要重新设计的三种类型，并对设计和设计制造单位的技术能力加以了解。

3. 全面比较

全面分析对比的内容很多，主要比较以下几项：

(1) 要处理污染物的各种处理工艺路线在国内外应用的状况及发展趋势；

(2) 处理效果的状况；

(3) 处理数量和规模的状况；

(4) 处理时材料和能源消耗的状况；

(5) 工程项目的总投资和处理运行费用状况；

(6) 其他特殊情况。

4. 处理工艺路线最终的确定

在以上三项的基础上，综合各种处理方法的优点，减少缺陷，最终确定出最佳的处理工艺路线，使该处理工艺路线无论在技术上，还是在经济上都可行。

8.1.2　工艺流程的设计

当处理工艺路线选定后，就可进行具体的流程设计。设计任务主要包括两方面：

(1) 确定处理工艺流程中各个处理单元的具体内容、大小尺寸、顺序和排列方式，以达到有效处理污染物的目的；

(2) 绘制工艺流程图，要求以图解的形式表示：处理过程中，污染物经过处理单元被去除时物料和能量发生的变化及其去向；采用了哪些处理单元、设备和构筑物。可再进一步通过图解的形式表示管道布置和测量位置。

8.1.2.1　工艺流程的设计要求

处理工艺流程设计要按照以下要求进行。

(1) 设计处理的工艺流程对污染物处理后，必须达到和符合国家或省、自治区、直辖市颁布的排放标准、质量标准和有关法规。

国家或省、自治区、直辖市颁布了排放标准和相关法规，在设计前设计者要得到当地政府及环保部门所规定和采用的标准作为设计的依据，它也是处理工程项目完成后最终验收的标准。在排放标准中，要注意到改建项目和新建项目的排放标准有所不同。另外还要注意排放标准中不仅有相对排放浓度，还有绝对排放浓度。绝对排放浓度是指单位时间内排放污染物的质量(单位 kg/h 或 t/a)，它是控制污染物排放非常重要的指标之一，往往设计中仅注意相对排放浓度，而忽略了绝对排放浓度。

(2) 设计处理工艺要尽量采用成熟的、先进的、效率高的处理技术。

(3) 防止处理污染物过程中产生二次污染或污染转移。

(4) 设计时要充分利用和回收能量。设计流程时要注意到实际场地的高差，特别是废水处理工艺流程的布置要充分考虑和利用地势的高差，减少能量的消耗，同时还要充分利用和回收处理过程中产生的能量。

(5) 处理量较大时选择连续的处理工艺，对于连续生产产生的污染，要处理的量较大时，采用连续的处理工艺较为适宜。

(6) 处理时较小时选择间歇处理工艺。生产规模较小，产生的污染不是连续的，且要处理的量小，这时可采用间歇的处理工艺。

(7) 设计处理工艺路线时，尽可能回收有用的物质。

(8) 考虑处理能力的配套性和一致性，且要有一定操作的弹性。设计的处理能力一般要略大于实际所需要的处理量，使处理能力有一定的富余量，以使处理系统能适应实际的变化。选择设备的处理能力不能过大或过小，与实际要基本一致。

(9) 确定公用工程的配套措施。在处理工艺流程中必须使用的工艺用水、蒸汽、压缩空气、氮气、氧气以及冷冻设备、真空设备都是工艺中要考虑的配套设施，此外还要考虑设备的用电量等。

(10) 确定运行条件和控制方案。一个完善的处理工艺的设计除了工艺流程以外，还应把建成后运行的操作条件确定下来，这也是设计的内容。这些条件包括整个系统中各单元设备运行时的压力、温度、电压等，并要提出控制方案，以保证处理系统能按照设计正常运行。

(11) 操作检修方便，运行可靠。以目前的管理水平，设计中要考虑操作的简单性和检修的方便性，人体操作的最佳位置等，如阀门的位置和仪表的位置。处理系统要运转持久并且可靠。

(12) 制定切实可行的安全措施，并且考虑特殊情况的发生。在工艺设计中要考虑到处理系统的启动与停止，长期运行和检修过程中可能存在的各种不安全因素，根据污染物的性质采取合理的防范措施，避免意外的发生。

(13) 节能。设计中要考虑节能的问题，尽量选择低能耗的处理工艺和设备。

(14) 节水，重复使用。某些处理工艺中要用水进行处理，设计中要使水尽量少用，并且考虑经过处理后重复循环使用。

8.1.2.2 工艺流程图的绘制

工艺流程图是工艺设计关键的文件，各个处理单元按照一定的目的和要求，以规定的形象的图形、符号、文字表示工艺流程中选用设备、构筑物、管道、附件、仪表等，以及排列次序与连接方式，反映出物料流向与操作条件。

工艺流程图分为两类：工艺方案流程图和工艺安装流程图。

1. 工艺方案流程图

工艺方案流程图又名工艺流程示意图或工艺流程简图(见图 8-1)，它包括的内容如下：

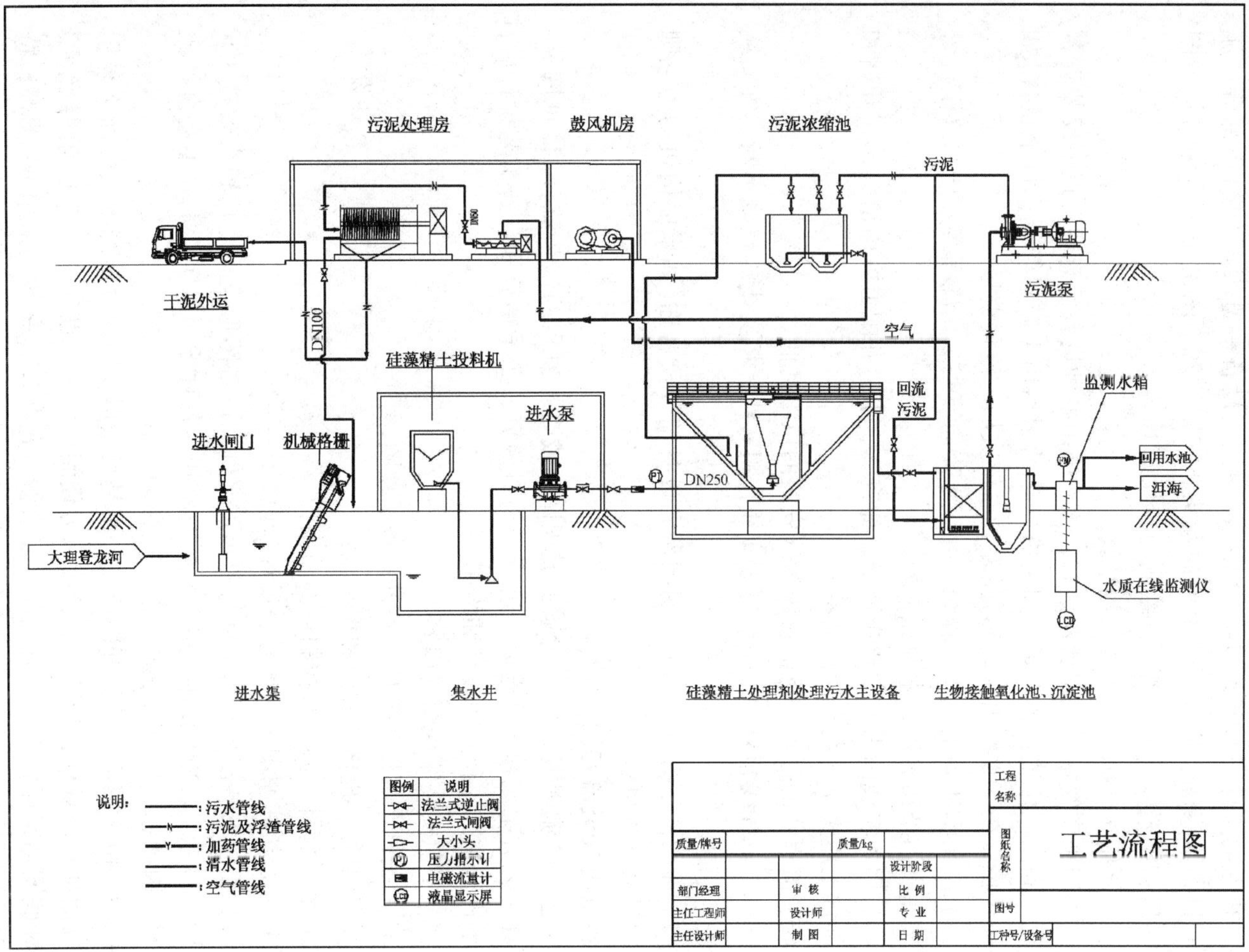
污泥处理房
鼓风机房
污泥浓缩池
污泥
干泥外运
污泥泵
DN100
DN50
空气
硅藻精土投料机
进水泵
回流污泥
监测水箱
进水闸门
机械格栅
DN250
回用水池
洱海
大理登龙河
水质在线监测仪
进水渠
集水井
硅藻精土处理剂处理污水主设备
生物接触氧化池、沉淀池
说明:
污水管线
污泥及浮渣管线
加药管线
清水管线
空气管线
图例 说明
法兰式逆止阀
法兰式闸阀
大小头
压力指示计
电磁流量计
液晶显示屏
工程名称
图纸名称
工艺流程图
质量/牌号
质量/kg
设计阶段
部门经理
审核
比例
主任工程师
设计师
专业
图号
主任设计师
制图
日期
工种号/设备号

图 8－1　工艺流程简图

(1) 定性地标出污染治理的路线；

(2) 画出采用的各种过程和设备以及连接的管线。

工艺方案流程图的组成包括：流程、图例、设备一览表(可选)三部分。流程中有设备示意图、流程管线及流向箭头、文字注解。图例中只需标出管线图例，阀门、仪表等无须标出。其绘制的步骤如下：

(1) 用细实线画出厂房各层地平线；

(2) 用细实线根据流程从左到右，依次画出各种设备示意图，近似反映设备外形尺寸和高低位置；各设备之间留有一定的距离用于布置管线；每个设备(如果是构筑物应在下方标出其名称)从左到右依次加上流程编号。

(3) 用粗实线画出主要流程线，并配上流向箭头。在流程线开始和终了位置用中文注出污染物名称、来源和去处。

(4) 用中实线画出非主要流程线，如空气、水，并配上方向箭头，在开始和终了部位上用文字注明介质的名称。

(5) 流程线的位置应近似反映管线安装的位置高低。

(6) 二流程线相交时，一般是细实线让粗实线，粗实线流程线不断，细实线断开。

(7) 在图的下方或标题中表明图例和设备编号及名称(如果以构筑物为主则设备编号及名称可省略)。

2. 工艺安装流程图

工艺安装流程图又称工艺施工流程图，或带控制点的工艺流程图(见图 8-2)。在工艺方案流程图确定后，进行了物料衡算、热量衡算和设备工艺设计后，可着手进行施工流程图的设计和绘制。

(1) 工艺安装流程图的内容：

① 带编号、名称和管口的各种设备示意图；

② 带编号、规格、阀门和控制点；

③ 表示管件、阀门和控制点的图例；

④ 标题栏注明图名、图号、设计阶段。

(2) 工艺安装流程图的比例与图幅　比例：设备图形及相对位置大致按 1∶50、1∶100 或 1∶200 绘制，整个图形因展开等各种原因，实际上并不完全按比例绘制，因此标题栏中“比例”一项不予注明。

图幅：由于图形采用展开图形式，多是长条形，因而以前的图纸幅面常采用标准幅面加长的规格，加长后的长度以方便阅读为宜。近年来，考虑到图纸绘读使用和底图档案保管方便，有关标准已有统一的规定，一般均采用 A1 图幅，特别简单的可采用 A2 图幅，且不宜加长或加宽。

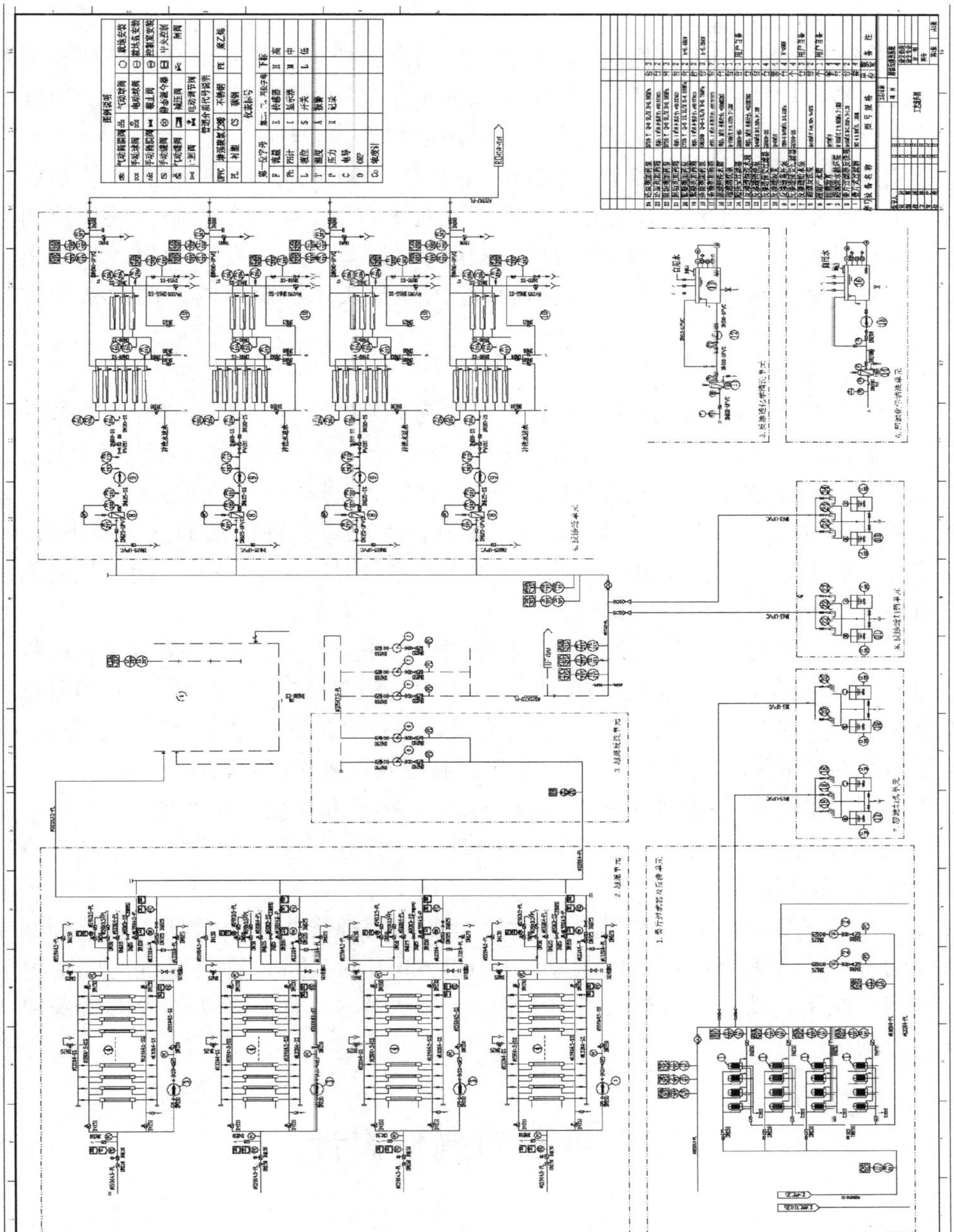

图 8－2　带控制点的工艺流程图

(3) 工艺安装流程图中设备的表示方法：

① 设备的画法：

a. 图形。设备一般按比例用细实线(b/3)绘制，要求能显示形状的特征和主要的轮廓。有时也要画出具有工艺特征的内件示意结构，如填料、加热管、搅拌器、冷却管等，内件可用细虚线画出，或可用剖视形式表现。

b. 相对位置。设备或构筑物的高低一般也按比例绘制。低于地面的须相应画在地平线以下，尽量地符合实际安装情况。对于有位差要求的设备，还要注明其限定的尺寸。　　c. 相同设备的画法。相同的设备一般应全部画出。只画出一套时，被省略的设备则须用细双点划线绘出矩形表示，矩形内注明设备的位号、名称等。

② 设备的标注：

a. 标注的内容。设备在图中应标注位号(序号)及名称。应注意设备位号在同一系统中不能重复，初步设计与施工图设计中的位号应该一致。如果施工图设计中有设备的增减，则位号应按顺序补充或取消(即保留空号)，设备的名称应前后一致。

b. 标注的方式。设备的位号、名称一般标注在相应设备图形的上方或下方。设备位号一般为三位数，如 206 中 2 为处理工艺系统号，06 为序号。同一规格的设备有两台以上时，位号要加脚码。

(4) 工艺安装流程图中管道的表示方法　图中一般应画出所有的处理工艺的物料和辅助物料(如蒸汽、冷却水等)的管道。当辅助管道系统比较简单时，可将其总管绘制在流程图的上方，其支管则下引至有关设备；当辅助管道系统比较复杂时，待处理工艺管道布置设计完毕后，另绘制辅助管道及仪表流程图以补充。

① 管道的画法。管道画法的规定可参阅国家标准和其他行业的规定。

② 管道的标注。管道标注要配有流向箭头、编号、规格及尺寸，并要有测试点、分析点的标注。

(5) 工艺安装流程图中的图例 在管道上需要用细实线画出全部的阀门和部分管件的符号，有关规定可参阅国家标准 GB 6567.4—1986《管路系统的图形符号、阀门和控制元件》，管道中的一般连接，如法兰、三通、弯头等没有特殊要求均不予画出。

8.2　平面与高程设计

8.2.1　平面设计

在污水处理厂厂区内有：各处理单元构筑物；连通各处理构筑物之间的管、

渠及其他管线；辅助性建筑物；道路以及绿地等。现在就进行处理厂厂区平面规划、布置时应考虑的一般原则阐述如下：

1. 各处理单元构筑物的平面布置

处理构筑物是污水处理厂的主体建筑物，在作平面布置时，应根据各构筑物的功能要求和水力要求，结合地形和地质条件，确定它们在厂区内平面的位置，对此，应考虑：

（1）贯通、连接各处理构筑物之间的管、渠直通，避免迂回曲折；

（2）土方量做到基本平衡，并避开劣质土壤地段。

（3）在处理构筑物之间，应保持一定的间距，以保证敷设连接管、渠的要求，一般的间距可取值 5 ~ 10m，某些有特殊要求的构筑物，如污泥消化池、消化气储罐等，其间距应按有关规定确定；

（4）各处理构筑物在平面布置上，应考虑适当紧凑。

2. 管、渠的平面布置

（1）在各处理构筑物之间，设有贯通、连接的管、渠。此外，还应设有能够使各处理构筑物独立运行的管、渠，当某一处理构筑物因故停止工作时，使其后接处理构筑物，仍能够保持正常的运行。

（2）应设超越全部处理构筑物，直接排放水体的超越管。

（3）在厂区内还设有：给水管、空气管、消化气管、蒸汽管以及输配电线路。这些管线有的敷设在地下，但大部分都在地上，对它们的安排，既要便于施工和维护管理，也要紧凑，少占用地，也可以考虑采用架空的方式敷设。

在污水处理厂区内，应有完善的排雨水管道系统，必要时应考虑设防洪沟渠。

3. 辅助建筑物

污水处理厂内的辅助建筑物有：泵房、鼓风机房、办公室、集中控制室、水质分析化验室、变电所、机修、仓库、食堂等。它们是污水处理厂不可缺少的组成部分。其建筑面积大小应按具体情况与条件而定。有可能时，可设立试验车间，以不断研究与改进污水处理技术。辅助建筑物的位置应根据方便、安全等原则确定。如鼓风机房应设于曝气池附近，以节省管道与动力；变电所宜设于耗电量大的构筑物附近等。化验室应远离机器间和污泥干化场，以保证良好的工作条件。办公室、化验室等均应与处理构筑物保持适当距离，并应位于处理构筑物的夏季主风向的上风向处。操作工人的值班室应尽量布置在使工人能够便于观察各处理构筑物运行情况的位置。

在污水处理厂内应合理地修筑道路，方便运输，广为植树绿化美化厂区，改善卫生条件，改变人们对污水处理厂“不卫生”的传统看法。按规定，污水处理厂厂区的绿化面积不得少于30%。

应当指出：在工艺设计计算时，就应考虑它和平面布置的关系，而在进行平面布置时，也可根据情况调整构筑物的数目，修改工艺设计。

总平面布置图可根据污水厂的规模采用1∶200~1∶1000比例尺的地形图绘制，常用的比例尺为1∶500。

图8-3所示为A市污水处理厂总平面布置图。该厂主要的处理构筑物有：机械除污物格栅、曝气沉砂池、初次沉淀池与二次沉淀池(均设斜板)、鼓风式深水中层曝气池、消化池等及若干辅助建筑物。

该厂平面布置特点为：流线清楚，布置紧凑。鼓风机房和回流污泥泵房位于曝气池和二次沉淀池一侧，节约了管道与动力费用，便于操作管理。污泥消化系统构筑物靠近四氯化碳制造厂(即在处理厂西侧)，使消化气、蒸气输送管较短，节约了建设投资。办公室、生活住房与处理构筑物、鼓风机房、泵房、消化池等保持一定距离，卫生条件与工作条件均较好。在管线布置上，尽量一管多用，如超越管、处理水出厂管都借道雨水管泄入附近水体，而剩余污泥、污泥水、各构筑物放空管等，又都与厂内污水管合并流入泵房集水井。但因受用地限制(厂东西两侧均为河浜)，远期发展余地尚感不足。

图8-4为B市污水处理厂总平面布置图。泵站设于厂外，主要处理构筑物有：格栅、曝气沉砂池、初次沉淀池、曝气池、二次沉淀池等。该厂未设污泥处理系统，污泥(包括初次沉淀池排出的生污泥和二次沉淀池排出的剩余污泥)，通过污泥泵房直接送往农田作为肥料使用。

该厂平面布置的特点是：布置整齐、紧凑。两期工程各自成独立系统，对设计与运行相互干扰较少。办公室等建筑物均位于常年主风向的上风向，且与处理构筑物有一定距离，卫生、工作条件较好。在污水流入初次沉淀池、曝气池与二次沉淀池时，先后经三次计量，为分析构筑物的运行情况创造了条件。利用构筑物本身的管渠设立超越管线，既节省了管道，运行又较灵活。

第二期工程预留地设在一期工程与厂前区之间，若二期工程改用不同的工艺流程或另选池型时，在平面布置上将受到一定的限制。泵站与湿污泥池均设于厂外，管理不甚方便。此外，三次计量增加了水头损失。

8.2.2 高程设计

污水处理厂污水处理流程高程布置的主要任务是：确定各处理构筑物和泵房的标高，确定处理构筑物之间连接管渠的尺寸及其标高，通过计算确定各部位的水面标高，从而能够使污水沿处理流程在处理构筑物之间通畅地流动，保证污水处理厂的正常运行。

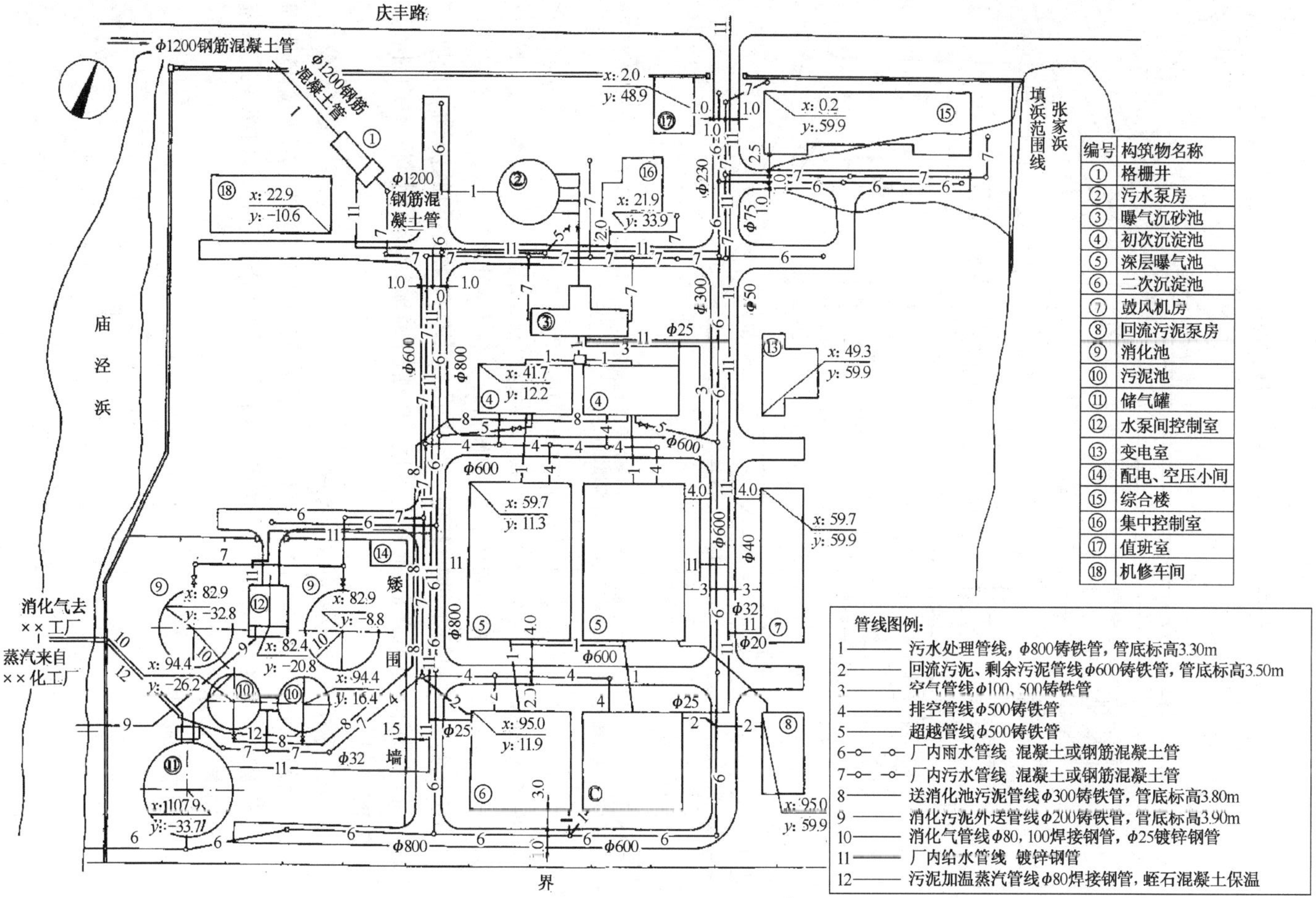

图8-3 A市污水处理厂总平面布置图

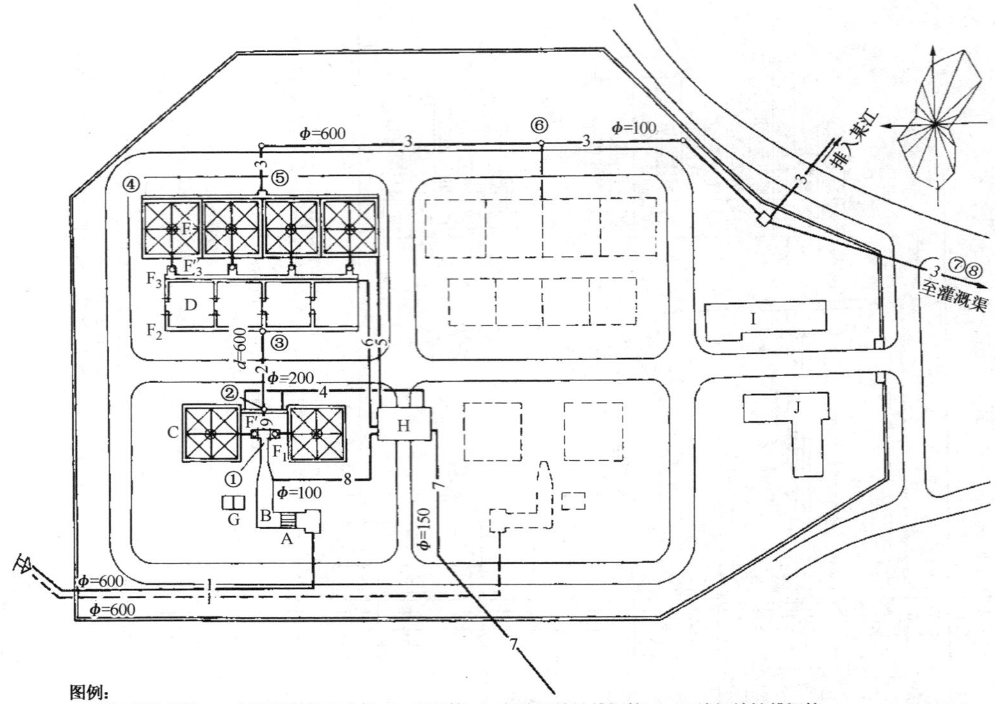

图例：
1—进水压力总管；2—初次沉淀池出水管；3—出厂管；4—初次沉淀池排泥管；5—二次沉淀池排泥管；
6—回流污泥管；7—剩余污泥压力管；8—空气管；9—超越管

图 8-4　B 市污水处理厂总平面布置

A—格栅；B—曝气沉砂池；C—初次沉淀池；D—曝气池；E—二次沉淀池、F_1，F_2，F_3—计量堰；

G—除渣池；H—污泥泵房；I—机修车间；J—办公及化验室等

为了降低运行费用和便于维护管理，污水在处理构筑物之间的流动，以按重力流考虑为宜(污泥流动不在此例)。为此，必须精确地计算污水流动中的水头损失，水头损失包括：

1. 污水流经各处理构筑物的水头损失

在作初步设计时，可按表 8-2 所列数据估算。但应当认识到，污水流经处理构筑物的水头损失，主要产生在进口和出口和需要的跌水(多在出口处)，而流经处理构筑物本体的水头损失则较小。

(1) 格栅水头损失：

$$h_m = \xi \frac{v^2}{2g}$$

$$\xi = \beta \sin\theta \left(\frac{t}{b}\right)^{4/3}$$

式中，ξ 为局部阻力系数；β 为格栅断面形状系数；t 为格栅厚度，m；b 为格栅净间距，m；θ 为栅格倾角；v 为栅格上流侧的平均流速，m/s。

表 8-2　污水流经各处理构筑物的水头损失

构筑物名称	水头损失/cm	构筑物名称	水头损失/cm
格栅	10~25	曝气池	
沉砂池	10~25	污水潜流入池	25~50
沉淀池		污水跌水入池	50~150
平流	20~40	生物滤池（工作高度为 2m 时）	
竖流	40~50	（1）装有旋转式布水器	270~280
辐流	50~60	（2）装有固定喷洒布水大器	450~475
双层沉淀池	10~20	混合池或接触池	10~30
		污泥干化场	200~350

（2）集水槽水头损失　集水槽系平底，且为均匀集水、自由跌落水流，故按下列公式计算：

$$B=0.9Q^{0.4}$$

$$h_0=1.25B$$

式中，Q 为集水槽设计流量，为确保安全常对设计流量乘以 1.2~1.5 的安全系数，m^3/s；B 为集水槽宽，m；h_0为集水槽起端水深，m。则集水槽水头损失为

$$h_m=h_1+h_2+h_0+h_3$$

式中，h_m 为集水槽水头损失，m；h_1为堰上水头，m；h_2为自由跌落水头，m；h_3为集水槽起端水深，m。集水槽水头计算示意图见图 8-5。

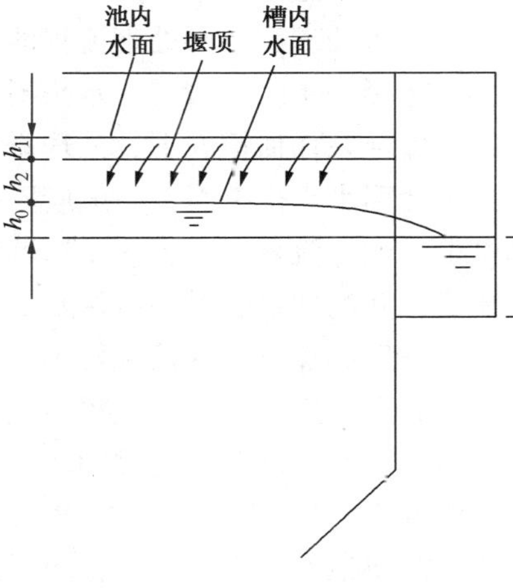

图 8-5　集水槽水头计算示意图

h_1—堰上水头；h_2—自由跌落；

h_0—集水槽起端水深；h_3—总渠起端水深

（3）进口损失：

$$h_m=\xi\frac{v^2}{2g}$$

（4）出口损失：

$$h_m=\frac{v^2}{2g}$$

（5）消毒池水头损失　消毒池内水头损失包括沿程水头损失及弯管水头损失，其计算公式可采用

$$h=n\xi\frac{v_0^2}{2g}+\frac{v_n^2}{C^2R_n}l_n$$

式中，h 为总水头损失，m；ξ 为隔板转弯处的局部阻力系数，往复式隔板取 3，回转式隔板取 1（与转弯角度有关）；n 为水流转弯次数；l_n为该段廊道总长

度，m；C 为谢才系数；R_n 为该廊道过水断面水力半径，m；v_n 为廊道中水流流速，m/s；v_0 为转弯处水流流速，m/s。

2. 连接管渠水头损失

污水流经连接前后两处理构筑物管渠（包括配水设备）的水头损失。包括沿程与局部水头损失。在污水处理工程中，为简化计算，一般认为水流为均匀流。

（1）沿程水头损失：

$$h_f=\frac{v^2}{C^2R}\cdot L$$

式中，h_f 为沿程水头损失，m；L 为管段长，m；R 为水力半径，m；v 为管内流速，m/s；C 为谢才系数。

（2）局部水头损失　局部水头损失主要包括不同管径的连接处的水头损失，闸门水头损失以及弯管的水头损失，其计算公式为

$$h_m=\xi\frac{v^2}{2g}$$

式中，h_m 为局部水头损失；ξ 为局部阻力系数；v 为管内流速，m/s；g 为重力加速度，m/s^2。

3. 污水流经量水设备的水头损失

在对污水处理厂污水处理流程的高程布置时，应考虑下列事项：

（1）选择一条距离最长，水头损失最大的流程进行水力计算。并应适当留有余地，以保证在任何情况下，处理系统都能够运行正常。

（2）计算水头损失时，一般应以近期最大流量（或泵的最大出水量）作为构筑物和管渠的设计流量；计算涉及远期流量的管渠和设备时，应以远期最大流量为设计流量，并酌加扩建时的备用水头。

（3）设置终点泵站的污水处理厂，水力计算常以接纳处理后污水水体的最高水位作为起点，逆污水处理流程向上倒推计算，以使处理后污水在洪水季节也能自流排出，而水泵需要的扬程则较小，运行费用也较低。但同时应考虑到构筑物的挖土深度不宜过大，以免土建投资过大和增加施工上的困难。还应考虑到因维修等原因需将池水放空而在高程上提出的要求。

（4）在作高程布置时还应注意污水流程与污泥流程的配合，尽量减少需抽升的污泥量。在决定污泥干化场、污泥浓缩池（湿污泥池）、消化池等构筑物的高程时，应注意它们的污泥水能自动排入污水入流干管或其他构筑物的可能。

在绘制总平面图的同时，应绘制污水与污泥的纵断面图或工艺流程图。绘制纵断面图时采用的比例尺：横向与总平面图同，纵向为 1∶50~1∶100。

现以图 8-4 所示 B 市污水处理厂为例，说明污水处理厂污水处理流程高程计

算过程。

该厂初次沉淀池和二次沉淀池均为方形，周边均匀出水。曝气池为 4 座方形池，完全混合式，用表面机械曝气器充氧与搅拌。曝气池，如 4 池串连，则可按推流式运行，也可按阶段曝气法运行。这种系统兼具推流与完全混合两种运行方式的优点。

在初沉池、曝气池和二沉池之前，分别各设薄壁计量堰（F_1为梯形堰，底宽 0.5m，F_2、F_3为矩形堰，堰宽 0.7m）。

该厂设计流量为：

近期　$Q_{avg}=174L/s$

　　　$Q_{max}=300L/s$

远期　$Q_{avg}=348L/s$

　　　$Q_{max}=600L/s$

回流污泥量按污水量的 100%计算。

各处理构筑物间连接管渠的水力计算见表 8-3。

表 8-3　处理构筑物之间连接管渠水力计算表

设计点编号	管渠名称	设计流量/(L/s)	管渠设计参数					
			D/mm 或 B・H/m	h/D	水深 h/m	i	流速 v/(m/s)	长度 l/m
1	2	3	4	5	6	7	8	9
⑧⑦	出厂管入灌溉渠	600	1000	0.8	0.8			
⑦⑥	出厂管	600	1000	0.8	0.8	0.001	1.01	390
⑥⑤	出厂管	300	600	0.75	0.45	0.0035	1.37	100
⑤④	沉淀池出水总渠	150	0.6×1.0		0.35-0.25④			28
④E	沉淀池集水槽	75/2	0.3×0.53③		0.38③			28
EF_3'	沉淀池入流管	150①	450			0.0028	0.94	10
$F_3'F_3$	计量堰	150						
F_3D	曝气池出水总渠	600	0.84×1.0		0.64-0.42			48
	曝气池集水渠	150	0.6×0.55		0.26⑤			
DF_2	计量堰	300						
$F_2$③	曝气池配水渠	300②	0.84×0.85		0.62-0.54			
③②	往曝气池配水渠	300	600			0.0024	1.07	27
②C	沉淀池出水总渠	150	0.6×1.0		0.35-0.25			5
	沉淀池集水槽	150/2	0.35×0.53		0.44			
CF_1'	沉淀池入流管	150	450			0.0028	0.94	11
$F_1'F_1$	计量堰	150						
$F_1$①	沉淀池配水渠	150	0.8×1.5		0.48-0.46			3

① 包括回流污泥在内。

② 按最不利条件，即推流式运行时，污水集中从一端入池计算。

③ 按式

$$\frac{V_1}{V_2}=\frac{W_1}{W_2}=\frac{100-p_2}{100-p_1}=\frac{C_2}{C_1}\text{和 } R_d=(1-\frac{p_{v_2}p_{s_1}}{p_{v_1}p_{s_2}})\times 100 \text{ 计算}$$

式中，p_1、p_2——污泥含水率；V_1、W_1、C_1——污泥含水率为 p_1 时的污泥体积、质量与固体物浓度；V_2、W_2、C_2——污泥含水率为 p_2 时的污泥体积、质量与固体物浓度；R_d——可消化程度，%；$p_{s_1}p_{s_2}$——分别表示生污泥及消化污泥的无机物含量，%；$p_{v_1}p_{v_2}$——分别表示生污泥及消化污泥的有机物含量，%。

$B=0.9\left(1.2\times\frac{0.075}{2}\right)^{0.4}=0.27\text{m}$，取 0.3m；$h_0=1.25\times0.3=0.38\text{m}$。

④ 出口处水深：$h_k=\sqrt[3]{(0.15\times1.5)^2/9.8\times0.6^2}=0.25\text{m}$(1.5 为安全系数)，起端水深可按巴克梅切夫的水力指数公式用试算法决定，得 $h_0=0.35\text{m}$。

⑤ 曝气池集水槽采用潜孔出流，此处为孔口至槽度高度(亦为损失了的水头)。

处理后的污水排入农田灌溉渠道以供农田灌溉，农田不需水时排入某江。由于某江水位远低于渠道水位，故构筑物高程受灌溉渠水位控制，计算时，以灌溉渠水位作为起点，逆流程向上推算各水面标高。考虑到二次沉淀池挖土太深时不利于施工，故排水总管的管底标高与灌溉渠中的设计水位平接(跌水 0.8m)。

污水处理厂的设计地面高程为 50.00m。

高程计算中，沟管的沿程水头损失按所定的坡度计算，局部水头损失按流速水头的倍数计算。堰上水头按有关堰流公式计算，沉淀池、曝气池集水槽系平底，且为均匀集水，自由跌水出流，故按下列公式计算：

$$B=0.9Q^{0.4}$$

$$h_0=1.25B$$

式中 Q——集水槽设计流量，为确保安全，对设计流量再乘以 1.2~1.5 的安全系数，m^3/s；

B——集水槽宽，m；

h_0——集水槽起端水深，m。

高程计算如表 8-4 所示。

表 8-4 高程计算表

序号	计算过程		高程/m
1	灌溉渠道(点 8)水位		49.25
2	排水总管(点 7)水位	跌水 0.8m	50.05
3	窨井 6 后水位	沿程损失 = 0.001×390 = 0.39m	50.44
4	窨井 6 前水位	管顶平接，两端水位差 0.05m	50.49
5	二次沉淀池出水井水位	沿程损失 = 0.0035×100 = 0.35m	50.84
6	二次沉淀池出水总渠起端水位	沿程损失 0.35−0.25 = 0.10m	50.94
7	二次沉淀池中水位	集水槽起端水深 = 0.38m 自由跌落 = 0.10m 堰上水头(计算或查表) 0.02m 合计 0.50m	51.44

续表

序号	计算过程		高程/m
8	堰 F_3 后水位	沿程损失 = 0.0028×10 = 0.03m 局部损失 = 6.0(0.94²/2g) = 0.28m 合计 0.31m	51.75
9	堰 F_3 前水位	堰上水头 = 0.26m 自由跌落 = 0.15m 合计 0.41m	52.16
10	曝气池出水总渠起端水位	沿程损失 0.64-0.42 = 0.22m	52.38
11	曝气池中水位	集水槽中水位 = 0.26m	52.64
12	堰 F_2 前水位	堰上水头 = 0.38m 自由跌落 = 0.20m 合计 0.58m	53.22
13	点 3 水位	沿程损失 = 0.62-0.54 = 0.08m 局部损失：5.85 (0.69²/2g) = 0.14m 合计 0.22m	53.44
14	初次沉淀池出水井(点 2)水位	沿程损失 = 0.0024×27 = 0.07m 局部损失：2.46(1.07²/2g) = 0.15m 合计 0.22m	53.66
15	初次沉淀池中水位	出水总渠沿程损失 0.35-0.25 = 0.10m 集水槽起端水深 = 0.44m 自由跌落 = 0.10m 堰上水头 = 0.03m 合计 0.67m	54.33
16	堰 F_1 后水位	沿程损失 = 0.028×11 = 0.04m 局部损失 = 6.0(0.94²/2g) = 0.28m 合计 0.32m	54.65
17	堰 F_1 前水位	堰上水头 = 0.30 自由跌落 = 0.15 合计 0.45m	55.10
18	沉砂池起端水位	沿程损失 = 0.48-0.46 = 0.02m 沉砂池出口局部损失 = 0.05m 沉砂池中水头损失 = 0.20m 合计 0.27m	55.37
19	格栅前(A 点)水位	过栅水头损失 0.15m	55.52
20	总水头损失 6.27m		

上述计算中，沉淀池集水槽中的水头损失由堰上水头、自由跌落和槽起端水深三部分组成。计算结果表明：终点泵站应将污水提升至标高 55.52m 处才能满足流程的水力要求。根据计算结果绘制了流程图，见图 8-6。

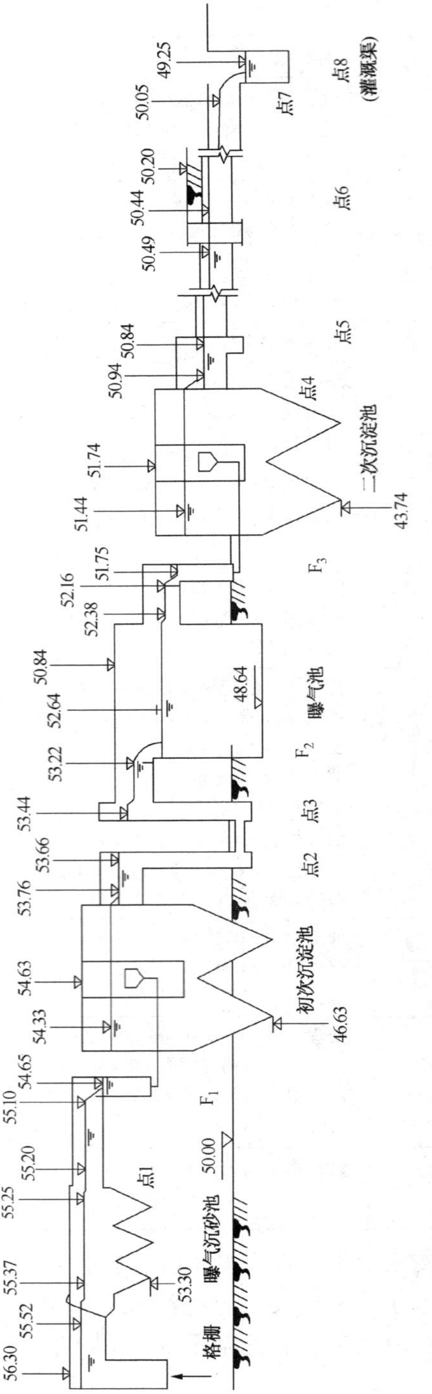

图 8－6　B 市污水处理厂污水处理流程高程布置图

从图 8-6 及上述高程计算结果可见，整个污水处理流程，从栅前水位 55.52m 开始到排放点(灌溉渠水位)49.25m，全部水头损失为 6.27m，这是比较高的。应考虑降低其水头损失。从另一方面看，这一处理系统，在降低水头损失，节省能量方面，是有潜力可挖的。

该系统所采用的初次沉淀池、二次沉淀池，在形式上都是不带刮泥设备的多斗辐流式沉淀池，而且都是用配水井进行配水。曝气池采用的是 4 座完全混合型曝气池，而且污水由初次沉淀池采用的是水头损失较大的倒虹管进入曝气池。

初次沉淀池进水处的水位标高为 54.33m，二次沉淀池出水处的标高为 50.84m，这一区段的水头损失为 3.49m，为整个系统水头损失的 56%。

如将初次沉淀池和二次沉淀池都改用平流式，曝气池也改为廊道式的推流式。而且将初次沉淀池-曝气池-二次沉淀池这一区段直接串联连接，中间不用配水井，采用相同的宽度，这一措施将大大降低水头损失。

经粗略估算，这一区段的水头损失可降至 1.4m 左右，可将水头损失降低 2.09m，这样，整个系统的水头损失能够降至 4.18m，这样能够显著地节省能量，降低运行成本，这是完全可行的。

以图 8-3 所示的 A 市污水处理厂的污泥处理流程为例，作污泥处理流程的高程计算。该厂污泥处理流程为：

二沉池→污泥泵站→初沉池→污泥投配池→污泥泵站→污泥消化池→储泥池→外运

同污水处理流程，高程计算从控制点标高开始。

A 市污水处厂区地面标高为 4.2m，初次沉淀池水面标高点为 6.7m，二次沉淀池剩余污泥重力流排入污泥泵站。剩余污泥由污泥泵站打入初次沉淀池，在初次沉淀池起到生物凝聚作用，提高初次沉淀池的沉淀效果，并与初次沉淀池的沉淀污泥一道排入污泥投配池。

污泥处理流程的高程计算从初次沉淀池开始。

初次沉淀池排出的污泥，其含水率为 97%，污泥消化后，经静沉，含水率降至 96%。初次沉淀池至污泥投配池的管道用铸铁管，长 150m，管径 300mm。污泥在管内呈重力流，流速为 1.5m/s，按下式求得其水头损失为：

$$h_f = 2.49\left(\frac{150}{0.3^{1.17}}\right)\left(\frac{1.5}{71}\right)^{1.85} = 1.2\text{m}$$

自由水头 1.5m，则管道中心标高为：

$$6.7-(1.20+1.50) = 4.0\text{m}$$

流入污泥投配池的管底标高为：

$$4.0-0.15=3.85\text{m}$$

污泥投配池的标高可据此确定，投配池及标高见图 8-7。

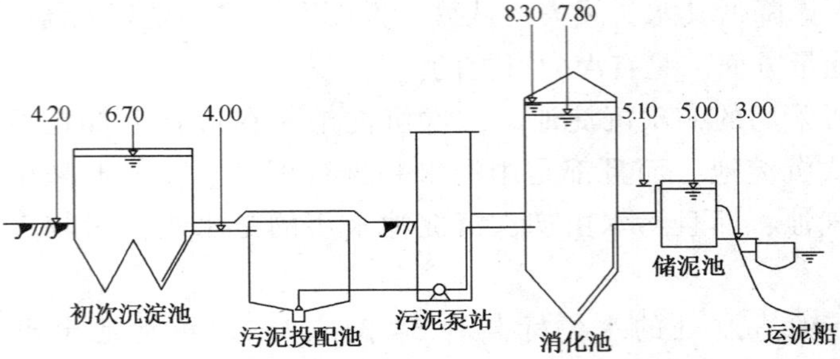

图 8-7 污泥处理流程高程图

消化池至储泥池的各点标高受河水位的影响(即受河中运泥船高程的影响)，故以此向上推算。设要求储泥池排泥管管中心标高至少应为 3.0m 才能向运泥船排尽池中污泥，储泥池有效深 2.0m。已知消化池至储泥池的铸铁管管径为 200mm，管长 70m，并设管内流速为 1.5m/s，则根据上式已求得水头损失为 1.20m，自由水头设为 1.5m。消化池采用间歇式排泥运行方式，根据排泥量计算，一次排泥后池内泥面下降 0.5m。则排泥结束时消化池内泥面标高至少应为：

$$3.0+2.0+0.1+1.2+1.5=7.8\text{m}$$

式中，0.1 为管道半径，即储泥池中泥面与入流管管底平。

开始排泥时的泥面标高：

$$7.8+0.5=8.3\text{m}$$

应当注意的是：当采用在消化池内撇去上清液的运行方式时，此标高是撇去上清液后的泥面标高，而不是消化池正常运行时的池内泥面标高。

当需排除消化池中底部的污泥时，则需用排泥泵排除。

根据以上的计算结果，绘制污泥处理流程的高程图(见图 8-7)。

8.2.3 设计说明

工程设计图以图示表达为主要方法，对于难以用图示表达的设计意图、施工要求等内容，需要用设计说明来表达。对于施工图设计说明和施工要求，一般工程分别写在有关图纸上。由于国家还没有对环境工程设计施工图说明提出具体要求，环境工程设计说明借鉴和参考《建筑工程设计文件编制深度规定》相关内容。

1. 建筑施工图设计说明主要内容

（1）本子项工程施工图设计的依据性文件、批文和相关规范；

（2）项目概况 内容一般应包括建筑名称、建设地点、建设单位、建筑面积、设计使用年限、抗震设防烈度等，以及能反映建筑规模的主要技术经济指标；

（3）设计标高 本子项的相对标高与总图绝对标高的关系；

（4）用料说明 墙体防水、屋面、台阶、坡道、油漆、涂料等的材料和做法，可用文字说明或部分文字说明，部分直接在图上引注或加注索引号；

（5）对采用新技术、新材料的做法说明及对特殊建筑造型和必要的建筑构造的说明；

（6）其他需要说明的问题。

2. 结构施工图设计说明主要内容

（1）本工程结构设计的主要依据；

（2）设计 0.000 标高所对应的绝对标高值；

（3）图纸中标高、尺寸的单位；

（4）建筑结构的安全等级和设计使用年限，混凝土结构的耐久性要求和砌体结构施工质量控制等级；

（5）建筑场地类别、建筑抗震设防类别，抗震设防烈度（设计基本地震加速度及设计地震分组）和钢筋混凝土结构的抗震等级；

（6）扼要说明有关地基概况，对不良地基的处理措施及技术要求、抗液化措施及要求、地基土的冰冻深度，地基基础的设计等级；

（7）采用的设计荷载，包含风荷载、雪荷载、楼屋面允许使用荷载、特殊部位的最大使用荷载标准值；

（8）所选用结构材料的品种、规格、性能及相应的产品标准，当为钢筋混凝土结构时，应说明受力钢筋的保护层厚度、锚固长度、搭接长度、接长方法，预应力构件的锚具种类、预留孔道做法、施工要求及锚具防腐措施等，并对某些构件或部位的材料提出特殊要求；

（9）对水池、地下室等有抗渗要求的建（构）筑物的混凝土，说明抗渗等级，需作试漏的提出具体要求，在施工期间存有上浮可能时，应提出抗浮措施；

（10）所采用的通用做法和标准构件图集；如有特殊构件需作结构性能检验时，应指出检验的方法与要求；

（11）施工中应遵循的施工规范和注意事项。

3. 电气施工图设计说明主要内容

（1）工程设计概况：应将经审批定案后的初步（或方案）设计说明书中的主要

指标录入。

(2) 各系统的施工要求和注意事项(包括布线、设备安装等)。

(3) 设备订货要求(亦可附在相应图纸上)。

(4) 防雷及接地保护等其他系统有关内容(亦可附在相应图纸上)。

(5) 本工程选用标准图图集编号、页号。

4. 给水排水施工图设计说明主要内容

(1) 设计依据简述;

(2) 材料和设备表;

(3) 凡不能用图示表达的施工要求，均应以设计说明表述;

(4) 有特殊需要说明的可分别列在有关图纸上。

5. 热能动力施工图设计说明主要内容

(1) 当施工图设计与初步(或方案)设计有较大变化时应说明原因及调整内容;

(2) 本工程各类供热负荷及供热要求;

(3) 各种气体用量及燃料的用量;

(4) 设计容量、运行介质参数(如压力、温度、低位热值，密度等)、系统运行的特殊要求及维护管理，需要特别注意的事项;

(5) 管材及附件的选用，管道连接方式，管道安装坡度及坡向的一般要求;

(6) 管道滑动支吊架间距表;

(7) 设备和管道防腐、保温及涂色要求;

(8) 管道补偿器和建筑物入口装置;

(9) 设备和管道与土建各专业配合要求;

(10) 对施工安装质量及安全规程标准与设备、管道系统试压要求;

(11) 安装与土建施工的配合及设备基础与到货设备尺寸的核对要求;

(12) 设计所采用的图例符号说明及遵循的有关施工验收规范等。

8.3 专业之间互提设计条件

8.3.1 工艺专业设计条件

对于一个大型的、独立的环境工程设计项目来说，要完成整个工程设计任务，还需要其他非环保专业设计的协作、配合。在设计中，工艺设计起主导作用，工艺专业与其他专业密切合作，对提高设计质量、保证设计进度起着重要的作用。工艺设计人员在设计中要求完成的工作有：

① 工艺设计；

② 组织和协调设计工作的进展，协调好环境工程工艺专业设计与其他专业设计之间的关系，汇总设计资料；

③ 为其他专业设计提供比较完整的设计依据及工艺条件。

非环境工程工艺专业设计项目一般有：建筑、设备、电力、电气、仪表自控、给排水、采暖通风、总图运输、技术经济等。小型的环境工程设计项目或附属于某工厂或工程的环境工程设计项目，与非工艺专业的合作内容可简单些，但也有上述某几项或多项的合作。

在初步设计阶段，工艺专业向其他专业提供一次设计条件，能使各专业确定各自的方案，开始进行设计，按时完成任务。在施工图设计阶段，工艺专业向其他专业提供二次设计条件，对设计的内容提出进一步深化的详细条件及与其他专业设计沟通后作的一些修改补充，为完善各专业设计提供必要条件。

工艺专业向非工艺专业设计人员提供设计条件的内容大致有以下几点。

1. 土建设计条件

(1) 工艺流程简图。

(2) 厂房布置　主要是工艺设备平面、立面布置图，并在图中说明对土建的各项要求，如厂房的高度、层数、跨度、地面或楼面的材料、坡度、负荷、门窗的位置、楼面、墙面的预留孔和预埋件的条件，地面的地沟，落地设备的基础条件及其他要求等。

(3) 设备情况　提出设备一览表，包括设备位号、设备名称、规格、重量(设备重量、操作物料荷重、保温及填料的重量等)，装卸方法及支承形式等。

(4) 提出车间人员表，如人员总数，每班最多人数、男女工人比例等。

(5) 安全生产、劳动保护情况　如防火等级、卫生等级、有毒气体的最高允许浓度、爆炸介质的爆炸范围及其他特殊要求(如放射性工作区应与其他区域隔离，并设专用通道)等。

(6) 安装运输条件　提出预留大型设备进入厂房的安装门、设备安装吊装点、每层楼面的安装载荷、安装场地的要求等。同时考虑设备维修或更换时对土建的要求。

2. 非标设备设计条件

设备设计分为标准设备选用及非标准设备设计两个方面。标准设备一般由工艺设计人员根据有关生产厂家的资料和工艺要求选用，交付订货。对专业分工较细的大型环保公司或设计院而言，非标准设备一般由工艺专业设计人员提供设计条件，由设备专业设计人员进行设计，并交付设备制造厂家进行制造。对一些中、小型环保公司，非标准设备常由工艺设计人员自行设计，此时即使没有由工艺专业向设备专业提供设计条件的问题，但设备设计前整理出设备设计条件对后续的设计工作也是很有帮助的。

工艺专业提出的条件如下。

(1) 设备一览表。

(2) 非标设备条件表及附图，内容包括以下几方面。

① 工艺参数，工作压力、温度、溶液组成、搅拌器转速、间歇或连续操作等。

② 设备内物料及物性，如设备的生产能力或处理量，物料的密度、黏度、腐蚀性、易燃易爆性、毒性等。

③ 设备的外形尺寸，直径、高度、主要部件尺寸，设备容积、操作容积、传热面积、保温材料及厚度、设备材质等。

④ 管口方位图，表明开孔及接口管尺寸、规格、用途、连接形式、密封要求、法兰标准、接管系统压力等。

⑤ 设备制成后的形式，并附设备简图。

3. 电气设计条件

电气工程包括动力、照明、避雷、弱电、变电、配电等。其中变电、配电属电气工程本身的业务范围。工艺专业向电气提出条件如下。

(1) 动力设计部分：

① 生产或处理特点，用电要求。车间的防爆等级，特殊大功率电机等。

② 提出设备平面布置图，标明用电设备的名称和位置。

③ 提供用电设备条件表，见表 8-5。

表 8-5 用电设备条件表

用电设备名称	负荷等级	用电设备台数	控制连锁要求	计算轴功率/kW	控制方法	开关控制点	电力设备				工作制	年运转时间/h
							型号	容量/kW	电压/V	相数		

④ 用电设备的自控要求，如根据液位高度或设定的 pH 值控制泵电机的启闭。

⑤ 其他用电量，如机修间、化验室等。

(2) 照明、避雷条件：

① 在工艺设备布置图上标明照明位置及照明度。

② 照明地区的面积、体积及照度。

③ 防爆等级、避雷等级。

④ 特殊要求，如事故照明、检修照明、接地等。

为防止静电感应，所有有爆炸危险的工艺设备及管道均需接地，照明应从室外进行，即通过窗孔、墙壁上开的壁龛或屋顶天窗上的玻璃进行照明。

(3) 弱电照明：

① 在工艺布置图上标明弱电设备位置。

② 设置火警信号、警卫信号。

③ 行政电话、调度电话、扬声器、电视监视器等。

4. 自控设计条件

仪表、自动控制是环境工程装置的监控设置，是确保连续安全运行的重要手段。自控设计不仅要有合理的控制方案和正确的测量方法，还需根据工艺数据正确选择自动化仪表。

① 明确控制方法，采用集中控制还是分散控制或两者结合。

② 提供带控制点工艺流程图，标明控制点、控制对象、控制参数、介质特性、测量方式及管径等。

③ 提出设备布置图，标明控制室位置及面积。提出信号要求，并在设备布置图上标明安装地点。

④ 提出压力、温度、流量、液位等控制要求。尾气成分的控制指标，以及特殊要求的控制指标，如 pH 值等。

⑤ 提出仪表自控条件表，见表 8-6。调节阀条件表，见表 8-7。

表 8-6 仪表自控条件表

仪表位号	数量	仪表用途	工艺参数			流量/(m^3/h) 最大 正常 最小	液位/m	I-指标 N-记录 Q-累计 C-调节 K-遥控 A-报警 S-连锁	P-集中 L-就地 PL-集中就地	所在管道设备的规格及材质	仪表插入深度
			密度/(kg/m^3)	温度/℃	表压/MPa						

表 8-7 调节阀条件表

仪表位号	控制点用途	数量	介质及成分	流量/(m^3/h) 最大 正常 最小	三个流量的调节阀前后绝压/MPa	调节阀承受的最大压差/MPa	密度/(kg/m^3)	温度/℃	介质黏度	管道材质与规格

8.3.2 设计条件往返程序

在设计过程中，特别是在施工图阶段，工艺专业与非工艺专业间的条件往返频繁，关系密切。只有与非工艺专业相互配合，共同切磋，才能保证设计质量。

1. 工艺与土建专业设计

工艺向土建专业提第一次条件，内容包括对厂房的要求(如开间、跨度、层高等)，设备位置及重量，吊车吨位及标高，楼面负荷，楼面上设备基础，防火、防爆、防腐要求及人员情况，卫生情况，振动情况及是否扩建等。土建专业接受工艺的第一次条件后，开始绘制建筑图，同时向工艺返回一次条件。接着工艺向土建提第二次条件，内容包括地沟及落地设备基础的条件等。土建专业接受第二次条件后，在建筑图的基础上完成模板图，同时土建向工艺返回第二次条件。然后工艺在土建专业设计的基础上，进一步进行管道布置设计，并将管道在厂房建筑上穿孔的预埋件及预留孔条件向土建提第三次条件，内容包括楼面300mm以下，墙面100mm以下预留孔及管道支架的预埋件，并在模板图的基础上完成土建厂房施工图。

2. 工艺与非标设备专业设计

工艺经过物料衡算、能量衡算及设备的工艺计算和设备选择后，可确定非标设备外形尺寸，设备形式、管口方位、工艺参数等。设备专业接受条件后，完成设备设计总图，然后向工艺专业返回一次条件，工艺向设备专业提二次条件，设备专业继续完成设备总装图及非标零部件图，再向工艺返回第二次条件。至此，工艺与设备之间的条件往返全部结束。

3. 工艺与电气专业设计

工艺向电气专业提第一次条件，其内容包括操作特性、负荷等级、装机容量、用电设备名称、安装位置及用电设备台数(常用与备用)、功率等，如需采用防爆电机应加以说明，与电气专业共同确定进线方式(钢管进线或电缆进线)。当控制设备成套供应时，应提出详细资料。电气专业接受工艺的第一次条件后，开始工作并就有关问题与工艺讨论(返回一次条件)。接着工艺向电气提第二次条件，例如控制连锁要求(根据过程工艺要求，电力设备如需要连锁：是集中控制、程序控制或与计量仪表相互联系等)。

4. 工艺与自动控制专业设计

工艺专业设计人员必须了解与节流装置、控制阀以及温度、压力、流量、液位等仪表检出元件连接部件的安装尺寸或与它们配用的截止阀、法兰等的规格。如有需要，工艺与自控专业应共同完成带控制点工艺流程图，并协商自控及分析点位置，于是工艺向自控专业提出第一次条件，内容包括控制点名称、介质特性(如重度、温度、压力、黏度等)、测量方式(单点指示、切换指示、记录、遥控、调节、报警及连锁等)及仪表安装方式(控制室集中、就地集中、就地)等。自控专业接受工艺的一次条件后，对有关仪表进行计算和选择，并就工艺的第一次条件内容与工艺协商(即返回一次条件)。工艺再向自控专业提第二次条件，内容包括仪表的安装地点(水平或垂直安装)，测量点的管道尺寸等。自控专业接受条件后，继续工作并就工艺的二次条件内容与工艺专业讨论，达成共识后，工艺与自控之间的条件往返结束。然后，自控专业完成自己的施工图设计成品。

8.3.3　设计成品

经过设计组织、计划与分工，由于工艺专业与非工艺专业的密切合作，完成整个环保工程的设计任务。其设计的成品如下。

1. 工艺专业

初步设计阶段：

①初步设计说明书；②工艺设备一览表；③方案工艺流程图；④设备平面布置图；⑤概算。

施工图设计阶段：

①带控制点工艺流程图；②工艺设备一览表；③设备平、立面布置图；④管道布置图；⑤管架图；⑥特殊管件图；⑦设备管口方位图；⑧油漆、保温一览表；⑨工艺施工说明书；⑩预算。

2. 土建专业

初步设计阶段：

①初步设计说明书；②建筑平、立面及剖面图；③概算。

施工图设计阶段：

①施工说明书；②厂房建筑的平、立面及剖面图；③楼梯大样图；④预埋件；⑤钢筋混凝土梁、楼板、柱图；⑥基础图；⑦框架图；⑧新建建筑物、构筑物一览表，建筑材料估算表；⑨预算。

3. 设备专业

初步设计阶段：

①非标设备图(包括技术要求、管口表、技术特性表、材料明细表等)；②设备表；③概算。

施工图设计阶段：

①非标设备总装图：a. 技术要求。设备制造应该遵守和达到的技术指标；

同类设备在加工、制造、焊接、装配、检验、包装、防腐、运输等方面的通用技术条件(规范)；对焊接接头形式、焊接方法、焊条、焊剂等提出的焊接要求；设备检验的试验规范和技术指标等；b. 技术特性表。设备设计、制造、使用的主要参数：设计压力、工作压力、设计温度、工作温度、各部件的材质、焊缝系数、腐蚀裕度、物料名称、容器类别等；c. 管口表。d. 材料明细表；②非标零部件图；③图纸目录；④设备一览表；⑤预算。

4. 电气专业

初步设计阶段：

①设备一览表；②高压供电系统图；③变电所平面布置图；④厂区外线图；⑤说明书；⑥概算。

施工图设计阶段：

①图纸目录；②设备材料表；③动力供电系统图、动力平面图、动力配线图；④控制原理图、连锁原理图；⑤端子接线图；⑥照明系统图、照明平面图、厂区外线道路照明图；⑦防雷、接地平面图；⑧大样图、标准图；⑨说明书；⑩预算。

5. 自控专业

初步设计阶段：

①说明书；②设备一览表；③仪表盘正面布置图；④控制室平面布置图；⑤概算。

施工图设计阶段：

①图纸目录；②说明书；③设备表、设备汇总表、材料表；④管件(加工件)明细表；⑤信号连锁原理图；⑥仪表盘正面布置图、背面端子接线图；⑦电线、管缆外部连接系统图，电线、管缆平面敷设图；⑧仪表供电系统图；⑨非标设备加工图、标准图(设备安装图)；⑩预算。

6. 总图运输专业

初步设计阶段：

①设计说明书；②厂区位置图(1/2000～1/5000)；③总平面布置图(1/500，1/1000，1/2000)；④概算。

施工图设计阶段：

①图纸目录；②设计说明书；③总平面布置图(1/500～1/1000)；④管线综合平面图(管线复杂时才绘图)；⑤道路设计图(地形比较复杂时才绘图，一般只作道路剖面，画在总平面布置图上，厂外专用铁路、道路需另出整套施工图)；⑥有关详图(如围墙、围墙大门等)；⑦预算。

8.4 工程设计与制图规范

8.4.1 厂址选择和总体布置规范

（1）污水厂位置的选择，应符合城镇总体规划和排水工程专业规划的要求，并应根据下列因素综合确定：

① 在城镇水体的下游。

② 便于处理后出水回用和安全排放。

③ 便于污泥集中处理和处置。

④ 在城镇夏季主导风向的下风侧。

⑤ 有良好的工程地质条件。

⑥ 少拆迁，少占地，根据环境评价要求，有一定的卫生防护距离。

⑦ 有扩建的可能。

⑧ 厂区地形不应受洪涝灾害影响，防洪标准不应低于城镇防洪标准，有良好的排水条件。

⑨ 有方便的交通、运输和水电条件。

（2）污水厂的厂区面积，应按项目总规模控制，并作出分期建设的安排，合理确定近期规模，近期工程投入运行一年内水量宜达到近期设计规模的60%。

（3）污水厂的总体布置应根据厂内各建筑物和构筑物的功能和流程要求，结合厂址地形、气候和地质条件，优化运行成本，便于施工、维护和管理等因素，经技术经济比较确定。

（4）污水厂厂区内各建筑物造型应简洁美观，节省材料，选材适当，并应使建筑物和构筑物群体的效果与周围环境协调。

（5）生产管理建筑物和生活设施宜集中布置，其位置和朝向应力求合理，并应与处理构筑物保持一定距离。

（6）污水和污泥的处理构筑物宜根据情况尽可能分别集中布置。处理构筑物的间距应紧凑、合理，符合国家现行的防火规范的要求，并应满足各构筑物的施工、设备安装和埋设各种管道以及养护、维修和管理的要求。

（7）污水厂的工艺流程、竖向设计宜充分利用地形，符合排水通畅、降低能耗、平衡土方的要求。

（8）厂区消防的设计和消化池、储气罐、污泥气压缩机房、污泥气发电机房、污泥气燃烧装置、污泥气管道、污泥干化装置、污泥焚烧装置及其他危险品仓库等的位置和设计，应符合国家现行有关防火规范的要求。

(9) 污水厂内可根据需要，在适当地点设置堆放材料、备件、燃料和废渣等物料及停车的场地。

(10) 污水厂应设置通向各构筑物和附属建筑物的必要通道，通道的设计应符合下列要求：

① 主要车行道的宽度：单车道为3.5~4.0m，双车道为6.0~7.0m，并应有回车道；

② 车行道的转弯半径宜为6.0~10.0m；

③ 人行道的宽度宜为1.5~2.0m；

④ 通向高架构筑物的扶梯倾角一般宜采用30°，不宜大于45°；

⑤ 天桥宽度不宜小于1.0m；

⑥ 车道、通道的布置应符合国家现行有关防火规范要求，并应符合当地有关部门的规定。

(11) 污水厂周围根据现场条件应设置围墙，其高度不宜小于2.0m。

(12) 污水厂的大门尺寸应能容运输最大设备或部件的车辆出入，并应另设运输废渣的侧门。

(13) 污水厂并联运行的处理构筑物间应设均匀配水装置，各处理构筑物系统间宜设可切换的连通管渠。

(14) 污水厂内各种管渠应全面安排，避免相互干扰。管道复杂时宜设置管廊。处理构筑物间输水、输泥和输气管线的布置应使管渠长度短、损失小、流行通畅、不易堵塞和便于清通。各污水处理构筑物间的管渠连通，在条件适宜时，应采用明渠。

管廊内宜敷设仪表电缆、电信电缆、电力电缆、给水管、污水管、污泥管、再生水管、压缩空气管等，并设置色标。

管廊内应设通风、照明、广播、电话、火警及可燃气体报警系统、独立的排水系统、吊物孔、人行通道出入口和维护需要的设施等，并应符合国家现行有关防火规范要求。

(15) 污水厂应合理布置处理构筑物的超越管渠。

(16) 处理构筑物应设排空设施，排出水应回流处理。

(17) 污水厂宜设置再生水处理系统。

(18) 厂区的给水系统、再生水系统严禁与处理装置直接连接。

(19) 污水厂的供电系统，应按二级负荷设计，重要的污水厂宜按一级负荷设计。当不能满足上述要求时，应设置备用动力设施。

（20）污水厂附属建筑物的组成及其面积，应根据污水厂的规模，工艺流程，计算机监控系统的水平和管理体制等，结合当地实际情况、本着节约的原则确定，并应符合现行的有关规定。

（21）位于寒冷地区的污水处理构筑物，应有保温防冻措施。

（22）根据维护管理的需要，宜在厂区适当地点设置配电箱、照明、联络电话、冲洗水栓、浴室、厕所等设施。

（23）处理构筑物应设置适用的栏杆，防滑梯等安全措施，高架处理构筑物还应设置避雷设施。

8.4.2　其他规范

（1）城市污水处理程度和方法应根据现行的国家和地方的有关排放标准、污染物的来源及性质、排入地表水域环境功能和保护目标确定。

（2）污水厂的处理效率，一般可按表 8-8 的规定取值。

表 8-8　污水处理厂的处理效率

处理级别	处理方法	主要工艺	处理效率/%	
			SS	BOD_5
一级	沉淀法	沉淀（自然沉淀）	40～55	20～30
二级	生物膜法	初次沉淀、生物膜反应、二次沉淀	60～90	65～90
	活性污泥法	初次沉淀、活性污泥反应、二次沉淀	70～90	65～95

注：① 表中 *SS* 表示悬浮固体量，BOD_5表示五日生化需氧量。

② 活性污泥法根据水质、工艺流程等情况，可不设置初次沉淀池。

（3）水质和（或）水量变化大的污水厂，宜设置调节水质和（或）水量的设施。

（4）污水处理构筑物的设计流量，应按分期建设的情况分别计算。当污水为自流进入时，应按每期的最高日最高时设计流量计算；当污水为提升进入时，应按每期工作水泵的最大组合流量校核管渠配水能力。生物反应池的设计流量，应根据生物反应池类型和曝气时间确定。曝气时间较长时，设计流量可酌情减少。

（5）合流制处理构筑物，除应按本章有关规定设计外，尚应考虑截流雨水进入后的影响，一般应符合下列要求：

① 升泵站、格栅、沉砂池，按合流设计流量计算；

② 初次沉淀池，一般按旱流污水量设计，用合流设计流量校核，校核的沉淀时间不宜小于 30min；

③ 二级处理系统，按旱流污水量设计，必要时考虑一定的合流水量；

④ 污泥浓缩池、湿污泥池和消化池的容积，以及污泥脱水规模，应根据合流水量水质计算确定。一般可按旱流情况加大10%~20%计算；

⑤ 管渠应按合流设计流量计算。

(6) 各处理构筑物的个(格)数不应少于2个(格)，并应按并联设计。

(7) 处理构筑物中污水的出入口处宜采取整流措施。

(8) 污水厂应设置对处理后出水消毒的设施。

第9章 环境工程课程设计案例

9.1 水污染控制工程课程

9.1.1 目的、意义和要求

1. 课程设计的目的和意义

水污染控制工程课程设计是环境工程专业学生在完成教学计划规定的《水污染控制工程》课程后，所必须进行的重要实践教学环节，在教学中起着承上启下的作用，是连接基础知识、基本理论学习和生产实际的纽带和桥梁，是培养学生综合运用所学知识和技能，独立分析和解决具有一定复杂程度的工程实际问题能力的有效手段。

2. 课程设计的选题

① 水污染控制工程课程设计的深度、广度和难度要适中，遵循教学大纲要求，既要有利于贯彻因材施教的原则，又要使学生在计划时间内完成规定的任务，实现课程设计的目的。

② 课程设计的选题应尽量覆盖水污染控制工程教学的主要内容，能使学生得到较全面的综合训练，通常应包含对废水水质的分析，确定采取的处理方法；根据水量以及对出水水质的要求，确定设计参数以及设备选型。

③ 课程设计的选题应尽可能有实用背景，具有一定的典型性、综合性，反映废水处理技术的新水平。例如，对典型高浓度有机废水的治理，含盐废水的治理等。对模拟性质的“题目”应每年更新。注意选题内容的先进性、综合性、实践性，应适合实践教学和启发创新，选题内容不应太简单，难度要适中，成果宜具有相对完整功能。

3. 课程设计说明书和计算书的编写

1）说明书编写前期的准备工作

课程设计说明书编写前，需要进行资料的收集工作，主要包括以下内容。

(1)有关明确设计任务的资料。

① 设计任务来源；

② 设计范围和项目；

③ 企业、工厂或城市的现状及发展规划；

④ 设计人口、建筑分布状况；

⑤ 各种污水的水植、水质及各排放口位置；

⑥ 排放特点及造成的危害等。

（2）自然条件资料。

① 地形图：所在地区的地形图或总体规划图。比例尺为 1 : 5000 ~ 1 : 25000。

② 水文：河流的历年最高、最低水位及河流流量、流速。

③ 水质：污水的水温、pH 值、DO、COD、BOD_5、SS 等。

④ 气温：绝对最高、最低气温，年平均气温，逐年平均气温，月平均气温。

⑤ 气压：平均气压。

⑥ 风情：风向、风速，当地历史最大台风纪录。

⑦ 降雨量：年最高、最低和平均降雨量或暴雨度公式。

⑧ 年平均相对湿度。

⑨ 地质：该地区以及污水处理站址的地质钻探资料、地震资料。

（3）工程现状和组织施工方面的资料。

① 厂区排水现状；

② 厂区道路交通、地面、地下建筑现状；

③ 厂区各种管线的位置及其标高断面图。

原始资料的收集是保证设计质量的重要因素。通常原始资料由建设单位提供，但设计人员不能有依赖思想，应协助建设单位收集资料、核实资料，并对资料加以分析和整理，以便设计过程中综合考虑使用。因此，作为设计人员，在接受设计任务后，应到现场实地勘察，了解地形地貌，并对疑难资料加以核实和补充。

2）说明书的编写

说明书编写的主要内容及要求如下。

（1）前言：主要介绍设计任务的来源、设计原则和依据、设计范围和技术标准、该类污水处理的国内外现状，以及选定设计工艺的先进性等。

污水处理厂设计的总体原则为以下几点。

① 实用性：以解决现实问题为主，坚持为领导决策服务，又为经营管理服务，为生产建设服务。

② 先进性：采用成熟技术，兼顾未来发展趋势，既量力而行，又适当超前，留有发展余地。

③ 可扩展性：系统便于扩展，以保护前期投资有效性和后续投资连续性。

④ 经济性：以节约成本为基本出发点，建立一个运行可靠、满足实际需求的监控系统。

⑤ 易用性：系统操作简便、直观，以利于各个层次人员使用。

⑥ 可靠性：确保系统可靠运行，关键部分应有安全措施。

⑦ 可管理性：系统从设计、器件设备等选型都必须考虑到系统可管理性和可维护性。

⑧ 开放性：采用符合国际标准的产品，保证系统具有开放性特点。

(2) 设计原始资料：略。

(3) 工艺设计方案的比较与选择：当基础资料收集齐全、能满足设计需要时，设计人员根据一些设计原则，结合实际情况具体分析，提出几种不同的方案进行比较选择。

方案拟订：根据企业或所在区的总体规划，提出几种方案，再根据所在单位的污水量、水质、现有排水设施、地形、气候、受纳水体等因素，以一定的处理效率为基点，结合环保要求，确定所采用的处理方法、工艺方案及构筑物型式。

方案比较与选择：方案比较时必须对所提方案在等同标准及深度的基础上进行技术、经济比较。比较时，应列举各个方案的优缺点，尽量使比较上升到定量标准上，用可靠的数据做后盾。

① 技术方面。

a. 项目是否符合国家产业政策，能否满足环境保护等各项政策方针要求；

b. 处理工艺技术是否具有先进性、成熟性，能否保证出水稳定达标，技术装备能否满足清洁生产要求；

c. 操作管理上是否方便，控制系统是否先进；

d. 布局是否合理，用地是否符合开发区的土地利用规划及总体规划；

e. 地形、地质、方位是否有利于施工；

f. 是否具有改扩建的可能性。

② 经济方面。

a. 基建投资和年经营管理费用比较；

b. 土石方量及占地面积比较(在充分考虑必要条件之后)；

c. 三材的经济比较；

d. 劳动力的比较；

e. 动力设备及动力耗费比较。

③ 方案选择：经以上两个方面的比较，综合考虑其他条件，经多方权衡确定出最佳方案。

④ 工程内容：污水处理厂(站)总体布置及主要处理构筑物型式、设计数据取用、结构尺寸、材料及主要设备的数量。

⑤ 可以针对本设计过程，发表看法或对设计本身提出改进方法。

3) 计算书的编写

在水污染控制工程课程设计中，计算书也是说明书中的一部分，其编写过程包括以下几个步骤。

(1) 水质、水量分析。

① 根据建设单位提供的设计资料和设计要求确定污水处理程度(虽然设计书已给出，但希望进一步翻阅资料作进一步论证)。

② 由原始资料确定污水处理站规模和污水处理站设计流量。

③ 分析污水水质特性、污水的可生化性、主要去除目标、污水低温适应性以及污水处理标准等。

(2) 确定污水处理方法。

① 根据处理程度及其他因素，确定污水处理方法。

② 画出通过比较后所得的工艺流程示意图。

(3) 污水处理设施的设计计算：各单元处理构筑物的设计计算，要求首先列出其所需参数的取值，再根据有关规定计算污水处理构筑物或设施的主要工艺尺寸，并列出所采用的全部计算公式和相应计算草图。其中设计规定如下。

① 根据设计区域的排水制度，若为分流制，污水流量总变化系数取 1.4。

② 处理构筑物流量：曝气池之前，各种构筑物按最大日最大时流量设计；曝气池之后(包括曝气池)，构筑物按平均日平均时流量设计。

③ 处理设备设计流量：各种设备选型计算时，按最大日最大时流量设计。

④ 管渠设计流量：按最大日最大时流量设计。

⑤ 各处理构筑物不应小于 2 组(格或座)，且按并联设计。

⑥ 各处理构筑物形式自定，设计参数参见教材、室外排水设计规范及设计手册等资料。

(4) 污水处理厂高程的设计计算。污水处理厂的水流依靠重力流动，以减少运行费用。为此，必须精确计算其水头损失(初步设计或扩初设计时，精度要求可较低)。水头损失包括以下几种。

① 水流流过各处理构筑物的水头损失，包括从进池到出池的所有水头损失在内，可参考教材列表中水头损失估算。

② 水流流过连接前后两构筑物的管道(包括配水设备)的水头损失，包括沿程与局部水头损失。

③ 水流流过量水设备的水头损失。

水力计算时，应选择一条距离最长、水头损失最大的流程进行计算，并应适当留有余地，以使实际运行时能有一定的灵活性。

计算水头损失时，一般应以近期最大流量（或泵的最大出水量）作为构筑物和管渠的设计流量，计算涉及远期流量的管渠和设备时，应以远期最大流量为设计流量，并酌加扩建时的备用水头。

设置终点泵站的污水处理厂，水力计算常以接受处理后污水水体的最高水位作为起点，逆污水处理流程向上倒推计算，以使处理后污水在洪水季节也能自流排出，而水泵需要的扬程则较小，运行费用也较低。但应考虑到构筑物的挖土深度不宜过大，以免土建投资过大和增加施工困难，还应考虑到因维修等原因需将池水放空而在高程上提出的要求。

在作高程计算时还应注意污水流程与污泥流程的配合，尽量减少需抽升的污泥量。污泥干化场、污泥浓缩池（湿污泥池）、消化池等构筑物高程的决定，应注意它们的污泥水自动排入污水干管或其他构筑物的可能性。

4. 课程设计的图纸要求

1）污水处理厂（站）总平面图

① 总平面布置原则参考教材污水处理厂设计篇章，应按初步设计深度要求完成，重点考虑厂区功能区划，处理构筑物布置、构筑物之间、构筑物与管渠之间、附属建筑物、道路、绿化地带及厂区界限等的关系，充分利用地形，使挖、填土方量平衡，并考虑扩建可能性，留有适当的扩建余地。

总平面布置应紧凑，以减少占地和连接管长度，但构筑物之间应保持一定的间距，一般为 5~10m。特殊要求，如消化池、贮气柜间距 20m 左右。

② 厂区平面布置时，各构筑物之间的连接管渠应简单、短捷，避免迂回交叉，除处理工艺管道外，还应有空气管、自来水管与超越管，管道之间及其与构筑物、道路之间应有适当间距，以细线绘出坐标网和道路，以粗线绘出各种管道线，并注明主管管径。

③ 辅助建筑物的位置应按方便、安全原则确定。污水处理厂（站）厂区内应适当规划机房（水泵、风机、剩余污泥、回流污泥、变配电用房）、办公（行政、技术、中控用房）、机修及仓库等辅助建筑，如鼓风机房应靠近曝气池，回流污泥泵房应靠近二次沉淀池。变电所应靠近耗电量大的构筑物。要求标出各种处理构筑物和辅助构筑物的高程。

④ 污泥处理按污泥来源及性质确定，本课程设计仅根据所选方案在流程图中画出污泥处理流程，不作设计计算。污泥处理部分场地面积预留。

⑤ 污水处理厂（站）厂区主要车行道宽 6~8m，次要车行道宽 3~4m，一般人行道宽 1~3m，道路两旁应留出绿化带及适当间距。

⑥ 厂区总面积自定，图面参考《建筑给水排水制图标准》(GB /T 50106—2010)，重点表达构(建)筑物外形及其连接管渠，内部构造不表达，各构筑物之间要设有必要的超越管线及全站总事故排出管。

⑦ 总平面图上必须标明构(建)筑物一览表(说明各构(建)筑物的名称、数量及主要外形尺寸)、图例、主要设备和材料一览表、主要技术指标一览表等。

⑧ 总平面图上必须标明风向玫瑰图(画于图的右上方)以及坐标，表明主要构筑物的位置、尺寸，并附比例尺。

绘制总平面图，比例尺为1∶200~1∶1000，常用1∶500。

2）污水处理厂(站)流程图

① 高程布置的任务：确定各处理构筑物和泵房的标高，确定连接管渠尺寸标高，确定各部位的水面标高。

② 高程布置的原则：污水处理流程在各构筑物之间靠重力自流。相邻两构筑物之间的高差即为流程中水头损失。

③ 高程布置结果：绘制污水与污泥纵断面或流程图，比例为横向与平面布置相同，纵向为1∶50~1∶100。

④ 标高或高程表示方法：工程制图的基本规定中关于标高的注法。污水处理厂(站)流程图上应绘出处理构筑物或设备的名称、位号、图例、说明等。

5. 课程设计步骤

① 明确设计任务及基础资料，复习有关污水处理的知识和设计计算方法。

② 方案比较与选择，分析污水处理工艺流程和污水处理构筑物的选型。

③ 确定各处理构筑物的流量。

④ 初步计算各处理构筑物的占地面积，并由此规划污水处理厂的平面布置和高程布置，以便考虑构筑物的形状、安设位置、相互关系及主要尺寸。

⑤ 进行各处理构筑物的设计计算。

⑥ 确定辅助构(建)筑物、附属建筑物数量及面积。

⑦ 进行污水处理厂的平面布置和高程布置。

⑧ 设计图纸绘制。

⑨ 设计计算说明书校核整理。

9.1.2 案例

1. 设计任务书

1）课程名称

江南某城市污水 $50\times10^4 m^3/d$ A/O 处理工艺方案(初步)设计。

2）基础资料

① 污水进水水量、水质污水处理量：$50 \times 10^4 m^3/d$，$K=1.4$。

进水水质：$COD_{Cr}=350mg/L$，$BOD_5=200mg/L$，$SS=250mg/L$，$NH_3-N=30mg/L$，$TP=4.5mg/L$，$pH=6.0 \sim 7.0$。

② 出水水质要求污水经过二级处理后应符合以下具体要求：$COD_{Cr} \leqslant 60mg/L$，$BOD_5BOD_5 \leqslant 20mg/L$，$SS \leqslant 20mg/L$，$NH_3-N \leqslant 15mg/L$，$TP \leqslant 0.5mg/L$。

③ 处理工艺流程（建议）污水拟采用 A/O 工艺处理，具体流程如图 9－1 所示。

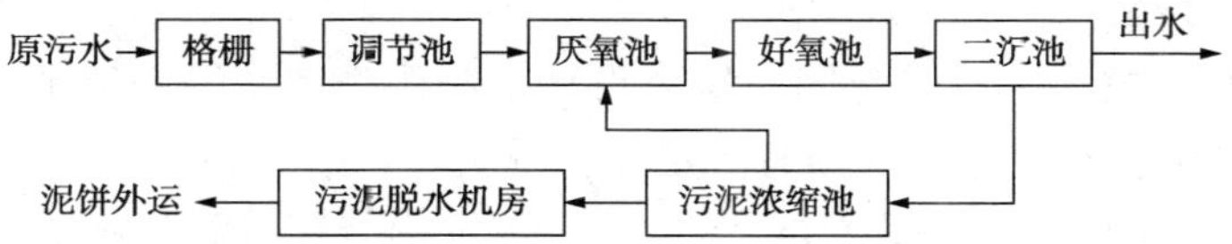

图 9-1　A/O 处理工艺流程

④ 厂址及场地现状污水处理厂地势平坦，自南向北逐渐升高，地面标高 60.00m，地面坡度为 5%。本次设计考虑远期发展。

场地坐标：	x	0.00	860.00	0.00	860.00
	y	0.00	0.00	580.00	580.00

管内底标高：57.00m，管径 $D=1000mm$，充满度 $h/D=0.6$。

⑤ 污水排水接纳河流资料接纳水体：位于场区西边，最高洪水位（50 年一遇）56.08m。

⑥ 气象资料该市地处内陆中纬度地带，属大陆性季风气候。年平均气温为 24℃，

夏季主导风为东南风；历年平均降水量为 1520mm；历年平均相对湿度为 81%。

3）课程设计的任务

江南某城市拟新建一座二级污水处理厂，要求学生们根据所学专业知识提出一套切实可行的污水处理工艺方案，并进行比较选择；对主要处理构筑物的工艺尺寸、主要高程进行设计计算，设计深度应符合初步设计深度要求。

① 依据水质情况，独立完成城市污水处理厂设计方案的制定，确定适宜的工艺流程；

② 主体构筑物、设备的设计计算和选型（格栅、调节池、A/O 池、沉淀池、污泥浓缩池等）；

③ 确定平面布置和高程布置的方案；

④ 绘制平面布置图和高程图；

⑤ 编写课程设计说明书。

4）课程设计的基本要求

① 在设计过程中，培养独立思考、独立工作能力以及严肃认真的工作作风。

② 课程设计的核心内容要求如下。

a. 方案选择应论据充分，具有说服力，尽量用数据论证；

b. 设计参数选择有根据，合理、全面；

c. 计算所选用的公式依据充分，有参数说明，计算结果必须准确；

d. 说明书中必须列有处理构筑物、设备一览表：名称、型式（型号）、主要尺寸、数量、参数；

e. 图纸应正确表达设计意图，符合设计、制图规范，线条清晰、主次分明、粗细适当、数据标绘完整，并附有一定文字说明。

总平面布置图 1 张（$2^{\#}$图纸）：包括处理构筑物、配水和集水等附属构筑物、污水污泥管渠、回流管渠、放空管、超越管渠、空气管路、厂内给水、污水管线、道路、绿化、图例、构筑物一览表、经济技术指标一览表等。

高程图 1 张（$2^{\#}$图纸）：即污水处理高程纵剖面图，包括构筑物标高、水面标高、地面标高、构筑物名称。

③ 设计说明书格式，应内容完整、绘制计算草图、文字通顺、条理清楚、计算准确。

④ 说明书要求打印（1.0 万~1.5 万字），可用计算机绘图；参考文献按标准要求编写，必须在 15 篇以上。

2. 工艺原理

A/O 是 Anoxic/Oxic 的缩写，也叫厌氧好氧工艺法，A（Anaerobic）是厌氧段，用于脱氮除磷；O（Oxic）是好氧段，用于去除水中的有机物。

污水中的氨氮，在充氧的条件（O 段），被硝化菌硝化为硝态氮，大量硝态氮回流至 A 段，在厌氧条件下，通过兼性厌氧反硝化菌的作用，以污水中有机物作为电子供体，硝态氮作为电子受体，使硝态氮还原为无污染的氮气，逸入大气从而达到最终脱氮的目的。

硝化反应：$NH_4^+ + 2O_2 \longrightarrow NO_3^- + 2H^+ + H_2O$

反硝化反应：$6NO_3^- + 5CH_3OH$（有机物）$\longrightarrow 5CO_2\uparrow + 7H_2O + 6OH^- + 3N_2\uparrow$

A 段 DO 不大于 0.2mg/L，O 段 DO＝2~4mg/L。在厌氧段，异养菌将污水中的淀粉、纤维、碳水化合物等悬浮污染物和可溶性有机物水解为有机酸，使大分子有机物分解为小分子有机物，不溶性的有机物转化成可溶性有机物，当这些经厌氧水解的产物进入好氧池进行好氧处理时，可提高污水的可生化性及氧的效率；在缺氧段，异养菌将蛋白质、脂肪等污染物进行氨化（有机链上的 N 或氨基酸中的氨基）游离出氨（NH_3、NH_4^+），在充足供氧条件下，自养菌的硝化作用将

NH_3-N(NH_4^+)氧化为 NO_3^-，通过回流控制返回至 A 池，在厌氧条件下，异氧菌的反硝化作用将 NO_3^-还原为分子态氮(N_2)，完成 C、N、O 在生态中的循环，实现污水无害化处理。

3. 设计方案的比较和确定

根据《城市污水处理及污染防治技术政策》(建城[2000]124 号)，我国城市污水处理厂按照规模一般分为 3 个等级，即 10×10^4t/d 以下(含 10×10^4t/d)、(10～20)$\times10^4$t/d(含 20×10^4t/d)和 20×10^4t/d 以上。城市污水处理厂采用的工艺基本上包括了世界各国的先进工艺，主要有：活性污泥法、AB 工艺、A/O 工艺、A^2/O 工艺、水解(酸化)、氧化沟、SBR 等污水处理工艺。

1）工艺流程选择的原则

保证出水水质达到要求；处理效果稳定，技术成熟可靠、先进适用；降低基建投资和运行费用，节省电耗；减少占地面积；运行管理方便，运转灵活；污泥需达到稳定；适应当地的具体情况。

2）影响工艺流程选择的因素

① 技术因素：处理规模；进水水质特性，重点考虑有机物负荷、氮磷含量；出水水质要求，重点考虑对氮磷的要求以及回用要求；各种污染物的去除率；气候等自然条件，北方地区应考虑低温条件下稳定运行；污泥的特性和用途。

② 技术经济因素：批准的占地面积，征地价格；基建投资；运行成本；自动化水平，操作难易程度，当地运行管理能力。

3）污水处理工艺流程的比较和选择方法

(1) 技术的合理性分析：在方案初选时可以采用定性的技术比较，城市污水处理工艺应根据处理规模、水质特性、排放方式、水质要求、受纳水体的环境功能以及当地的用地、气候、经济等实际情况和要求，经全面的技术比较和初步经济比较后优选确定。常用生物处理方法的比较见表 9-1。

表 9-1　常用生物处理方法的比较

比较项目 工艺方法	BOD_5 去除率/%	N、P 去除率	污泥 负荷	投资	能耗	占地	受纳水体 环境要求	城市 经济
活性污泥法	90～95	低	中、低	大	高	大	不严格要求控制 N、P	不发达
AB 工艺	90～96	较高	高、中	一般	一般	一般	严格要求控制 N、P	发达
氧化沟	92～98	较高	高、中	较小	低	较大	严格要求控制 N、P	发达
A/O 艺	90～95	高	中	一般	一般	大	严格要求控制 N、P	发达
A^2/O 工艺	90～95	高	中	一般	一般	大	严格要求控制 N、P	发达
SBR	85～95	一般	中、低	小	较低	较小	不严格要求控制 N、P	不发达

续表

比较项目 工艺方法	BOD_5去除率/%	N、P去除率	污泥负荷	投资	能耗	占地	受纳水体环境要求	城市经济
CASS	90~95	较高	低	一般	一般	较小	不严格要求控制 N、P	不发达
水解·好氧法	90~95	一般	高	较小	较低	较小	不严格要求控制 N、P	发达
生物接触氧化法	90~95	一般	高、中	一般	较高	较小	不严格要求控制 N、P	发达
高负荷生物滤池	75~85	较低	高、中	大	低	较小	不严格要求控制 N、P	发达

① 根据进水有机物负荷选择处理工艺：进水 BOD_5负荷较高（如>250mg/L）或可生化性能较差时，可以采用 AB 法或水解-生物接触氧化法、水解-SBR 法等；进水 BOD_5负荷较低时，可以采用 SBR 法或常规活性污泥法等；进水 BOD_5负荷一般时，可以采用 A/O 工艺等。本次课程设计由于进水 BOD_5为 200mg/L，负荷一般，所以建议采用 A/O 工艺。

② 根据处理级别选择处理工艺：二级处理工艺可选用氧化沟法、SBR 法、水解-好氧法、AB 法和生物滤池法等成熟工艺技术，也可选用常规活性污泥法；二级强化处理要求脱氮除磷，工艺流程除可以选用 A/O 工艺、A^2/O 工艺外，也可选用具有脱氮除磷效果的氧化沟、CASS 法和水解-接触氧化法等。

本次课程设计由于要求脱氮除磷，所以建议采用 A/O 工艺。

③ 根据占地面积选择处理工艺：地价贵、用地紧张的地区可采用 SBR 工艺；在有条件的地区，可利用荒地、闲地等，采用各种类型的土地处理和稳定塘等自然净化技术，但在北方寒冷地区不宜采用。本项目由于建设在市郊，土地比较宽广，经济较为发达，因此，建议采用 A/O 工艺。

④ 根据气候条件选择处理工艺：冰冻期长的寒冷地区应选用水下曝气装置，而不宜采用表面曝气；生物处理设施需建在室内时，应采用占地面积小的工艺，如 SBR 等；水解池对水温变化有较好的适应性，在低水温条件下运行稳定，北方寒冷地区可选择水解池作为预处理；较温暖的地区可选择各种 A/O 工艺、A^2/O 工艺、氧化沟和 SBR。本次课程设计在江南某城市，年平均气温 24°C，所以建议采用 A/O 工艺。

⑤ 根据回用要求选择处理工艺：严重缺水地区要求污水回用率较高，应选择 BOD_5和 SS 去除率高的污水处理工艺，如采用氧化沟工艺等，使 BOD_5和 SS 均达到 20mg/L 以下甚至更低；如果出水将在相当长的时期内用于农业灌溉，解决缺水问题，则处理目标可以以去除有机物为主，适当保留肥效。

总之，从技术上各项指标来看：A/O 工艺技术先进而成熟，对水质变化适应性强，出水达标且稳定性高，污泥易于处理，脱氮除磷效果较好，因此，污水处理工艺方案的选择是合理的。

（2）技术经济的合理性分析：方案选择比较时需要考虑的主要技术经济指标包括：处理单位水量投资、削减单位污染物投资、处理单位水量电耗和成本、削减单位污染物电耗和成本、占地面积、运行性能可靠性、管理维护难易程度、总体环境效益等。

① 根据基建投资选择处理工艺：为了节省投资，应尽量采用国内成熟的、设备国产化率较高的工艺。污水处理厂的投资一般为800～1600元/t，国内资金建设的城市污水处理厂平均投资为1164元/t，利用国外贷款建设的城市污水处理厂平均投资为1517元/t，利用国外贷款建设的项目比国内资金高约30%。污水处理设施建设投资宜控制在1000元/t左右。

基建投资较小的处理工艺有水解-SBR法、SBR法及其变型、水解-活性污泥法等。用水解池作预处理可以提高对有机物的去除率，并改善后续二级处理构筑物污水的生化性能，可使总的停留时间比常规法少30%。

氧化沟、A/O工艺在用于以去除碳源污染物为目的的二级处理时，与各种活性污泥法相比，优势不明显，但用于必须除氮、磷的二级强化处理时，则投资和运行费用明显降低。

② 根据运行费用选择处理工艺：运行费用主要是两大因素：一是提升泵房电耗，一般占运行费用的20%～30%，主要与出水水位标高、进水管底高程和工艺流程损失有关；二是鼓风机房电耗，一般占运行费用的50%～60%，主要与进出水BOD_5或氨氮等要求有关。

污水处理设施运行费（包括折旧费）宜控制在0.5元/t左右。

③ 易于管理：目前城市污水处理所采用的工艺基本上是基于活性污泥法类型的，因此，曝气设备的选择是运行管理的关键。目前，国内广泛使用的曝气方式可分为机械曝气和鼓风

曝气两种。机械曝气设备主要有表面曝气机、转刷（转碟）曝气机等，在使用上，设备可靠耐用、维护简单，但效率低、动力消耗大；鼓风曝气设备主要有穿孔管、固定式微孔曝气器及可变微孔管等。总的来说，鼓风曝气较机械曝气的充氧效率高、动力消耗低，但维修时需将构筑物中水放空，维护复杂。尤其是近些年广泛采用的效率最高的橡胶膜微孔曝气器，其曝气膜片在污水的侵蚀下很容易损坏，而且在SS较高的情况下易堵塞。

④ 定量化经济比较的方法：年成本法：将各方案的基建投资和年经营费用按标准投资收益率，考虑复利因素后，换算成使用年限内每年年末等额偿付的成本——年成本，年成本最低者为经济可取的方案。

净现值法：将工程使用整个年限内的收益和成本（包括投资和经营费）按照适当的贴现率折算为基准年的现值，收益与成本现行总值的差额即净现值，净现

值大的方案较优。

(3) 污水处理工艺流程的多目标决策选择方法多目标决策是根据模糊决策的概念，采用定性和定量相结合的系统评价法。按工程特点确定评价指标，一般可以采用5分制评分，效益最好的为5分，最差的为1分。同时，按评价指标的重要性进行级差量化处理(加权)，分为极重要、很重要、重要、应考虑、意义不大5级。取意义不大权重为1级，依次按 $2n-1$ 进级，再按加权数算出评价总分，总分最高的为多目标系统的最佳方案。

进行工艺流程选择时，可以先根据污水处理厂的建设规模、进水水质特点和排放所要求的处理程度，排除不适用的处理工艺，然后根据表9-2的权重指标进行定量评价。

表9-2 评价指标项目及权重表(5分制评分)

序号	评价指标项目	权重/%	A/O工艺设计方案得分
1	基建投资	16	0.72
2	年经营费指标	16	0.672
3	占地面积	8	0.36
4	受纳水体的性质及环境功能	10	0.45
5	水质特点和回用要求	8	0.36
6	气候等自然条件	4	0.168
7	工艺流程的成熟程度	18	0.81
8	能源消耗和节能效果	8	0.336
9	工程施工量、难易程度、建设周期	6	0.27
10	运行管理方便	6	0.27
	合计	100	4.416

4) 设计方案及工艺流程的确定

根据技术、经济的定性、定量比较，筛选出以下几个可比工艺：氧化沟、SBR、A^2/O 工艺进行优缺点类比。

(1) A^2/O 工艺。

① 基本原理 A^2/O 工艺是Anaerobic-Anoxic-Oxic的英文缩写，它是厌氧-缺氧-好氧生物脱氮除磷工艺的简称。该工艺处理效率一般能达到：BOD_5 和SS均为90%~95%，总氮为70%以上，磷为90%左右，一般适用于要求脱氮除磷的大中型城市污水厂。但 A^2/O 工艺的基建费和运行费均高于普通活性污泥法，运行管理要求高，所以对目前我国国情来说，当处理后的污水排入封闭性水体或缓流水体引起富营养化，从而影响给水水源时，才采用该工艺。

② A^2/O 工艺特点：污染物去除效率高，运行稳定，有较好的耐冲击负荷；污泥沉降性能好；厌氧、缺氧、好氧 3 种不同的环境条件和不同种类微生物菌群的有机配合，能同时具有去除有机物、脱氮除磷的功能；脱氮效果受混合液回流比大小的影响，除磷效果则受回流污泥中夹带 DO 和硝酸态氧的影响，因而脱氮除磷效率不可能很高；在同时脱氮除磷去除有机物的工艺中，该工艺流程最为简单，总的水力停留时间也少于同类其他工艺；厌氧-缺氧-好氧交替运行下，丝状菌不会大量繁殖，SVI 一般小于 100，不会发生污泥膨胀；污泥中磷含量高，一般为 2.5%以上。

③ A^2/O 工艺的缺点：反应池容积比 A/O 脱氮工艺还要大；污泥内回流量大，能耗较高；用于中小型污水厂费用偏高；沼气回收利用经济效益差；污泥渗出液需化学除磷。

(2) 氧化沟工艺。

① 基本原理：氧化沟(oxidation ditch)是活性污泥法的一种变型。污水和活性污泥在曝气渠道中不断循环流动，水力停留时间长，有机负荷低，本质上属于延时曝气系统。

② 氧化沟工艺特点：工艺流程简单，运行管理方便，不需要初沉池和污泥消化池；运行稳定，处理效果好。氧化沟的 BOD 平均处理水平可达到 95%；由于氧化沟水力停留时间长、泥龄长和循环稀释水量大，因此能承受水量、水质的冲击负荷，对浓度较高的工业废水有较强的适应能力；由于氧化沟泥龄长，一般为 20~30d，污泥在沟内已好氧稳定，所以污泥产最少，从而管理简单，运行费用低；可以脱氮除磷；基建投资省、运行费用低。

③ 氧化沟工艺的缺点：当废水中的碳水化合物较多，N、P 含量不平衡，pH 值偏低，氧化沟中污泥负荷过高，溶解氧浓度不足，排泥不畅等情况发生时易引发丝状菌性污泥膨胀；非丝状菌性污泥膨胀主要发生在废水水温较低而污泥负荷较高时。微生物的负荷高，细菌吸取了大量营养物质，由于温度低，代谢速度较慢，积贮起大量高黏性的多糖类物质，使活性污泥的表面附着水大大增加，SVI 值很高，形成污泥膨胀。

在氧化沟中，为了获得其独特的混合处理效果，混合液必须以一定的流速在沟内循环流动。一般认为，最低流速应为 0.15m/s，不发生沉积的平均流速应达到 0.3~0.5m/s。氧化沟的曝气设备一般为曝气转刷和曝气转盘，转刷的浸没深度为 250~300mm，转盘的浸没深度为 480~530mm。与氧化沟水深(3.0~3.6m)相比，转刷的浸没深度只占了水深的 1/10~1/12，转盘也只占了 1/6~1/7，因此造成氧化沟上部流速较大(约为 0.8~1.2m/s，甚至更大)，而底部流速很小(特别是在水深的 2/3 或 3/4 以下，混合液几乎没有流速)，致使沟底产生大量积泥

(有时积泥厚度达 1.0m)，大大减少了氧化沟的有效容积，降低了处理效果，影响了出水水质。

若进水中带有大量油脂，处理系统不能完全有效地将其除去，部分油脂富集于污泥中，经转刷充氧搅拌，产生大量泡沫；泥龄偏长，污泥老化，也易产生泡沫。

当废水中含油量过大时，整个系统泥质变轻，在操作过程中不能很好地控制其在二沉池的停留时间，易造成缺氧，产生腐化污泥上浮；当曝气时间过长时，在池中发生高度硝化作用，使硝酸盐浓度高，在二沉池易发生反硝化作用，产生氮气，使污泥上浮；另外，废水中含油量过大时，污泥可能挟油上浮。

(3) SBR 工艺。

① 基本原理在反应器内预先培养驯化一定量的活性污泥，当废水进入反应器与活性污泥混合接触并有氧存在时，微生物利用废水中的有机物进行新陈代谢，将有机物降解并同时使微生物细胞增殖。其处理过程主要由初期的去除与吸附作用、微生物的代谢作用、絮凝体的形成与絮凝沉淀性能几个净化过程完成。

② SBR 工艺特点理想的推流过程使生化反应推动力增大，效率提高，池内厌氧、好氧处于交替状态，净化效果好；运行效果稳定，污水在理想的静止状态下沉淀，需要时间

短、效率高，出水水质好；耐冲击负荷，池内有滞留的处理水，对污水有稀释、缓冲作用，有效抵抗水量和有机污物的冲击；工艺过程中的各工序可根据水质、水量进行调整，运行灵活；处理设备少，构造简单，便于操作和维护管理；反应池内存在 DO、BOD_5浓度梯度，有效控制活性污泥膨胀；SBR 法系统本身也适合于组合式构造方法，利于废水处理厂的扩建和改造；脱氮除磷，适当控制运行方式，实现好氧、缺氧、厌氧状态交替，具有良好的脱氮除磷效果；工艺流程简单、造价低。主体设备只有一个序批式间歇反应器，无二沉池、污泥回流系统，调节池、初沉池也可省略，布置紧凑，占地面积省。

③ SBR 工艺的缺点容积及设备利用率低(一般小于 50%)；间歇周期运行，对自控要求高；变水位运行，电耗增大；脱氮除磷效率不太高；污泥稳定性不如厌氧硝化好；若发生污泥膨胀，处理困难且难以恢复。

本设计日处理水量 $50\times10^4 m^3/d$，污水中含有 COD、BOD、SS 等污染物以及较高浓度的氮、磷污染物，鉴于城市污水经二级处理后对氮、磷污染物指标的达标控制要求，通过以上工艺的比较，结合水量、水质特点，不难看出，A/O 工艺和 A^2/O 工艺能够既满足去除 COD 等有机污染物又能达到脱氮除磷的效果，使出水各项指标稳定达标，但对目前我国国情来说，当处理后的污水排入封闭性水体或缓流水体引起富营养化，从而影响给水水源时，才采用 A^2/O 工艺。因此江南

某城市 $50\times10^4m^3/d$ 污水处理工艺推荐采用缺氧/好氧（A/O）的生物脱氮工艺。A/O 工艺具有如下特点。

a. 效率高。该工艺对废水中的有机物、氨氮等均有较好的去除效果。当总停留时间达到一定数值，由生物脱氮后的出水再经过混凝沉淀，可将 COD 值降至 100mg/L 以下，其他指标也达到排放标准，总氮去除率在 70%以上。

b. 流程简单，投资省，操作费用低。该工艺是以废水中的有机物作为反硝化的碳源，故不需要另加甲醇等昂贵的碳源。尤其是反硝化反应产生的碱度可以补偿好氧池中进行硝化反应对碱度的需求。

c. 缺氧反硝化过程对污染物具有较高的降解效率。如 COD、BOD_5 和 SCN^- 在缺氧段中去除率分别为 67%、38%、59%，酚和有机物的去除率分别为 62%和 36%，故反硝化反应是最为经济的节能型降解过程。

d. A 段搅拌，只起使污泥悬浮从而避免 DO 增加的作用。O 段的前段采用强曝气，后段减少气量，使内循环液的 DO 含量降低，以保证 A 段的缺氧状态。内循环工艺流程，使污水处理装置不但能达到脱氮的要求，而且其他指标也达到排放标准。

e. A/O 工艺的耐负荷冲击能力强。当进水水质波动较大或污染物浓度较高时，本工艺均能维持正常运行，故操作管理也很简单。

确定的工艺流程如图 9-2 所示。

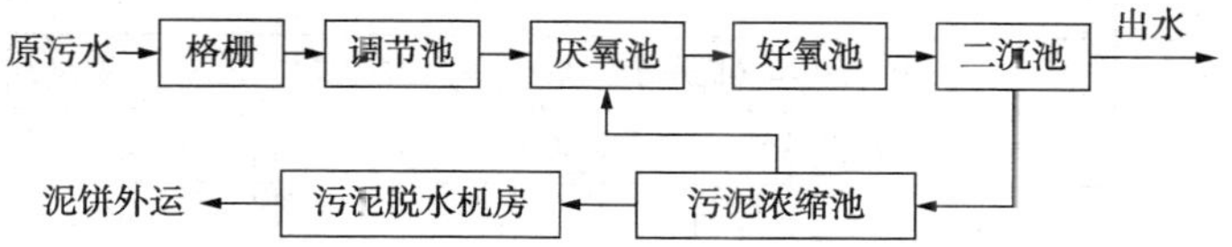

图 9-2　A/O 处理工艺流程

（4）其他工程方案。

① 沉淀池类型选择沉淀池的类型主要有：辐流式、平流式、竖流式 3 种，其优缺点比较见表 9-3。

表 9-3　沉淀池类型的比较

平流式沉淀池	由流入装置、流出装置、沉淀区、缓冲区、污泥区及排泥装置等组成；流入装置由配水槽与挡板组成；流出装置由流出槽与挡板组成，缓冲层的作用是避免已沉淀的污泥被水流搅起以及缓解冲击负荷，污泥区起贮存、浓缩和排泥作用，排泥方式有静水压法、机械排泥法
辐流式沉淀池	池型呈圆形或正方形，直径（边长）6~60m，池周水深 1.5~3.0m，用机械排泥，池底坡度不宜小于 0.05，可用作初沉池或二沉池
竖流式沉淀池	池型呈圆形或正方形，为了池内水流分布均匀，池径不宜太大，一般采用 4~7m，沉淀区呈柱形，污泥斗为正方锥形

辐流式沉淀池工艺成熟，适用范围广，故本设计采用辐流式二沉池。

② 污泥处理的工艺流程一般有以下几种。

a. 生污泥→浓缩→硝化→机械脱水→最终处置。

b. 生污泥→浓缩→机械脱水→最终处置。

c. 生污泥→浓缩→硝化→机械脱水→干燥焚烧→最终处置。

d. 生污泥→浓缩→自然干燥→堆肥→农田。

由于该工艺选用 A/O 工艺，污泥量较少，稳定，因此综合比较各处理工艺，确定选用生污泥→浓缩→机械脱水→最终处置工艺。其中浓缩、脱水比较如表 9-4所示。

表 9-4　污泥浓缩、脱水比较

项目	方案一	方案二
主要构建筑物	(1)污泥贮泥池 (2)浓缩、脱水机房 (3)污泥堆棚	(1)污泥浓缩池 (2)脱水机房 (3)污泥堆棚
主要设备	(1)污泥浓缩脱水机 (2)加药设备	(1)浓缩池刮泥机 (2)脱水机 (3)加药设备
占地面积	小	大
絮凝剂总用量	3.0~4.0kg/(T·OS)	≤3.5kg/(T·OS)
对环境影响	无大的污泥敞开式构筑物，对周围环境影响小	污泥浓缩池露天布置，有气味
总土建费用	小	大
总设备费用	大	小

从表 9-4 可看出，方案一与方案二各有优缺点，本工程污泥处理工艺推荐采用机械浓缩、脱水方案。

目前，污泥机械浓缩、脱水采用最多的有如下 3 种类型：一是带式压滤机；二是板框压滤机；另一种则是卧螺式离心脱水机。3 种类型相比，带式机在国内应用较早，技术较成熟，多用于处理城市污水处理厂的污泥；板框压滤机则结构简单、制造容易、设备紧凑，适用于间歇操作的场合；离心脱水机在国内使用较多，尤其是印染等轻工行业。现将两种污泥脱水方式作如下比较，详见表 9-5。

从表 9-5 可看出，带式压滤机、板框压滤机与离心脱水机各有优缺点，从长远的运行角度以及结合本工程的实际情况来考虑，本工程的污泥机械脱水方式推荐采用国产离心脱水机设备。

表 9-5　污泥脱水方式比较

方法	优点	缺点
带式压滤机	(1)泥饼含固率、固体回收率高；(2)对污泥特别适应；(3)设备价格低于离心脱水机；(4)现已国产化，进口机易损零件也可在国内加工制作	(1)进泥波动，导致跑料；(2)加药难于控制适应；(3)只能用高分子絮凝剂；(4)冲洗水量大；(5)操作人员要求高、操作环境较差；(6)设备运行维护较烦
板框压滤机	(1)泥饼含固率高；(2)可用无机絮凝剂	(1)结构复杂、间断操作；(2)占地大，工作人员多；(3)操作人员要求高
离心脱水机	(1)可连续操作；(2)系统封闭，对周围环境影响最小；(3)操作人员劳动强度小；(4)自控程度高；(5)操作环境优越	(1)国产设备有待改进，设备价格稍高；(2)操作人员水平要求不高；(3)耗电量稍大、噪声较大

4. 处理单元的设计计算

1）格栅的设计

（1）设计基本参数的确定。

① 格栅结构形式的确定格栅的作用：去除废水中粗大的悬浮物和杂物。格栅按栅条的间隙分类为粗(coarse)格栅(50～100mm)、中(medium)格栅(10～40mm)、细(fine)格栅(2～10mm)；按筛余物清理方式分类为：人工清理(manually cleaned screen)和机械清理(mechanically cleaned screen)。

② 格栅的设计基本参数栅条断面形状选用迎水面为半圆的矩形，栅前水深 $h=1.0\text{m}$，过栅流速 $v=0.9\text{m/s}$，安装倾角 $\alpha=60°$。粗格栅设计为 4 个格栅并排建立，设计采用栅条宽度 $S=0.01\text{m}$，栅条间隙 $b=60.0\text{mm}$，粗格栅两个格栅之间的间隔为 0.1m。中格栅设计 4 个格栅并排建立，栅条宽度 $S=0.01\text{m}$，栅条间隙 $b=20\text{mm}$，中格栅两个格栅之间的间隔为 0.1m。

设计流量：日平均流量 $Q=Q=50\times10^4\text{m}^3/\text{d}=20833.333\text{m}^3/\text{h}=5.787\text{m}^3/\text{s}$。

日最大流量：$Q_{\max}=K_Z Q_d=1.4\times5.787=8.102(\text{m}^3/\text{s})=29167.2(\text{m}^3/\text{h})$。

（2）设计计算草图(图 9-3)

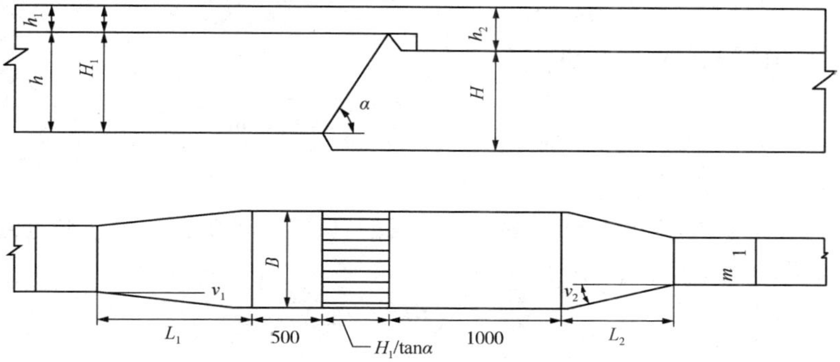

图 9-3　格栅计算尺寸图

（3）粗格栅的设计计算。格栅的截污主要对水泵起保护作用，设计粗格栅 4 个，提升泵选用螺旋泵，格栅栅条间隙为 60mm。

① 栅条间隙数 n，单个格栅的流量：

$$Q'_{max}=\frac{Q_{max}}{4}=2.026\ m^3/s$$

$$n=\frac{Q'_{max}\times\sqrt{\sin\alpha}}{bhv}=\frac{2.026\times\sqrt{\sin60^\circ}}{0.06\times1.0\times0.9}\approx34.9\text{（取 35 根）}$$

式中　Q_{max}——最大设计流量，m^3/s；

b——栅条间距，m^3；

h——栅前水深，m；

α——格栅倾角，（°）；

v——污水流经格栅的速度，m/s。

② 实际过栅流速 v

$$v=\frac{Q'_{max}\sqrt{\sin\alpha}}{bhn}=\frac{2.026\times\sqrt{\sin60^\circ}}{0.06\times1.0\times35}=0.898m/s$$，在 0.6~1.0m/s 之间，符合要求。

式中　n——栅条间隙数，根。

③ 栅槽宽度 b，设计采用栅条宽度为 10mm，即 $S=0.01m$；

单个格栅的宽度：$b'=S(n-1)+bn=0.01\times(35-1)+0.06\times35=2.44m$；

栅槽总宽度：$b=4b'+0.1\times3=4\times2.44+0.03=10.06m$。

式中　b——栅条间距，m；

S——栅条宽度，m。

④ 进水渠道渐宽部位的长度 L_1 根据最优水力断面计算，进水渠道宽 $B_1=9.8m$，取进水渠道渐宽部位的展开长度 $\alpha_1=20^\circ$，则进水渠内的流速：

$$v_1=\frac{Q_{max}}{hb_1}=\frac{8.102}{1.0\times9.8}=0.83m/s<v=0.9m/s$$，符合要求。

进水渠道渐宽部位的长度 L_1 为：

$$L_1=\frac{b-b_1}{2\tan\alpha_1}=\frac{10.06-9.8}{2\times0.364}=0.36m$$

式中，b_1——进水渠宽，m；

α_1——进水渠道渐宽部位的展开角度，一般$\alpha_1=20^\circ$；v_1为进水速度，m/s。

⑤ 格栅的水头损失为 h_2。

$$h_2=kh_0$$

$$h_0=\xi\frac{v^2}{2g}\sin\alpha$$

选取栅条断面形状为迎水面为半圆的矩形，则栅条阻力系数 $\xi=\beta\left(\frac{S}{b}\right)^{\frac{4}{3}}$，其中 β 取 1.83。

对于半圆矩形的断面：$\xi=1.83\times\left(\frac{S}{b}\right)^{\frac{4}{3}}=1.83\times\left(\frac{0.01}{0.06}\right)^{\frac{4}{3}}\approx0.17$

过栅水头损失：$h_2=k\xi\frac{v_2}{2g}\sin\alpha=3\times0.17\times\left(\frac{0.898^2}{2\times9.81}\right)\times\sin60°\approx0.02\text{m}$

式中 h_0——计算水头损失，m；

v——污水流经格栅的速度，m/s；

ξ——阻力系数，其值与栅条断面的几何形状有关；

α——格栅的放置倾角；

g——重力加速度，m/s^2；

k——考虑到格栅受污染物堵塞后阻力增大的系数，可用式 $k=3.36v-1.32$ 求定，一般采用 $k=3$，城市污水一般取 0.1~0.4m。

⑥ 栅后槽的总高度 H，取栅前渠道超高 $h_1=0.3\text{m}$，则有：

$$H=h+h_1+h_2=1.0+0.3+0.02=1.32\text{m}$$

式中 h——栅前水深，m；

h_2——格栅的水头损失，m；

h_1——格栅前渠道超高，一般 $h_1=0.3\text{m}$。

⑦ 格栅的总长度 L

$$L=L_1+L_2+1.0+1.5+\frac{H_1}{\tan\alpha}$$

$$=0.36+\frac{0.36}{2}+1.0+1.5+\frac{1.3}{\tan60°}=2.79\text{m}$$

式中 L_1——进水渠道渐宽部位的长度，m；

α——格栅的放置倾角；

L_2——格栅槽与出水渠道连接处的渐窄部位的长度，一般 $L_2=0.5L_1$；H_1 为格栅前的渠道深度，m。

⑧ 每日栅渣量 W。在格栅间隙为 60mm 的情况下，设栅渣量为每 1000m^3 污水产 0.02m^3 渣，则：

$$W=\frac{86400Q_{max}W_1}{1000K_z}=\frac{86400\times8.102\times0.02}{1000\times1.4}=10\text{m}^3/\text{d}$$

式中 W_1——栅渣量，$\text{m}^3/(10^3\text{m}^3)$ 污水；

K_z——生活污水总流量变化系数。

$W>0.2m^3/d$，适合机械除渣。

⑨ 设备选型。根据计算结果，设计选用深圳市新环机械工程设备有限公司RGS三索钢丝绳牵引式机械格栅4台，其技术参数如表9-6所示。

表9-6 RGS三索钢丝绳牵引式机械格栅技术参数

型号	格栅宽度	格栅间隙	过流水深	安装倾角	过栅流速	电机功率
RGS	1000~4000mm	15~100mm	1000mm	600	0.9m/s	1.5kW

(4) 中格栅的设计计算。中格栅的设计计算、设备选型参照粗格栅。

2) 调节池的设计

(1) 设计基本参数的确定。

① 调节池类型的确定。废水的流量和污染物的含量是随时间变化的。调节池的作用为缓冲有机物负荷冲击，控制pH值，减少对物理、化学处理系统的流量波动，防止高浓度的有毒物质进入生物处理系统，保证生物处理系统连续进水。

调节池包括：均量池，均化水量；均质池，均化水质；均化池，既能均量，又能均质。在设计中采用差流式均化调节池。

② 调节池的设计基本参数。由于污水设计流量较大，为减少调节池个数和占地面积，设计水力停留时间 $t=2h$，有效水深 $h=5m$。

(2) 设计计算草图(略)。

(3) 调节池的设计计算设计调节池12间，4池为一组。

① 调节池有效容积 V。有效容积：

$$V=Q_{max}t=29167.2\times2=58334.4m^3$$

式中 Q_{max}——最大设计流量，m^3/s；

t——调节时间，h。

② 单个调节池水面面积 F。

$$F=\frac{V}{h}=\frac{58334.4}{5\times12}=972.24m^3$$

式中 h——有效水深，m。

③ 调节池长度、总高，取池宽 $b=25m$。

池长：$l=\frac{F}{b}=\frac{972.24}{25}=38.89m$，取40m。

取池超高 $h_1=0.5m$，则池总高 $H=h_1+h=0.5+5=5.5m$。

④ 调节池规格。设计单个调节池的规格为(长×宽×深)40×25×5.5(m×m×m)。

3) A/O曝气池的设计

(1) 设计基本参数的确定如无试验资料时，可采用经验数据，见表9-7。

表 9-7 A/O 法设计参数表

项 目	数 值
污泥负荷率 N_s/[(kgMLSS·d)]	≤0.18
TN 污泥负荷/[TN/(kgMLSS·d)]	≤0.05
水力停留时间 HRT/h	A 段≤2；O 段 2.5~6
污泥龄/d	>10
污泥指数 SVI	≤100
污泥回流比 R/%	50~100
混合液浓度 MLSS/(mg/L)	3000~5000
溶解氧 DO/(mg/L)	A 段趋近于 0；O 段 = 1~2

根据表 9-7，本次课程设计基本参数的选取和计算如下。

① 污泥负荷：$N_s=0.18\text{kgBOD}_5/(\text{kgMLSS}\cdot\text{d})$ [$N_s>0.1\text{kg BOD}_5/(\text{kgMLSS}\cdot\text{d})$]。

② 污泥指数：$SVI=100$。

③ 回流污泥浓度X_r。

$$X_r=\frac{10^6}{SVI}\times r=10000\text{kg/L}=10\text{kg/m}^3$$

（注：式中 r 为污泥回流比）

④ 污泥回流比为 $R=60\%$。

⑤ 曝气池混合污泥浓度 X。

$$X=\frac{R}{1+R}\times X_r=\frac{0.6}{1+0.6}\times 10000=750\text{mg/L}$$

⑥ TN 去除率η_{TN}。

$$\eta_{TN}=\frac{TN_0-TN_e}{TN_0}=\frac{30-15}{30}=50\%$$

式中 TN_0——进入缺氧池污水总氮，mg/L；

TN_e——出水总氮，mg/L。

⑦ 混合液的内回流比$R_内$。

$$R_内=\frac{\eta_{TN}}{1-\eta_{TN}}=\frac{0.50}{1-0.50}=100\%$$

⑧ 回流污泥量Q_r。

$$Q_r=RQ=0.6\times 50\times 10^4=10^5\text{m}^3/\text{d}$$

（2）设计计算草图见图 9-4。

（3）A/O 曝气池的设计计算。

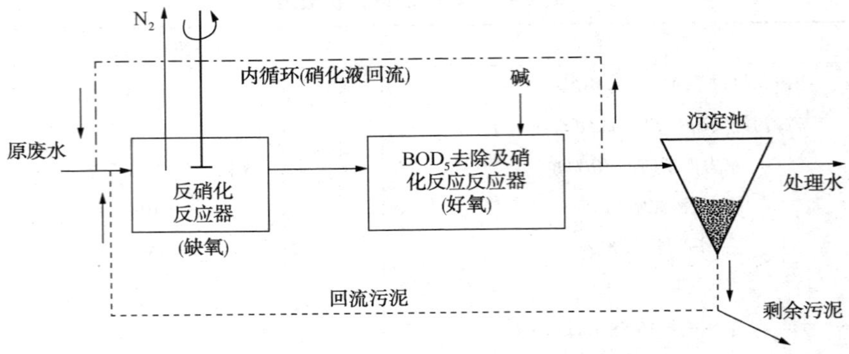

图 9-4　A/O 工艺计算图

① 可否采用 A/O 法的判据 COD/TN = 350/30 = 11. 667>10；BOD/TP = 200/4. 5=44. 4>30，可采用 A/O 法。

② 生化反应池总容积 V。

$$V=\frac{Q_{\max}S_0}{N_sX}=\frac{50\times10^4\times1.4\times2000}{0.18\times3750}=207407.407\text{m}^3$$

式中　V——生化反应总容积，m^3；

$Q_{\max}$——平均设计流量，m^3/d；

S_0——生化反应池进水 BOD_5浓度，kg/m^3；

X——污泥浓度，kg/m^3；

N_s——BOD_5污泥负荷，$\text{kg}BOD_5/(\text{kgMLSS}\cdot\text{d})$。

③ 好氧、厌氧反应容积。

$$\frac{V_1}{V_2}=3:1$$

$$V_1=155555.4\text{m}^3,\ V_2=51851.8\text{m}^3$$

式中　V_1——好氧段容积，m^3；

V_2——厌氧段容积，m^3。

④ 反应池总有效面积 A，设有效水深$H_1=6.0\text{m}$，则：

$$A=\frac{V}{H_1}=\frac{207407.407}{6.0}=34567.901\text{m}^2$$

⑤ 单座反应池有效面积 S，设计 2 组反应池，每组 6 座 A/O 池，则每座面积：

$$A_1=\frac{A}{n}=\frac{34567.901}{2\times6}=2880.658\text{m}^2$$

⑥ 水力停留时间 t。

$$t=\frac{V}{Q}=207407.407/29167.2=7.11\text{h}$$

式中 t——水力停留时间，h。

采用 A：O 段停留时间比为 1：3，设计 A 段停留时间 $t=1.8$h，O 段停留时间 $t_2=5.31$h。

⑦ 单座反应池池长 L_1 采用 3 廊道式推流式反应池，单廊道宽 $b=10$m，总宽 $B=3\times 10=30$m。

单组曝气池池长：$L_1=\frac{A_1}{B}=\frac{2880.658}{3\times 10}=96.022$m，取 96m。

校核：每廊道宽深比 $\frac{b}{H_1}=\frac{10}{6.0}\approx 1.7$，在 1~2 之间，符合要求。

反应池总长 $L=3L_1=288$m，则 $L>(5\sim 10)b$，符合要求。

⑧ 剩余污泥量 W。

$$W=YQ(S_0-S_e)-K_dX_vV+0.5Q(L_0-L_e)$$

式中 Y——污泥产率系数，kg/kgBOD$_5$，一般为 0.5~0.7，取 $Y=0.55$；

K_d——污泥自身氧化系数，d^{-1}，一般为 0.05；

W——剩余污泥量，kg/d；

S_0-S_e——生化反应池去除 BOD$_5$ 浓度，kg/m^3；

Q——平均日污水流量，m^3/d；

L_0-L_e——反应器去除的 SS 浓度，kg/m^3；

X_v——挥发性悬浮固体浓度，kg/m^3，$X_v=0.7X$。

a. 降解 BOD 生成污泥量 W_1，生化反应池去除 BOD$_5$ 浓度：

$$S_0-S_e=(200-20)(\text{mg/L})=0.18\text{kg/m}^3$$

$$W_1=YQ(S_0-S_e)=0.55\times 50\times 10^4\times 0.18=4.95\times 10^4\text{kg/d}$$

b. 内源呼吸分解泥量 W_2。

$$f=\frac{MLVSS}{MLSS}=0.70(\text{取值范围为 }0.5\sim 0.8)$$

挥发性悬浮固体浓度：$X_v=fX=0.70\times 3750=2625$mg/L。

取污泥自身氧化速率：$K_c=0.05\text{d}^{-1}(0.05\sim 0.1\text{d}^{-1})$。

$$W_2=K_dX_vV=0.05\times 207407.407\times 2.625=27222.222\text{kg/d}$$

c. 不可生物降解和惰性悬浮物量（NVSS）W_3NVSS 约占 TSS 的 50%，则 A/O 池去除的 SS 浓度：

$$L_0-L_e=250-20=230\text{mg/L}=0.23\text{kg/m}^3$$

$$W_3=0.5Q(L_0-L_e)=0.5\times 50\times 10^4\times 0.23=5.75\times 10^4\text{kg/d}$$

d. 剩余污泥量 W。

$$W=W_1-W+W_3=4.95\times10^4-27222.222+5.75\times10^4=79777.778\text{kg/d}$$

每日生成的剩余活性污泥量：

$$X_w=W_1-W_2=4.95\times10^4-27222.222=22277.778\text{kg/d}$$

⑨ 湿污泥量 Q_s，污泥含水率 $P=99.2\%$（99.2%~99.6%），则：

$$Q_s=\frac{W}{1000(1-P)}=\frac{79777.778}{1000\times(1-0.992)}=9972.222\text{m}^3/\text{d}$$

式中 Q_s——湿污泥量，m^3/d；

P——污泥含水率，%。

⑩ 污泥龄 θ_c。

$$\theta_c=\frac{VX_v}{X_w}=\frac{207407.407\times2.625}{22277.778}=24.439\text{d}>10\text{d}，符合要求。$$

式中 θ_c——污泥龄，d。

⑪ 曝气池所需空气量计算。

a. 需氧量计算 O_2。

$$\begin{aligned}O_2&=a'L_r+b'N_r-b'N_D-c'X_w\\&=a'Q(L_0-L_c)+b'[Q(N_{k0}-N_{k_c})-0.12X_w]\\&\quad-b'[Q(N_{k_0}-N_{k_c}-NO_0)-0.12X_w]\times0.56-c'X_w\\&=1\times50\times10^4\times\frac{200-20}{1000}+4.6\\&\quad\times\left(50\times10^4\times\frac{30-15}{1000}-0.12\times22277.778\right)-4.6\times0.56\\&\quad\times\left(50\times10^4\times\frac{30-15-0}{1000}-0.12\times22277.778\right)-1.42\times22277.778\\&=68134.728\text{kg/d}\end{aligned}$$

式中 a'——活性污泥微生物氧化分解有机物过程的需氧率，即活性污泥微生物每代谢 1kgBOD_5 所需要的氧量，取 1，kgO_2/kg；

b'——活性污泥好氧与厌氧分解氨氮过程的需氧率，取 4.6，kgO_2/kg；

c'——污泥的氧当量系数，完全氧化一个单位的细胞需要 1.42 单位的氧；

Q——日平均污水流量，m^3/d；

L_r——生化反应池去除 BOD_5 浓度，kg/m^3；

N_r——氨氮去除量，kg/m^3；

N_D——硝态氮去除量，kg/m^3；

X_w——剩余活性污泥量，kg/d。

b. 曝气池供气量计算 O_s。

$$Q_s = K_0 O_2$$

$$K_0 = \frac{C_s}{\alpha(\beta C_{sm} - C_0) \times 1.024^{(T-20)} F}$$

式中　C_s——20℃水平溶解氧饱和度值，取 9.17，mg/L。

$$C_{sm} = C_{sw}\left(\frac{O_t}{42} + \frac{10 \times P_b}{2.068}\right)$$

$$O_t = \frac{21(1-E_A)}{79+21(1-E_A)} \times 100 = 17.355$$

空气扩散器出口的绝对压力 P_b 为：

$$P_b = 1.013\times10^5 + 9.81\times10^3 \times H = 1.013\times10^5 + 9.81\times10^3 \times 6.0 = 1.602\times10^5 \text{Pa}$$

20℃时曝气池混合液中平均溶解氧饱和浓度为：

$$C_{sm} = C_{sw}\left(\frac{O_t}{42} + \frac{P_b}{2.026\times10^5}\right) = 9.17\times\left(\frac{17.355}{42} + \frac{1.602\times10^5}{2.026\times10^5}\right) = 11.040 \text{mg/L}$$

$$K_0 = \frac{C_{sw}}{\alpha(\beta C_{sm} - C_0)\times1.024^{(t-20)} F} = \frac{9.17}{0.8\times(0.95\times10.124-2)\times1.024^{(20-20)}\times0.8} = 1.881$$

$$O_s = K_0 O_2 = 1.881\times110434.728 = 207727.723 \text{kg/d} = 8655.322 \text{kg/h}$$

好氧反应池平均时供气量为：

$$G_s = \frac{O_s}{0.28E_A} = \frac{8655.322}{0.28\times21\%} = 147199.354 \text{m}^3/\text{h}$$

⑫ 空气管道系统计算在相邻的两个廊道的隔墙上设一根干管，共 18 根干管，取立管间的间距为 6.0m，一条干管上设 16 对配气竖管，共 32 条配气竖管，如图 9-5 所示，全部曝气池共有 576 条配气竖管。

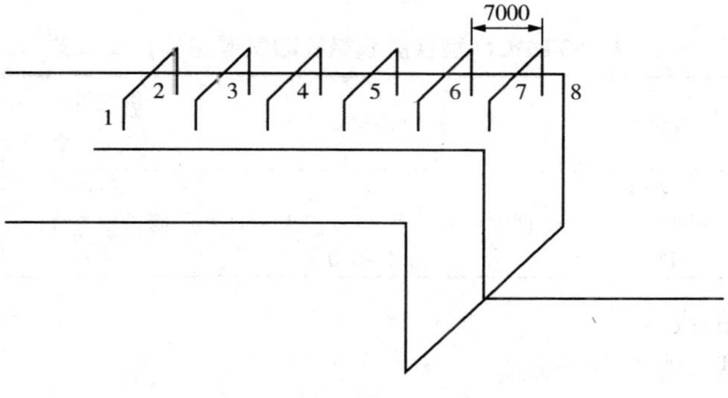

图 9-5　空气管道系统示意图

a. 最大供气量：$G_{Smax}=1.4G_S=1.4\times147199.354=206079.096m^3/h$。

每根立管的供气量：$q=\frac{G_{Smax}}{32\times18}=\frac{206079.096}{576}=357.776m^3/h$。

b. 每个扩散器的服务面积为 $0.5m^2$，则所需数量为：$m=\frac{34567.901}{0.5}\approx69136$，为安全计，本设计采用 69500 个。

c. 每条立管上安设的空气扩散器数：$m_0=\frac{m}{32\times18}=\frac{69500}{576}\approx121$ 个。

d. 每个扩散器的配气量：$q_0=\frac{q}{m_0}=\frac{206079.096}{69500}=2.965m^3/h$。

(4) A/O 工艺设备选型及设计。

① 鼓风机的选型选择型号 CM75L 鼓风机 14 台，12 用 2 备，该型号的鼓风机运转性能好，可靠性能高，它比一般离心风机的叶轮外径小 30%~40%，故转子转矩小，一般能满足要求，其主要性能参数见表 9-8。

表 9-8 鼓风机典型机组主要性能参数

型号	进口流量/(m^3/min)	进口压力/MPa	排空压力/MPa	轴功率/kW	电机功率/kW
CM75L	1400	0.098	0.17	1750	2000

② 鼓风机房的设置鼓风机房的平面尺寸：$L\times B=50m\times40m$。

风机出口风压：$p=h_1+h_2+h_3+h_4+\Delta h$

其中 $h_1+h_2=0.2m$；曝气器淹没水头 h_3 取 4.8m；曝气器阻力 h_4 取 0.4m；Δh 富余水头取 0.5m，则：

$$p=0.2+4.8+0.4+0.5=5.9m$$

③ 微孔曝气器的选型。根据计算，拟采用 STEDCO 型橡胶膜微孔曝气器，具体参数见表 9-9。

表 9-9 STEDCO 型橡胶膜微孔曝气器主要性能参数

型号	规格/mm	水深/m	供气量/[m^3/(h·个)]	服务面积/(m^2/个)
STEDCO	Φ300	6	2~6	0.7~1.3
充氧能力/(kg/h)	氧利用率/%	理论动力效率/[kg/(kW·h)]	阻力损失/Pa	质量/(kg/个)
0.24~0.54	15~33	4.5~6.0	≤3200	1

4) 沉淀池的设计

(1) 设计基本参数的确定。

① 沉淀池类型的确定按水流方向划分，沉淀池可分为平流式、辐流式和竖

流式 3 种。沉淀池的设计一般作以下规定。

a. 沉淀池的设计作分期建设考虑，当污水为自流进入时，设计流量为每期的最大设计流量；

b. 当污水为提升进入时，设计流量为工作泵的最大组合流量；

c. 对于城市污水厂，沉淀池的个数不应少于 2 座。

② 沉淀池的设计基本参数(表 9-10)沉淀池直径不宜小于 16m，超高不少于 0. 3m；缓冲层高采用 0. 3~0. 5m，贮泥斗斜壁的倾角，方斗不宜小于 60°，圆斗不宜小于 55°；排泥管直径不小于 200mm。

表 9-10 城市污水沉淀池的设计数据

类别	沉淀池位置	沉淀时间/h	表面负荷/[m³/(m²·h)]	污泥量(干物质)/[g/(人·d)]	污泥含水率/%	固体负荷/[kg/(m²·d)]	集水槽堰口负荷/[L/(s·m)]
初次沉淀池	单独沉淀池	1.5~2.0	1.5~2.5	16~36	95~97		≤2.9
	二级处理前	0.5~1.5	2.0~4.5	14~26	95~97		≤2.9
二次沉淀池	活性污泥法后	1.5~4.0	0.6~1.5	12~32	99.2~99.6	≤150	≤1.7
	生物膜法后	1.~-4.0	1.0~2.0	10~26	96~98	≤150	≤1.7

(2) 设计计算草图。辐流式沉淀池结构见图 9-6。

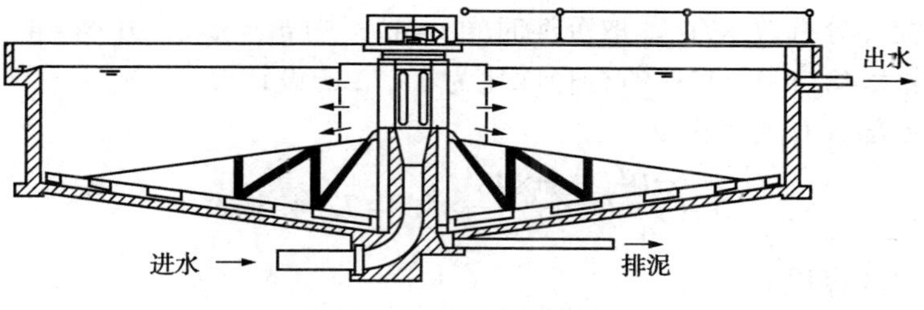

图 9-6 辐流式沉淀池

二沉池计算草图见图 9-7。

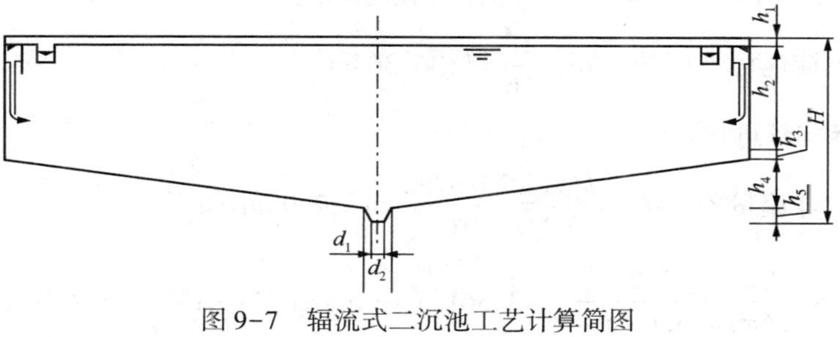

图 9-7 辐流式二沉池工艺计算简图

（3）沉淀池的设计计算。

① 沉淀部分水面面积 A。设池个数 $n=16$ 个，表面负荷 $q=1.1\text{m}^3/(\text{m}^2\cdot\text{h})$，则：

$$A=\frac{Q_{max}}{nq}=\frac{29167.2}{16\times1.1}=1657\text{m}^2$$

式中 Q_{max}——最大设计流量，m^3/h；

q——表面负荷，$\text{m}^3/(\text{m}^2\cdot\text{h})$；

n——池的个数。

② 池子直径 D。

$$D=\sqrt{\frac{4A}{\pi}}=\sqrt{\frac{4\times1657}{\pi}}=45.94\text{m}(\text{取 }D=48\text{m})$$

③ 实际水面面积 A。

$$A=\frac{\pi D^2}{4}=\frac{\pi48^2}{4}=1808.6\text{m}^2$$

④ 实际表面负荷 q。

$$q=\frac{Q_{max}}{nA}=\frac{29167.2}{16\times1808.6}=1.01\text{m}^3/(\text{m}^2\cdot\text{h})$$，在规定的 $0.6\sim1.5\text{m}^3/(\text{m}^2\cdot\text{h})$ 内，符合要求。

⑤ 沉淀部分有效水深 h_2 取沉淀时间 $t=4h$，则 $h_2=qt=1.01\times4=4.0\text{m}$。

径深比为 $48/4.0\approx12$，符合径深比为 6~12 的设计要求。

⑥ 沉淀部分有效容积 V。

$$V=\frac{\pi D^2}{4}h_2=\frac{\pi\times48^2}{4}\times4.0=7234.56\text{m}^3$$

⑦ 污泥区容积 V'。

污泥区容积按贮泥时间 1h 确定，则：

$$V'=\frac{2T(1+R)QX}{(X+X_R)\times24}=\frac{2\times1\times(1+0.6)\times50\times10^4\times3750}{(3750+10000)\times24}=18181.818\text{m}^3$$

单个沉淀池污泥区的容积：$\dfrac{V'}{16}=1136.364\text{m}^3$

⑧ 校核堰口负荷 q'。

单池设计流量 Q_0：$Q_0=\dfrac{Q_{max}}{n}=\dfrac{29167.2}{16}=1822.95\text{m}^3/\text{h}$

$$q'=\frac{Q_0}{3.6\pi D}=\frac{1822.95}{3.6\times\pi\times48}=3.36\text{L}/(\text{s}\cdot\text{m})<\text{L}/(\text{s}\cdot\text{m})$$，符合要求。

⑨ 池底锥体尺寸计算。设泥斗上部半径 $r_1=2\text{m}$，下部半径 $r_2=1\text{m}$，泥斗坡度为60°，泥斗高 $h_5=1.732\text{m}$。

泥斗容积：$V_1=\dfrac{\pi h_5}{3}(r_1^2+r_1r_2+r_2^2)=\dfrac{\pi\times1.732}{3}\times(2^2+2\times1+1^2)=12.690\text{m}^3$。

设池底坡度 $i=0.08(i=0.05\sim0.1)$。则圆锥部分高度：

$$h_4=(R-r_1)i=(24-2)\times0.08=1.76\text{m}$$

圆锥部分容积：$V_2=\dfrac{\pi h_4}{3}(r_1^2+r_1R+R^2)=\dfrac{\pi\times1.76}{3}\times(24^2+24\times2+2^2)$

$=1156.9\text{m}^3$。

沉淀池共可贮存污泥体积为：$V_1+V_2=12.690+1156.9=1170\text{m}^3>\dfrac{V'}{16}$，符合要求。

⑩ 沉淀池总高度。

$$H=h_1+h_2+h_3+h_4+h_5=0.3+4.0+0.3+1.76+1.732=8.092\text{m}$$

式中　h_1——沉淀池超高，m，一般取0.3m；
　　h_2——沉淀部分有效水深，m；
　　h_3——缓冲层高度，m，一般取0.3m；
　　h_4——污泥区高度，m；
　　h_5——贮泥斗高度，m。

（4）沉淀池进水系统设计

① 进水管计算。单池设计污水流量：$Q'_{\max}=\dfrac{Q_{\max}}{16}=1822.95\text{m}^3/\text{h}=0.810\text{m}^3/\text{s}$

$$Q_{进}=(1+R)Q'_{\max}=(1+0.6)\times1822.95=2916.72\text{m}^3/\text{h}=0.810\text{m}^3/\text{s}$$

管径取 $D_1=800\text{mm}$，进水速度 $v_1=\dfrac{4Q_{进}}{\pi D_1^2}=\dfrac{4\times0.810}{3.14\times0.8^2}=1.612\text{m/s}$。

② 进水竖井。进水井径采用 $D_2=1.5\text{m}$，流速在 0.1～0.2m/s 之间；出水口尺寸 0.5m×1.5m，共6个，沿井壁均匀分布。

流速：$v_2=\dfrac{Q_{进}}{nBL}=\dfrac{0.810}{6\times0.5\times1.5}=0.18\text{m/s}$，符合要求。

孔距：$l=\dfrac{\pi D_2-0.5\times6}{6}=0.285\text{m}$

③ 稳定筒计算。筒中流速：$v_3=0.02\sim0.03\text{m/s}$，取0.03m/s。

过流面积：

$$f=\frac{Q_{进}}{v_3}=\frac{0.810}{0.03}=27\text{m}^2$$

直径：

$$D_3=\sqrt{\frac{4f}{\pi}+D_2^2}=\sqrt{\frac{4\times27}{3.14}+1.5^2}=6.054\text{m}$$

（5）沉淀池出水部分设计。采用两个环形集水槽，池周边一个，池中央一个，单池设计流量 $0.506\text{m}^3/\text{s}$。

① 环形集水槽内流量：

$$q_{集}=\frac{Q_{单}}{2}=\frac{0.506}{2}=0.253\text{m}^3/\text{s}$$

② 环形集水槽设计。

a. 池周边采用周边集水槽，单侧进水，每池只有一个总出水口。

集水槽宽度为：

$$b_1=0.9\times(k\cdot q_{集})^{0.4}=0.9\times(1.3\times0.253)^{0.4}=0.577\text{m}，（b_1\ 取\ 0.6\text{m}）$$

式中　k——安全系数，取 1.5~1.2 之间。

集水槽起点水深为：$h_{起点}=0.75b=0.75\times0.6=0.450\text{m}$

集水槽终点水深为：$h_{终点}=1.25b=1.25\times0.6=0.750\text{m}$

槽深取 $(0.450+0.750)\times\frac{1}{2}+0.3=0.900\text{m}$，其中超高 0.3m。

b. 池中央采用双侧集水环形集水槽。槽宽取 $b_2=0.8\text{m}$，流速 $v_4=0.6\text{m/s}$。

槽内中点水深：

$$h_4=\frac{q_{集}}{v_4b_2}=\frac{0.253}{0.6\times0.8}=0.527\text{m}$$

$$h_k=\sqrt[3]{\frac{aq_{集}^2}{gb_2^2}}=\sqrt[3]{\frac{1.0\times0.253^2}{g\times0.8^2}}=0.217\text{m}$$

$$h_3=\sqrt[3]{\frac{2h_k^3}{h_4}+h_4^2}=\sqrt[3]{\frac{2\times0.217^3}{0.527}+0.527^2}=0.682\text{m}$$

当水流增加一倍时，$q_{集}=0.506\text{m}^3/\text{s}$，$v'_4=0.8\text{m/s}$。

$$h_4=\frac{q_{集}}{v'_4b_2}=\frac{0.506}{0.8\times0.8}=0.791\text{m}$$

$$h_k=\sqrt[3]{\frac{aq_{集}^2}{gb_2^2}}=\sqrt[3]{\frac{1.0\times0.506^2}{g\times0.8^2}}=0.344\text{m}$$

$$h_3=\sqrt[3]{\frac{2h_k^3}{h_4}+h_4^2}=\sqrt[3]{\frac{2\times0.344^3}{0.791}+0.791^2}=0.900\text{m}$$

设计取环形槽内水深为 0.6m，集水槽总高度为 0.6+0.3（超高）= 0.9m。采用90°三角堰。

③ 出水溢流堰的设计。采用出水三角堰(90°)，堰上水头(即三角口底部至上游水面的高度)$H_1 = 0.05m$。

a. 每个三角堰的流量Q_1。

$$Q_1 = 1.343H_1^{2.47} = 1.343 \times 0.05^2.47 = 0.0008214m^3/s$$

b. 三角堰个数n。

$n = \frac{Q_单}{Q_1} = \frac{0.506}{0.0008214} \approx 616$个，池周边和中央各一半，为308个。

三角堰的中心距(按池周边集水槽计算)

$$L' = \frac{\pi(D-2b_1)}{233} = \frac{3.14 \times (49-2 \times 0.6)}{308} = 0.487m$$

c. 集水槽直径设计。池周边集水槽外径与池径相等，内径$D_1 = D-2b_1 = 49-2 \times 0.6 = 47.8m$

池中央集水槽与池周边集水槽流量相同，令单位长度上的流量为q_d，则：

$$q_d \pi D_1 = q_d[\pi D_2 + \pi(D_2 - 2b_2)]$$

得$D_2 = 24.7m$，内径为$D_3 = D_2 - 2b_2 = 23.1m$。

d. 出水堰上负荷校核池周边集水槽堰上负荷：$q_1 = \frac{q_集}{\pi D_1} = \frac{0.253 \times 1000}{3.14 \times 47.8} = 1.686m^3/s < 1.7m^3/s$。

池中央集水槽堰上负荷：$q_1 = \frac{q_集}{\pi(D_2+D_3)} = \frac{0.253 \times 1000}{3.14 \times (24.7+23.1)} = 1.686m^3/s < 1.7m^3/s$。

均符合出水堰负荷设计规范规定。

e. 出水管计算。池周边设置1条，管径取$D_4 = 800mm$，中央设置2条，管径取$D_5 = 400mm$。

周边槽管内流速：$v_5 = \frac{4q_集}{\pi D_4^2} = \frac{4 \times 0.253}{3.14 \times 0.8^2} = 0.504m/s$。

中央槽管内流速：$v'_5 = \frac{2q_集}{\pi D_5^2} = \frac{2 \times 0.253}{3.14 \times 0.4^2} = 1.007m/s$。

(6) 排泥部分设计。

① 单池污泥量。总污泥量为回流污泥量加剩余污泥量。

回流污泥量：$Q_R = QR = \frac{50 \times 10^4}{24} \times 0.6 = 12500m^3/h$

$$Q_s = 9972.222m^3/d = 415.509m^3/h$$

总污泥量：

$$Q_{泥总}=Q_R+Q_S=12500+415.509=12915.509m^3/h$$

$$Q_{泥单}=\frac{Q_{泥总}}{16}=\frac{12915.509}{16}=807.219m^3h$$

② 集泥槽沿整个池径为两边集泥，故其设计泥量为：

$$q=\frac{Q_{泥单}}{2}=\frac{807.219}{2}=403.610m^3/h=0.112m^3/s$$

集泥槽宽：

$b=0.9q^{0.4}=0.9\times0.112^{0.4}=0.375m$，取 $b=0.4m$。

起点泥深：

$h_1=0.75b=0.75\times0.4=0.3m$，取 $h_1=0.4m$。

终点泥深：

$h_2=1.25b=1.25\times0.4=0.5m$，取 $h_2=0.6m$。

取槽深 $(0.4+0.6)/2+0.3=0.8m$。

排泥管直径取 $D_6=300mm$，则污泥流速：

$$v_6=\frac{4Q_{泥单}}{\pi D_6^2}=3.17m/s$$

（7）沉淀池设备选型。根据设计需要，选用 W 公司 ZBGS 型周边传动刮泥机 16 台，刮泥机将污泥送至池中心，再由管道排出池外。其主要性能参数见表 9-11。

表 9-11 ZBGS45-55 刮泥机主要性能参数

型号	池径 D/m	池深 H/m	周边线速度/(m/min)	驱动功率/kW
ZBGS45-55	45~55	3.5~4.5	2.0	0.75×2

5）污泥浓缩池的设计

（1）设计基本参数的确定。剩余污泥进泥含水率 $P_1=99.2\%$，出泥含水率 $P_2=97\%$；污泥回流比 $R=60\%$；设计流量 $Q_s=9972.222m^3/d$；固体通量 $M=65kg/(kg/(m^2\cdot d))$；污泥浓缩时间 $T=16h$；贮泥时间 $t=6h$；池底坡度 $i=0.05$；污泥斗上部半径为 $r_1=2m$，下部半径为 $r_2=1m$。

在无试验资料时可参照表 9-12。

表 9-12 重力浓缩池设计参数

污泥种类	进泥含水率/%	出泥含水率/%	水力负荷/[m³/(m²·d)]	固体通量/[kg/(m²·d)]	溢流 TSS/(mg/L)
初沉池污泥	95~97	92~95	24~33	80~120 (90~144)	300~1000
生物膜	96~99	94~98	2.0~6.0	30-50	200~1000

续表

污泥种类	进泥含水率/%	出泥含水率/%	水力负荷/[$m^3/(m^2 \cdot d)$]	固体通量/[$kg/(m^2 \cdot d)$]	溢流 TSS/(mg/L)
剩余污泥	99.2~99.6	97-98	2.0~4.0	10~35 (30~60)	200~1000
混合污泥	98~99	94~96	6.0~10.0	25~80	300~800

浓缩时间大于 12h，小于 24h；浓缩池的有效水深不小于 3m，一般 4m 为宜；定期排泥间隔一般为 8h。

（2）设计计算草图。辐流式浓缩池计算简图如图 9-8 所示。

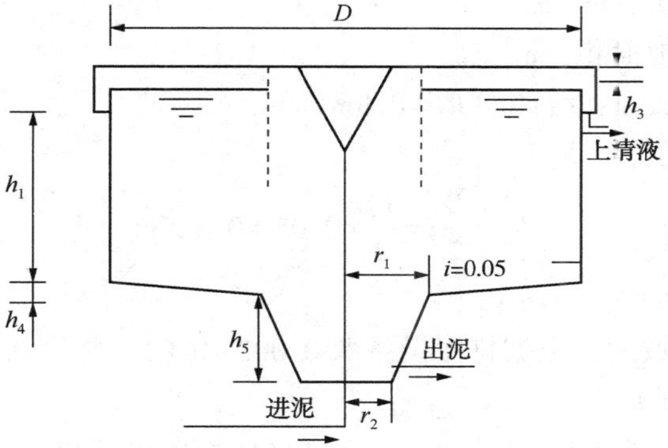

图 9-8　辐流式浓缩池计算简图

（3）浓缩池的设计计算。

① 计算污泥浓度 C。

$$P_1 = 99.2\%\text{（污泥密度按 }1000kg/m^3\text{ 计算）}$$

$$C_1 = (1-P_1)\times 10^3 = 1-(0.992)\times 10^3 = 8kg/m^3$$

$$P_2 = 97\%$$

$$C_2 = 30kg/m^3$$

② 浓缩池面积 A 采用 6 座辐流式圆形重力连续浓缩池，则浓缩池面积：

$$A = \frac{QC_1}{nM} = \frac{9972.222\times 8}{6\times 65} = 204.668m^3$$

式中　Q——污泥量，m^3/d；

C_1——污泥固体浓度，kg/L；

M——污泥固体通量，$kg/(m^2 \cdot d)$；

n——池子的个数。

③ 浓缩池直径 D。

$$D=\sqrt{\frac{4A}{\pi}}=\sqrt{\frac{4\times204.558}{3.14}}\approx16.143\text{m}(\text{取 }17\text{m})$$

式中 A——单池面积，m^3/d。

④ 浓缩池深度的计算。

a. 浓缩池有效水深 h_1。

取 $T=16h$，则：

$$h_1=\frac{TQ}{24A}=\frac{16\times9772.222}{24\times204.558\times16}=1.990\text{m}$$

式中 T——浓缩时间，$12<T<24(h)$；

Q——污泥量，m^3/d；

A——浓缩池面积，m^2。

b. 超高 $h_2=0.3m$；缓冲层 $h_3=0.3m$。

c. 坡地造成的深度 h_4。

$$h_4=\frac{D}{2}i=\frac{17}{2}\times0.05=0.425\text{m}$$

式中 D——池子的直径，m；

i——池底坡度，根据排泥设备取 0.003~0.01，常用 0.05。

d. 污泥斗高度 h_5。

$$h_5=(r_1-r_2)\tan\alpha=(2-1)\times\tan60°=1.732\text{m}$$

式中 r_1——污泥斗上半径，m；

r_2——污泥斗下半径，m；

α——泥斗坡度，(°)。

e. 有效水深 H_1。

$$H_1=h_1+h_2+h_3=1.990+0.3+0.3=2.590\text{m}$$

f. 浓缩池总高度 H。

$$H=H_1+h_4+h_5=2.590+0.425+1.732=4.747\text{m}>3\text{m}，\text{符合要求。}$$

(4) 贮泥斗的设计计算。

① 浓缩后污泥流量 Q_W。

$$Q_W=\frac{100-P_1}{100-P_2}Q=\frac{100-99.2}{100-97}\times\frac{9772.222}{6}=434.321\text{m}^3/\text{d}=18\text{m}^3/\text{h}$$

式中 Q——污泥量，m^3/d；

P_1——剩余污泥进泥含水率；

P_2——出泥含水率。

按 6h 贮泥时间计污泥，则贮泥区所需体积为 $V_1=Q_Wt=108.6m^3$

② 贮泥区所需容积 V_2。由于污泥浓缩时间 16h，则

$$V_2=\frac{16V_1}{24}=\frac{16\times72.016}{24}=48.011\text{m}^3$$

③ 污泥斗容积 V_3。

$$V_3=\frac{\pi h_5}{3}(r_1^2+r_1r_2+r_2^2)=\frac{\pi\times1.732}{3}\times(2^2+1\times2+1^2)=12.690\text{m}^3$$

式中　h_5——污泥斗高度，h；

r_1——污泥斗上部半径，m；

r_2——污泥斗下部半径，m。

④ 池底可存污泥容积 V_4。

$$V_4=\frac{\pi h_4}{3}(r_1^2+r_1R+R^2)=\frac{\pi\times0.425}{3}\times(8.5^2+8.5\times2+2^2)=41.481\text{m}^3$$

式中　h_4——坡地造成的深度，m；

r_1——污泥斗上部半径，m；

R——浓缩池半径，m。

⑤ 总贮泥容积 V。

$$V=V_3+V_4=12.690-41.481=54.171\text{m}^3>V_2$$，满足设计要求。

（5）回流污泥泵房的设计。

① 流量。回流量 $Q_R=QR=\frac{50\times10^4}{24}\times0.6=12500\text{m}^3/\text{h}$，本设计设 10 台（8 用 2 备）回流污泥泵，每台污泥泵回流污泥量为 1562.5m³/h。

② 设备选型。根据流量与扬程，回流污泥泵拟选用 500ZLB-70 型，其主要性能参数见表 9-13。

表 9-13　回流污泥泵主要性能参数

泵型号	流量		扬程/m	转速/(r/min)	功率 P/kW		泵质量/kg
	m³/h	L/s			轴功率	配用功率	
500ZLB-70	1610	447	3.48	730	—	30	—

③ 污泥泵房的布置。共设计 2 座污泥回流泵房，每个泵房里设 4 台污泥回流泵，则根据需要，每个污泥泵房的平面尺寸为 $L\times B=40\text{m}\times15\text{m}=600\text{m}^2$。

（6）贮泥池设计计算。

① 设计参数。进泥量：经浓缩排出含水率 $P_2=97\%$ 的污泥，$6Q_w=6\times432.099\text{m}^3/\text{d}=2592.594\text{m}^3/\text{d}$，设贮泥池 12 座，贮泥时间 $T=0.5\text{d}=12\text{h}$。

② 设计计算。

单座池容：

$$V=\frac{6Q_{W}T}{12}=\frac{432.099\times0.5}{2}=108.025m^3$$

设贮泥池为正方体，且长、宽、高均为5m，则有效容积：

$$V=LBH=125m^3$$

③ 设备选型。选用1PN污泥泵14台(12用2备)，单台流量Q：7.2~16m³/h，扬程H：14~12m，功率N：3kW。污泥泵主要性能参数见表9-14。

表9-14 污泥泵主要性能参数

型号	流量Q/(m³/h)	扬程H/m	功率N/kW	质量/kg
1PN	15	14~12	3	—

(7) 污泥脱水设计。

① 设计计算。污泥脱水的作用是利用污泥脱水机械对来自浓缩池的活性污泥进行脱水，使其含水率由97%降至75%以下，从而大大减少污泥体积，且便于运输。

脱水机房选用带式压滤机5台，设置高分子絮凝剂制备装置1套，并设置配套的絮凝剂投加装置，可以将配置好的聚合物加入到要进行脱水的污泥中混合絮凝，进行脱水，高分子絮凝剂(PAM)投加量约2%。

总进泥量为6×432.099=2592.594m³/d，含水率97%；出泥含水率≤75%；则干污泥量：

$$G=\frac{Q_{进}(1-P_1)}{(1-P_2)}=\frac{2592.594\times(1-97\%)}{(1-75\%)}=311.111m^3/d$$

取其密度为1000kg/m³，则干污泥饼量：

$$G'=\rho V=1000\times311.111kg/d=311.111t/d$$

每天工作16h，则在工作时间内的每小时污泥饼量为：

$$G''=\frac{G'}{16}=\frac{311.111}{16}=19.444t/h$$

② 设备选型。采用带式压缩机，带式压缩机是连续运转的污泥脱水设备，污泥的含水率为96%~98%，污泥经絮凝、重力压滤后，滤饼的含水率可达到70%~80%。带式压缩机由于结构简单、出泥含水率低、稳定、能耗小、管理简单等特点，被广泛采用。

选用DYL-3000型带式压滤机。选用5台(4用1备)，每台工作16h，其性能见表9-15。

表 9-15　DYL 型带式压滤机主要性能参数

型号	滤带宽度/mm	滤带速度/(m/min)	主传动	进机污泥含水率/%	出机滤饼含水率/%
DYL-3000	3000	0. 5~4	1. 5kW	95~98	70~80
	泥饼厚度/mm	产量(干泥)/[kg/(m·h)]	投药比(纯药量/干泥量)/%	质量/t	外形尺寸(长×宽×高/(mm×mm×mm)
	5~7	90~300	0. 18~024	7	6500×3700×2120

③ 脱水间的布置。脱水间平面尺寸为 $L×B$ = 15. 0m×8. 0m = 120. 0m^2，内设值班室。脱水后，污泥通过无轴螺旋输送机 1 台送至污泥棚内的泥饼运输车，运出厂外处置。

④ 主要构筑物、设备一览表。主要构筑物见表 9-16。

表 9-16　主要构筑物一览表

序号	名称	规格	数量	设计参数	主要设备
1	粗格栅	$L×B$ = 2. 79m×10. 06m	4 座	设计流量 Q = 29167. 2m^3/h 栅条间隙 b = 60. 0mm；栅前水深 h = 1. 0m；过栅流速 v = 0. 9m/s	RGS 三索式钢丝绳牵引式机械格栅 4 台
2	中格栅	$L×B$ = 4. 02m×12. 86m	4 座	设计流量 Q = 29167. 2m^3/h 栅条间隙 b = 20. 0mm；栅前水深 h = 1. 0m；过栅流速 v = 0. 9m/s	参照粗格栅设备
3	调节池	$L×B×H$ = 40m×25m×5. 5m	12 座	设计流量 Q = 29167. 2m^3/h 有效水深 h = 5m 水力停留时间 t = 0. 5h	差流式调节池
4	A/O 池	$L×B×H$ = 96m×30m×6m	12 座	设计流量 Q = 29167. 2m^3/h 进水 BOD_5 = 200mg/L；出水 BOD_5 = 20mg/L；进水 NH_3-N = 30mg/L；出水 NH_3-N = 15mg/L；污泥负荷 N_s = 0. 18kgBOD$_5$/(kgMLSS·d) 污泥回流比 R = 60%；有效水深 H_1 = 6. 0m；三廊道式推流式反应池，单廊道宽 b = 10mm	CM75L 鼓风机 14 台(12 用 2 备) 进口流量为 1400m^3/min STEDCO 型橡胶模微孔曝气器
5	辐流式二沉池	$D×H$ = 48m×8. 092m	16 座	设计流量 Q = 29167. 2m^3/h；表面负荷 q = 1. 1m^3/(m^2·h)；沉淀时间 T = 4h；池底坡度为 i = 0. 08；泥斗程度为 60°	ZBGS45 - 55 型周边传动刮泥机 16 台

续表

序号	名称	规格	数量	设计参数	主要设备
6	污泥泵房	$L \times B = 40m \times 15m$	2 座	每个泵房设 4 台回流泵	500ZLB－70 型回流污泥泵 8 台
7	污泥浓缩池	$D \times H = 17m \times 4.737m$	6 座	进泥含水率 $P_1 = 99.2\%$ 出泥含水率 $P_2 = 97\%$ 污泥浓缩时间 $T = 16h$ 固体通量 $M = 65kg/(m^2 \cdot d)$ 设计流量 $Q_s = 9972.222m^3/d$	采用周边驱动单臂旋转式刮泥机，并配置栅条以利于污泥的浓缩
8	贮泥池	$L \times B \times H = 5m \times 5m \times 3m$	12 座	贮泥时间 $T = 12h$ 处理能力 $2592.594m^3/d$	IPN 污泥泵 14 台(12 用 2 备)
9	脱水间	$L \times B = 15.0m \times 8.0m$	1 座	出泥含水率 75%	无轴螺旋输送机 1 台；DYL－3000 带式压滤机 5 台(4 用 1 备)

5. 工艺流程与平面布置图

1）工艺流程图。

工艺流程图纸参见本书 9.1.4 课程设计的图纸要求。流程图 1 张(2#图纸)，见图 9-9。

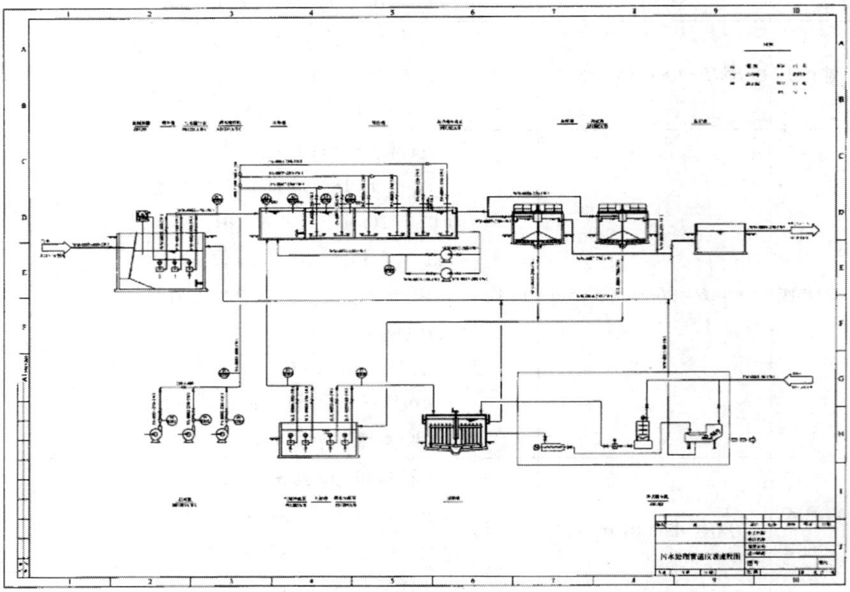

图 9-9　工艺流程图

2）总平面布置图

总平面布置图纸总平面布置图1张(略)。

9.2 大气污染控制工程

9.2.1 课程设计的目的、意义和要求

1. 课程设计的目的和意义

大气污染控制工程课程设计是配合大气污染控制工程专业课程学习而单独设立的设计性实践课程，是对给定的某一大气污染源或污染物进行治理的工程设计，是环境工程专业的一门必修专业课。教学目的是在课程设计过程中，使学生学习大气环境污染治理工艺与工程中的基本原理、大气污染控制工程的设计步骤及建(构)筑物设计计算方法、主要设备或治理工艺的图纸绘制等，培养学生调查研究、文献查阅及资料收集、比较确定设计方案、工程设计计算、图纸绘制、技术文件编写的能力。

2. 课程设计的选题

本课程设计选题必须紧紧围绕大气典型污染物的治理这个主题，如 SO_2、NO_4 的脱除或工业粉尘、烟气除尘等。学生根据教学大纲要求、设计工作量及实际设计条件进行适当选题。选题要符合本课程的教学要求，应包括大气污染控制或治理装置的设计计算和针对各种工艺流程的模拟。注意选题内容的先进性、综合性、实践性，应适合实践教学和启发创新，选题内容不应太简单，难度要适中，并且带有一定的前瞻性、系统性和实用性。

3. 课程设计说明书的编写

课程设计说明书是学生设计成果的重要表现之一，设计说明书的重点是对设计计算成果的说明和合理性分析以及其他有关问题的讨论。设计说明书要力求文字通顺、简明扼要，图表要清楚整齐，每个图、表都要有名称和编号，并与说明书中内容一致。课程设计说明书按设计程序编写，包括方案的确定、设计计算、设备选择和有关设计的简图等内容。课程设计说明书包括封面、目录、前言、正文、小结及参考文献等部分，文字应简明通顺、内容正确完整，书写工整、装订成册，合订时，说明书在前，附表和附图分别集中，依次放在后面。

4. 课程设计的图纸要求

课程设计图纸应能较好地表达设计意图，图面布局合理、正确清晰、符合制图标准及有关规定。

每个学生应至少完成设计图纸 1 张，建议笔绘大气污染控制系统总图 1 张。系统图应按比例绘制，标出设备、管件编号，并附明细表。如条件允许，可附系统平面、剖面布置图或工艺设备图 1~2 张。图中设备、管件需标注编号，编号与系统图对应。布置图应按比例绘制，如有锅炉房及锅炉，则可简化锅炉房及锅炉结果绘制，但应能清楚表明建筑外形和主要结构型式。在平面布置图中应有方位标志(指北针)。

5. 课程设计的内容与步骤

1）大气污染控制工程课程设计内容分类

大气污染控制工程课程设计内容不外乎以下两类。

(1) 工业粉尘和烟尘除尘系统设计。通过课程设计进一步消化和巩固本课程所学内容，并使所学的知识系统化，培养运用所学理论知识进行净化系统设计的初步能力。通过设计，了解粉尘或烟尘处理系统工程设计的内容、方法及步骤，培养学生确定粉尘或烟尘污染控制系统的设计方案、进行设计计算、绘制工程图、使用技术资料、编写设计说明书的能力。

(2) 气态污染物净化系统设计。通过对气态污染物净化系统的工艺设计，初步掌握气态污染物净化系统设计的基本方法。培养利用已学理论和专业知识综合分析问题和解决实际问题的能力、绘图能力，以及正确使用设计手册和相关资料的能力。

2）课程设计基本内容

(1) 设计方案简介。对给定或选定的工艺方案或主要构筑物(设备)进行必要的介绍和论述。

(2) 主要工艺和构筑物(设备)计算。包括工艺参数选定、工艺计算、物料衡算、热量衡算，主要构筑物(设备)工艺尺寸设计计算和结构设计等。

(3) 主要辅助设备选型和设计。包括典型辅助设备的设计计算和结构设计、设备型号和规格确定等。

(4) 工艺流程图、高程图或设备结构图绘制。标出主体构筑物(设备)和辅助设备的物料流向、流量、主要参数；构筑物(设备)图应包括工艺尺寸、技术特性表、接管表等。

完整的课程设计由设计说明书和图纸两部分组成，设计说明书是设计工作的核心部分、书面总结，也是后续设计和安装工作的主要依据。应包括以下内容：

① 封面(课程设计题目、专业、班级、姓名、学号、指导教师、时间等)；

② 目录；

③ 设计任务书；

④ 概述(设计的目的、意义)；

⑤ 设计条件或基本数据；

⑥ 设计计算；

⑦ 构筑物(设备)结构设计与说明；

⑧ 辅助设备设计和选型；

⑨ 设计结果汇总表；

⑩ 设计说明书后附结论和建议、参考文献、致谢；

⑪ 附图。

3）课程设计步骤

① 动员、布置设计任务；

② 阅读课程设计任务书，熟悉设计任务；

③ 收集资料，查阅相关文献；

④ 设计计算、绘图；

⑤ 编写设计说明书；

⑥ 考核和答辩。

6. 课程设计的注意事项

① 选题可由指导教师选定，或由指导教师提供几个选题供学生选择；也可由学生自己选题，但学生选题需通过指导教师批准。课题应在设计周之前提前公布，并尽量早些，以便学生有充分的设计准备时间。

指导教师公布的课程设计课题一般应包括以下内容：课题名称、设计任务、技术指标和要求、主要参考文献等。

② 学生课程设计结束后，应向教师提交课程设计数据，申请指导教师验收。对达到设计指标要求的，教师将对其综合应用能力和工程设计能力进行简单的答辩考查，对每个学生设计水平做到心中有数；未达到设计指标要求的，则要求其调整和改进，直到达标。

③ 学生编写课程设计说明书和绘制图纸应认真、规范，数据真实可靠，格式正确。

9.2.2　案例

1. 设计任务书

1）课程设计题目

某化工厂采暖锅炉烟气除尘系统设计。

2）课程设计的任务：

本次设计的目标是对某化工厂采暖锅炉烟气除尘系统进行设计，其主要内容包括以下几个方面。

① 了解燃煤锅炉的排污特性，确定消烟除尘系统工艺流程，具体包括确定消烟除尘系统主要管道、除尘器、风机、烟囱等的结构及型号；

② 本次设计是在了解燃煤锅炉排污特性的基础上，设计整个消烟除尘系统及其辅助设备，其中主要包括根据锅炉烟气参数来进行消烟除尘系统的设计，计算除尘系统设备的尺寸、压力损失，选择风机；

③ 烟囱高度、烟囱直径等的计算，确定除尘器、风机及烟囱位置；

④ 绘制烟尘治理设施系统图，平、立面布置图等；

⑤ 编写课程设计说明书。

3）设计原始数据

① 锅炉型号、台数：SZL4-13 型，4 台；

② 设计耗煤量：600kg/(h · 台)；

③ 排烟温度：160℃；

④ 烟气密度：1. 34kg/m^3(标准状态下)；

⑤ 过剩空气系数：1. 4；

⑥ 烟气中飞灰所占不可燃成分的百分比：16%(质量)；

⑦ 烟气在烟囱出口前的阻力：800Pa；

⑧ 冬季环境温度：-2℃；

⑨ 燃煤工业分析结果(体积分数)：C 为 68%，H 为 4%，O 为 5%，S 为 1%，N 为 1. 5%，W 为 5. 5%，A 为 15%，V 为 13%。

⑩ 粉尘排放浓度达到二类区标准 200mg/m^3。

4）基本要求

① 在设计过程中，培养独立思考、独立工作能力以及严肃认真的工作作风；

② 本课程设计的目的是通过某化工厂燃煤锅炉烟气除尘系统的设计，训练学生对大气污染治理主要设备的设计计算、选型和绘图能力，从而提高学生的工程素质和综合素质；

③ 设计说明书应内容完整，并绘制计算草图，文字通顺、条理清楚、计算准确；

④ 图纸按照标准绘制，图签规范、线条清晰、主次分明、粗细适当、数据标绘完整，并附有一定文字说明。

2. 工艺原理

工业锅炉所排放出来的烟尘是造成大气污染的主要污染源之一，由烟炱(黑烟)和灰尘组成。由于它们的发生过程、性质和粒径不同，因此解决的方法也不相同。烟炱的主要成分为碳、氢、氧及其化合物，可以通过改造锅炉、进行合理的燃烧调节，使其在炉膛内燃烧掉的方法解决，同时也降低了排尘的原始浓度；

灰尘主要是碳粒和灰分等颗粒物，可以通过加装除尘器的办法解决。

工业锅炉烟气除尘中，所采用的各种各样除尘装置，就是利用不同的作用力（包括重力、惯性力、离心力、扩散、附着力、电力等）以达到将尘粒从烟气中分离和捕集的目的。工业锅炉所采用的各种除尘装置按烟尘从烟气中分离出来的原理，可以分为 4 大类：①机械式除尘器；②电除尘器；③过滤式除尘器；④湿式除尘器。

3. 设计方案的比较和确定

几种除尘器性能比较如下。

(1) 机械式除尘器。机械式除尘装置是目前国内使用较普遍的除尘装置，它包括重力沉降室、惯性除尘器、旋风除尘器等。这类除尘装置具有结构简单、制造方便、投资少、运行费用低、管理方便且耐高温等优点。重力沉降室和惯性除尘器的除尘效率一般不高，在 40%~60%之间，可以作为初级除尘使用。旋风除尘器的除尘效率在 90%左右，多管式旋风除尘器的除尘效率较高。

① 重力沉降室。重力沉降室是最简易的一种除尘装置，其作用原理是：当含尘烟气进入沉降室后，由于截面积突然扩大，烟气流速迅速降低，烟气利用自身的重力作用，使其自然沉降到底部，从而把烟粒从烟气中分离出来。这种除尘装置一般只能除去 40μm 以上的大颗粒尘粒，因此效率较低。重力沉降室的除尘效率与沉降室的结构、烟气中尘粒的大小、尘粒的密度、烟气流速等因素有关。如在沉降室内合理布置挡板、隔墙、喷雾等措施，对提高除尘效率有一定的作用。

② 惯性除尘器。惯性除尘器是利用烟气流动方向发生急剧改变时，由于尘粒受惯性力的作用而将尘粒从气体中分离并捕集下来的一种装置。一般惯性除尘器的气流速度越高，气流方向转变角度越大，转变次数越多，净化效率越高，压力损失也越大。惯性除尘器用于净化密度和粒径较大的金属或矿物性粉尘具有较高除尘效率。对黏结性和纤维性粉尘，则因易堵塞而不宜采用。由于惯性除尘器的净化效率不高，故一般只用于多级除尘中的第一级除尘，捕集 20μm 以上的粗尘粒。压力损失依型号而定，一般为 100~1000Pa。其结构型号多种多样，可分为以气流中粒子冲击挡板捕集较粗粒子的冲击式和通过改变气流流动方向而捕集较细粒子的反向式。

③ 旋风除尘器是利用旋转气流产生的离心力使尘粒从气流中分离的装置。广泛应用于工业锅炉的烟气除尘中，其他行业也常用以回收有用的颗粒物，如催化剂、茶叶、面粉、奶粉等。旋风除尘器具有结构简单、投资省、除尘效率高、适应性强、运行操作管理方便等优点，是消除烟尘危害、保护环境的重要设备之一。通常情况下，旋风除尘器能够捕集 5μm 以上的尘粒，其除尘效率可达 90%

以上。

旋风除尘器的种类，按进气方式可以分为切向进入式和轴向进入式两类。从气流组织上来分，有回流式、直流式、平旋式和旋流式等多种。国内主要运用的有 XZZ 型旋风除尘器、XZD/G 型旋风除尘器、XND/G 型旋风除尘器、SG 型旋风除尘器等。

（2）电除尘器。电除尘器是含尘气体在通过高压电场进行电离的过程中，使尘粒荷电，并在电场力的作用下使尘粒沉积在集尘器上，将尘粒从含尘气体中分离出来的一种除尘设备。电除尘过程与其他除尘过程的根本区别在于：分离力（主要是静电力）直接作用在粒子上，而不是作用在整个气流上，这就决定了它具有分离粒子耗能小、气流阻力也小的特点。由于作用在粒子上的静电力相对较大，所以即使对亚微米级粒子也能够有效地捕集。

电除尘器的应用较为广泛，其优点主要有：压力损失小，处理烟气量大，能耗低，对细粉尘有很高的捕集效率，可在高温或强腐蚀性气体下操作。但是它的一次性投资较高，占地面积大，制造安装要求高，维护管理技术性强，高浓度时要采用预除尘。

电除尘器本体结构的主要部件有：电极系统、清灰系统、烟道气流分布系统、排尘系统、供电系统等。

电除尘器的类型，按放电极和集尘极在电除尘器中的配置位置可分为单区电除尘器和双区电除尘器。双区电除尘器主要用在通风空气的净化和某些轻工业部门。为了控制各种工艺尾气和燃烧烟气污染，则主要应用单区电除尘器。单区电除尘器的两种主要形式为管式和板式。管式电除尘器用于气体流量小、含雾滴气体，或需要用水洗刷电极的场合。板式电除尘器为工业上应用的主要形式，气体处理量一般为 25~50m^3/s 以上。

（3）过滤式除尘器。

① 袋式除尘器。袋式除尘器的除尘过程和滤料及粉尘的扩散、惯性碰撞、遮挡（筛分）、重力和静电等因素有关。采用纤维织物作滤料的袋式除尘器，主要用在工业尾气的除尘方面。对捕集小颗粒粉尘的性能较好，除尘效率高，一般可达 99%。广泛应用于水泥、冶金、陶瓷、化工、食品、机械制造等工业和燃煤锅炉的烟尘净化中。但是，对温度较高、湿度较大、带黏性粉尘和有腐蚀性的烟尘不宜使用。

袋式除尘器的滤袋形式有两种，一种是扁形袋，一种是圆形袋。在过滤负荷相同的条件下，扁形袋要比圆形袋占地面积小、结构紧凑。袋式除尘器的进气方式有上进气、下进气、直流式（只适用于扁形袋）。从上、下进风的方式比较，下进风比上进风设计合理、简单，造价也便宜。袋式除尘器的管理方式有外滤式和内滤式。内滤式的优点是可以不停机进入内部检修，也可以不用支撑骨架，但内滤式在清灰期间，滤料易受扭曲损害。袋式除尘器的清灰方式有 3 种，分别是机械振动式、逆气流清灰、脉冲喷吹清灰。实际上多数袋式除尘器是按清灰方式命名和分类的。

② 颗粒层除尘器。颗粒层除尘器是利用颗粒状物料(如硅石、砾石、焦炭等)作填料层的一种内部过滤式除尘装置。其除尘机理与袋式除尘器类似，主要靠惯性、截留及扩散作用等。过滤效率随颗粒层厚度及其上沉积的粉尘层厚度的增加而提高，压力损失也随之增大。

颗粒层除尘器是 20 世纪 70 年代出现的一种除尘装置，能耐高温、耐腐蚀、耐磨损，除尘效率高，维修费用低。但也有其缺点：体积比较大，清灰装置比较复杂，阻力也比较高。

目前，颗粒层除尘器主要用于处理高温含尘气体。

(4) 湿式除尘器。湿式除尘器是使含尘气体与液体(一般为水)密切接触，利用水滴和尘粒的惯性碰撞及其他作用捕集尘粒或使粒径增大的装置。湿式除尘器可以有效地将直径为 0.1~20μm 的液态或固态粒子从气流中除去，同时，也能脱除气态污染物。它具有结构简单、造价低、占地面积小、操作及维修方便和净化效率高等优点，能够处理高温、高湿的气流，将着火、爆炸的可能减至最低，但采用湿式除尘器时要特别注意设备和管道的腐蚀以及污水和污泥的处理问题。湿式除尘器也不利于副产品的回收。如果设备安装在室外，还必须考虑在冬天设备可能结冻的问题。再则，要使去除微细尘粒的效率也较高，则需使液相更好地分散，但能耗增大。

目前，根据湿式除尘器的净化机理，可将其分为 7 类：重力喷雾洗涤器、旋风洗涤器、自激喷雾洗涤器、板式洗涤器、填料洗涤器、文丘里洗涤器、机械诱导喷雾洗涤器。除尘器规格及性能参数见表 9-4。

① 重力喷雾洗涤器。重力喷雾洗涤器是一种最简单的湿式除尘装置，除尘效率低，所以它与其他除尘器串联，作为第一级除尘。根据塔内烟气与液体的流动方向，可以分为顺流、逆流和错流 3 种型式。最常用的是逆流喷雾塔。

喷雾塔中喷雾的水滴大小对除尘效率有很大的影响，一般认为当水滴直径在 500~1000μm 时，对所有大小粉尘除尘效率都是最高的。雾滴的大小与喷嘴孔径和喷水压力有关，压力越高，雾滴越细小。

喷雾塔具有结构简单、压力损失小、操作稳定的特点，经常与高效洗涤器联用捕集粒径较大的粉尘，一般不作单独除尘用。

② 旋风洗涤器。最简单的旋风洗涤器是在干式旋风分离器内部以环形方式安装一排喷嘴。进水喷嘴也可以安装在旋风洗涤器的入口处，而在出口处通常还

需要安装除雾器。旋风洗涤器的另外一种形式是中心喷雾。而在我国应用最广的是旋风水膜除尘器。

旋风洗涤器气体入口速度范围一般为15~45m/s，离心洗涤器净化5μm以下的粉尘是有效的。中心喷雾的旋风洗涤器对于0.5μm以下的粉尘的捕集效率可达95%以上。

旋风洗涤器适用于处理烟气量大和含尘浓度高的场合，可以单独采用，也可以安装在文丘里洗涤器之后作为脱水器。

③ 文丘里洗涤器。文丘里洗涤器是一种高效湿式洗涤器，但动力消耗和水量消耗都比较大，常用在高温烟气降温和除尘上。其结构由收缩管、喉管和扩散管组成。主要工作原理是惯性碰撞。

文丘里洗涤器往往和立式旋风水膜除尘器相配套，可以得到最佳的组合效果，它们的除尘总效率可以达到98%左右。

④ 自激喷雾洗涤器。自激喷雾洗涤器是一种效率较高的洗涤器，这种洗涤器没有喷嘴，也没有很窄的缝隙，因此不易堵塞，是一种常用的湿式除尘器。

自激喷雾洗涤器是靠含尘气流自身直接冲击水面而激起的浪花与水雾来达到除尘目的的。该洗涤器随水位的增高、气流速度的增大，效率也会提高，但此时的阻力损失增加。不过该洗涤器的耗水量少，其水气比为134kg/1000m^3。

⑤ 板式洗涤器。板式洗涤器的结构主要由布满小孔的筛板、淋水管、挡水板、水封排污阀及进出口组成。该除尘器结构简单、投资少、效率高，可以用水泥制造外壳，节约钢材，能够耐腐蚀。缺点是耗水量大，筛板易于堵塞。

表 9-17 除尘器规格及性能参数

除尘器名称	除尘粒径/μm	效率/%	阻力/Pa	气速/(m/s)	设备费	运行费
重力沉降器	≥100	<50	50~130	1.5~2	低	很低
惯性除尘器	≥40	50~70	300~800	15~20	低	很低
旋风除尘器	≥5~20	70~90	800~1500	10~15	低	低
冲击式除尘器	≥5	95	1000~1600		低	中
文丘里除尘器	≥0.5~1	90~98	4000~10000		低	高
电除尘器	≥0.01~0.1	90~99	50~130	0.8~1.5	低	中
袋式除尘器	≥0.1	95~99	1000~1500	1.01~0.3	低	较高

根据表9-17性能比较，本设计拟对4台锅炉进行烟气除尘，每台锅炉的蒸发量为4t/h，属于小型锅炉。为节省费用，并达到除尘率为91.42%，因此考虑最适用的机械除尘器中的旋风除尘器。

4. 处理单元的设计计算

1）烟气量、烟尘浓度及除尘效率的计算

(1) 理论空气量的计算。

碳的燃烧：　$C+O_2 = CO_2$

每千克碳完全燃烧需 1.866m³ 氧气，并产生 1.866m³ 二氧化碳。

氢的燃烧：　$H_2+O_2 = H_2O$

每千克氢完全燃烧需 5.55m³ 氧气，并产生 11.1m³ 水蒸气。

硫的燃烧：　$S+O_2=SO_2$

每千克硫完全燃烧需 0.7m³ 氧气，并产生 0.7m³ 二氧化硫。

每千克应用燃料中元素质量分数分别为：$C^y=68\%$，$H^y=4\%$，$S^y=1\%$，$O^y=5\%$。

1 千克燃料中所含 $O^y=7.50\%$，相当于 0.70m³/kg。

所以燃料完全燃烧时，外部供氧理论量为：

$$V_{O_2}^k=1.866C^y+0.7S^y+5.55H^y-0.7O^y=1.46288m^3/kg$$

则 1 千克燃料完全燃烧所需空气量为：

$$V_k^O=\frac{1}{0.21}V_k^O=\frac{1.46288}{0.21}=7.0m^3/kg$$

CO_2 的理论体积：$V_{CO_2}=1.866C^y=1.27m^3/kg$。

SO_2 的理论体积：$V_{SO_2}=0.7S^y=0.007m^3/kg$。

H_2O 的理论体积：$V_{H_2O}=0.111H^y+0.0124W^y+0.016V_k^O=0.6311m^3/kg$。

N_2 的理论体积：$V_{N_2}=0.79V_k^O+0.008N^y=5.545m^3/kg$。

所以理论烟气量为：

$$V_y^O=V_{CO_2}+V_{SO_2}+V_{H_2O}+V_N=1.27+0.007+0.6311+5.545=7.453m^3/kg。$$

实际燃烧过程是在有一定过量空气的条件下进行的，因此烟气的实际体积 V_y 为理论烟气量和过量空气量(包括氧、氮和相应水蒸气)的体积之和，即：

$$\begin{aligned}V_y&=V_y^O0.21(\alpha-1)V_k^O+0.79(\alpha-1)V_k^O+0.0161(a-1)V_k^O\\&=V_y^O+1.0161(\alpha-1)V_k^O\end{aligned}$$

其中，a 为过量空气系数，此处取 $\alpha=1.4$。则：

$$V_y=7.453+1.0161\times1.4-1\times7.0=10.298m^3/kg$$

(2) 实际烟气量的计算。由于燃煤设计消耗量为 600kg/h，所以 $V_{y1}=10.298\times600=6178.8m^3/h$。

又，排气温度为 160℃，所以：$V_{y2}=6178.8\times(273+160)/273=9800.1m^3/h=2.722m^3/s$。

即在工况下，锅炉实际排烟量为 2.722m³/s。

(3) 含尘浓度计算。所提供的燃煤中燃煤量为 600kg/h。

又反应基成分中 $A^y=15\%$，而排尘因子为 16%，燃煤量为 600kg/h，查《锅炉大气污染排放标准》(GB 13271—2001)可知，二类区允许排放的烟尘浓度为，200mg/m^3，则 $V_W=600\times10^3\times15\%\times16\%\div6178.8=2.33g/m^3$。

(4) 除尘效率的计算。除尘效率：$\eta=\frac{2.33-0.2}{2.33}\times100\%=91.42\%$

本设计的锅炉型号为SZL4-13型，即锅炉为链条炉，其燃烧方式、烟尘粒径百分组成及分级除尘效率如表9-18所示。

表9-18 烟尘粒径百分组成及分级除尘效率

平均粒径 d/μm	粒径分布 f/%	分级除尘效率 η_x/%
10	7	48
20	15	78
44	25	95
74	38	99
149	57	
>149	43	

故除尘效率为：$\eta=\sum(\eta_x\times f)=93.35\%>91.42\%$，能够达到本设计的要求。

2) 除尘器的进出口风速的计算

综合各项指标，选用XZZ-III-D1000型旋风除尘器，每台锅炉对应一座除尘器。MXZZ型旋风除尘器的相对端面比为4.43，采用了弯路与近直筒形的锥体，设有平板形反射角和倒锥形排气管等结构形式，提高了除尘效率，降低了压力损失，减轻了锥体磨损，用于锅炉的烟气除尘，并可组成双筒、四筒等多种结构形式，其外型尺寸如表9-19所示。

查得除尘器性能指标：风速为14m/s；进口风量为11500m^3/h；设备阻力为800Pa；除尘效率为92%。

表9-19 XZZ-Ⅲ-D1000型旋风除尘器的外形尺寸 单位：mm

D	D_Y	A	A_1	A_2	H	H_1	H_2	H_3	B	H	B_1	H_1
1000	700	286	399	700	5390	800	3000	1200	620	20	350	150

(1) 除尘器进口的烟气流速。

$$u_1=V/S$$

式中 V——烟气流量，m^3/s；

S——除尘器进口面积，m^2。

则 $u_1=V/S=2.722/(0.286\times0.8)=11.90m/s$。

因为烟气经过旋风除尘器后，温度将下降 10~15℃，本设计取 15℃。由于烟气原始温度为 160℃，所以经过旋风除尘器后的温度降为 145℃。

（2）除尘器出口的烟气流速。

$$V_s = V_n P_n T_s / (T_n P_s)$$

式中　V_n，P_n，T_n——标准状况下的烟气体积、压力、温度；

V_s，P_s，T_s——实际状况烟气体积、压力、温度。

由于不考虑其压力的变化，$V_s = 6178.8/3600 \text{x} 418/273 = 2.627\text{m}^3/\text{s}$。

所以烟气出口流速为：

$$u_2 = V_s/S = 2.627/(0.62 \times 0.62) = 6.83\text{m/s}$$

3）烟气系统阻力的设计计算

在本节中着重计算了从锅炉出口到除尘器进口段和除尘器出口到锅炉进口段的管道大小、尺寸和连接问题，同时也计算了它们和烟囱段的阻力，从而选取合适的风机，以使烟气顺利地排出。

（1）烟囱高度的确定。烟囱可分为砖烟囱、钢筋混凝土烟囱和钢板烟囱。本设计从设计的需要和经济的角度考虑，拟采用砖烟囱，其高度由环境卫生要求来确定。

查《燃煤、燃油锅炉房烟囱最低允许高度》可知：锅炉房装机容量在 7~14MW，10~20t/h，烟囱最低允许高度为 40m。此设计的装机容量为 2.8MW/台×4＝11.2MW，4t/h×4＝16t/h，所以烟囱的高度确定为 40m。

（2）烟囱抽力的计算。烟囱高度（H）与抽力（S）之间的关系：

$$S = H\left(\rho_k^0 \frac{273}{273+t_k} - \rho_y^0 \frac{273}{273+t_{pj}}\right)$$

式中　S——烟囱抽力，Pa；

H——烟囱高度，m；

ρ_k^0，ρ_y^0——标准状态下烟气和空气密度，$\rho_k^0 = 1.293\text{kg/m}^3$，$\rho_y^0 = 1.34\text{kg/m}^3$；

t_k——外界空气温度，℃；

t_{pj}——烟囱内烟气平均温度，℃。

烟囱内烟气平均温度 t_{pj}（℃）：

$$t_{pj} = t' - \frac{1}{2}\Delta t H$$

式中　t'——烟囱进口处烟气温度；

Δt——烟气在烟囱每米高度的温度降，℃/m。

$$\Delta t = \frac{A}{\sqrt{D}}$$

式中　D——最大负荷下，由一个烟囱负担的锅炉蒸发量之和，t/h，取 $D=16$；

A——考虑烟囱种类不同的修正系数，砖烟囱壁厚小于 0.5m 时，取 $A=0.4$。

所以

$$\Delta t=\frac{0.4}{\sqrt{16}}=0.1℃/\text{m}$$

$$t_{pj}=145-\frac{1}{2}\times 0.1\times 40=143℃$$

所以

$$S=40\times\left(1.293\times\frac{273}{273-1}-1.34\times\frac{273}{273+143}\right)=16.735\text{Pa}$$

(3) 烟囱的出口内径计算。

$$D_1=0.0188\sqrt{\frac{V}{\omega}}$$

式中　V——烟气流量，m^3/s；

ω——烟气速度，一般为 10~20m/s，此处取 12m/s。

烟囱出口温度为：$T_C=T-\Delta T\times H=145-0.1\times 40=141℃$。

出口处烟气流量：$V_S=6178.84\times 414/273=37480.19m^3/h$。

烟气出口内径为 D_1：

$$D_1=0.0188\times\sqrt{\frac{37480.19}{12}}=1.05\text{m}$$

(4) 烟囱的进口内径的计算。

$$D_2=D_1+2i\times H$$

式中　i——烟囱坡度，通常取 0.02~0.03，此处取 0.02。

所以，$D_2=1.05+2\times 0.02\times 40=2.65$m。

4) 除尘系统的阻力损失计算

含尘气体在管道中流动时，会发生含尘气体和管道摩擦而引起的摩擦压力损失，以及含尘气体在经过各种管道附件或遇到某种障碍而引起的局部压力损失。

(1) 烟道及风管沿程阻力损失计算。先布置管道，绘制管道布置图，并对管段进行编号，标注长度和风量。管段长度一般按管件间中心线长度计算，不扣除管件(如三通、弯头)本身的长度。从锅炉出口到除尘器进口段如图 9-10 所示。

锅炉出口面积：$F_1=\pi R_1^2=3.14\times 0.3^2=0.2826m^2$。

假设烟气进入水平 1~2 段的流速为 12m/s，则其截面积为：

$$F=\frac{v}{u}=\frac{2.722}{12}=0.2268\text{m}^2$$

按圆形截面设计管道，其直径约为 550mm，依据圆形风管统一规格表可知，1～2 段取用直径为 560mm 的圆形风管，其截面积为 F_2：

$$F_2=\pi R_2^2=3.14\times0.28^2=0.2462\text{m}^2$$

则实际流速为：$u=\frac{v}{F_2}=\frac{2.722}{0.2462}=$ 11.06m/s。

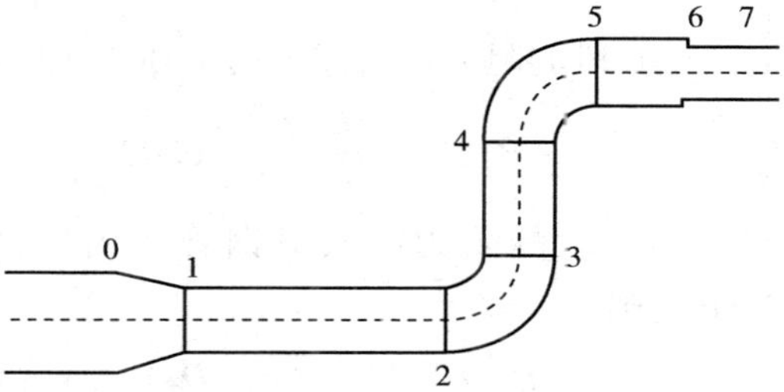

图 9-10 从锅炉出口到除尘器进口段管道示意图

0～1 段选取角度为 30°，渐缩管的局部阻力系数 $\xi=0.1$，烟道阻力系数 $\lambda=0.02$，则水平长度为：

$$\tan75°\times(0.6/2-0.56/2)=0.075\text{m}$$

0～1 段的沿程阻力：$P_{0\sim1}=\lambda\times\frac{L}{D}\times\frac{\rho v^2}{2}=0.02\times\frac{0.075\times2}{0.6+0.56}\times\frac{0.845\times11.06^2}{2}$ =0.13Pa

0～1 段的局部阻力：$\Delta P_j=\xi\times\frac{\rho v^2}{2}$

式中 ξ——局部阻力系数；

ρ——烟气密度，取 0.845kg/m³；

v——烟气流速，m/s。

$$P_{0\sim1}=0.1\times\frac{0.845\times11.06^2}{2}=5.17\text{Pa}$$

1～2 段的阻力：选用长为 3m 的钢管，查表可知钢管烟道阻力系数 $\lambda=0.02$，则 $P_{1\sim2}=\lambda\times\frac{L}{D}\times\frac{\rho v^2}{2}=0.02\times\frac{3}{0.56}\times\frac{0.845\times11.06\times11.06}{2}=5.54\text{Pa}$

2～3 段选取角度为 90°，弯管取 $\frac{r}{d}=1.0$，即 $r=0.56$m，查表可知局部阻力系数 $\xi=0.22$，则：

$$P_{2\sim3}=\xi\times\frac{\rho v^2}{2}=0.02\times\frac{0.845\times(11.06)^2}{2}=11.37\text{Pa}$$

3～4 段的阻力：选用长为 3.05m 的钢管，则：

$$P_{3\sim4}=\lambda\times\frac{L}{D}\times\frac{\rho v^2}{2}=0.02\times\frac{3.05}{0.56}\times\frac{0.845\times(11.06)^2}{2}=5.63\text{Pa}$$

4～5 段的阻力：选取角度为 90°弯管，与 2～3 段的阻力相同，则：

$$P_{4\sim5}=11.37\text{Pa}$$

5~6 段的阻力：选用长为 1.0m 的钢管，则：

$$P_{5\sim6}=\lambda\times\frac{L}{D}\times\frac{\rho v^2}{2}=0.02\times\frac{1}{0.5}\times\frac{0.845\times(11.06)^2}{2}=2.07\text{Pa}$$

6~7 段的阻力：该段钢管要由圆形变成矩形即要选用天圆，此处 L 取 0.1m，则：

$$\tan\frac{\theta}{2}=\frac{(1.13\sqrt{a_1b_1}-D_2)}{2L}=\frac{(1.13\sqrt{0.286\times0.8}-0.56)}{2\times0.1}=-0.097$$

所以 $\theta=-11.12$，即应选用 θ 为 170°。

又由于$\frac{F_3}{F_2}=\frac{0.286\times0.8}{0.2642}=0.87$；查《锅炉及锅炉房设备》可知在烟道中截面的突然变化不大于 15%时，局部阻力可以忽略不计，故该段管道的阻力为零。且角度较大，其产生的沿程阻力很小，故算作 5~6 段内。

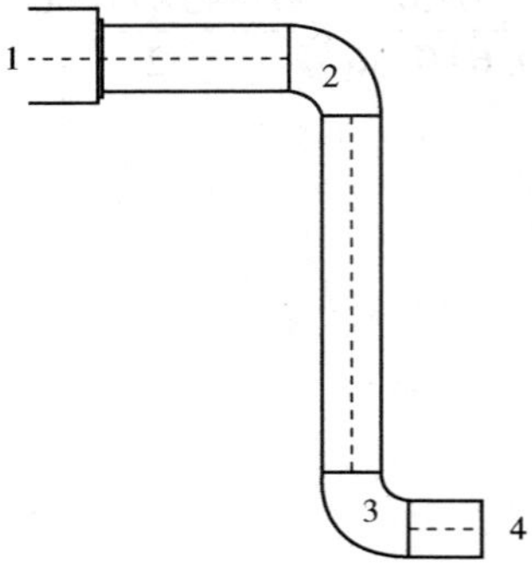

图 9-11 除尘器的出口到风机段管道示意图

(2) 除尘器的出口到风机段沿程阻力损失计算。除尘器的出口到风机段示意图如图 9-11 所示。

1~2 段的阻力：$F_4=a\times b=0.62\times0.62=0.3844\text{m}^2$

假设烟气进入水平 1~2 段的流速为 12m/s，则其截面积为：

$$F=\frac{v}{u}=\frac{2.627}{12}=0.2189\text{m}^2$$

按圆形截面设计管道，其直径约为 528mm，依据圆形风管统一规格表可知

选用直径为 500mm 的圆形钢管，此处的 $L=0.3$m。

$$F_5=\pi R_5^2=3.14\times0.25^2=0.1963\text{m}^2$$

所以实际流速：

$$u=\frac{V}{F}=\frac{2.267}{3.14\times0.25^2}=13.39\text{m/s}$$

$$\tan\frac{\theta}{2}=\frac{(D_1-1.13\sqrt{a_0b_0})}{2L}=\frac{(0.5-1.13\times\sqrt{0.62\times0.62})}{(2\times0.3)}=-0.334$$

所以 $\theta=-37°$，即应选用 θ 为 143°的渐扩管。

又由于$\frac{F_4}{F_5}\approx0.2$，查表可知 $\xi=0.33$。

0~1 段的阻力：$\Delta P_{0\sim1}=\xi\times\frac{\rho v^2}{2}=0.33\times\frac{0.875\times6.83^2}{2}=6.73\text{Pa}$

0~1 段产生的沿程阻力算在 1~2 段内。

1~2 段的阻力：此处的 $L=2\text{m}$。

$$u=\frac{V}{F}=\frac{2.267}{3.14\times0.25^2}=13.39\text{m/s}$$

$$\Delta P_{1\sim2}=\lambda\times\frac{L}{D}\times\frac{\rho v^2}{2}=0.02\times\frac{2}{0.5}\times\frac{0.875\times13.39^2}{2}=6.28\text{Pa}$$

在 2 处选取角度为 90°弯管，取 $\frac{r}{d}=1.0$，即 $r=0.50\text{m}$，查表知 $\xi=0.22$。

在 2 处的阻力：$P_2=\xi\times\frac{\rho v^2}{2}=0.22\times\frac{0.875\times13.39^2}{2}=17.26\text{Pa}$

2~3 段的阻力：此段的管道长度为 $5.85+0.8-0.1=5.65\text{m}$，即风机离地面 0.5m。

$$\Delta P_{2\sim3}=\lambda\times\frac{L}{D}\times\frac{\rho v^2}{2}=0.02\times\frac{5.65}{0.5}\times\frac{0.875\times13.39^2}{2}=17.73\text{Pa}$$

选取角度为 90°弯管同 2 处的阻力，即 $P_3=17.26\text{Pa}$。

3~4 段的阻力：选用长度为 1m 的圆形钢管，此处的 $L=1\text{m}$。

$$\Delta P_{3\sim4}=\lambda\times\frac{L}{D}\times\frac{\rho v^2}{2}=0.02\times\frac{1}{0.5}\times\frac{0.875\times13.39^2}{2}=3.14\text{Pa}$$

(3) 风机出口到烟囱段的阻力损失(采用砖烟道圆形断面)风机出口到砖烟道的立面图如图 9-12 所示。风机出口采用渐扩管，扩展后的直径为 500mm，后经弯管进入转烟道。

在 2 处的阻力：

$$u=\frac{V}{F}=\frac{2.267}{3.14\times0.25^2}=13.39\text{m/s}$$

其中 2 处选取角度为 90°弯管，取 $\frac{r}{d}=1.0$，即 $r=0.50\text{m}$，查表知 $\xi=0.22$。

$$P_2=\xi\times\frac{\rho v^2}{2}=0.22\times\frac{0.875\times13.39^2}{2}=17.26\text{Pa}$$

1~2 段的阻力：此处的 $L=1.2\text{m}$。

$$\Delta P_{1\sim2}=\lambda\times\frac{L}{D}\times\frac{\rho V^2}{2}=0.02\times\frac{1.2}{0.5}\times\frac{0.875\times13.39^2}{2}=3.77\text{Pa}$$

(4) 烟道到烟囱的阻力损失。烟气经过 1 后进入砖烟道，砖烟道选取直径为 1.5m 的砖砌圆形管道，如图 9-13 所示。

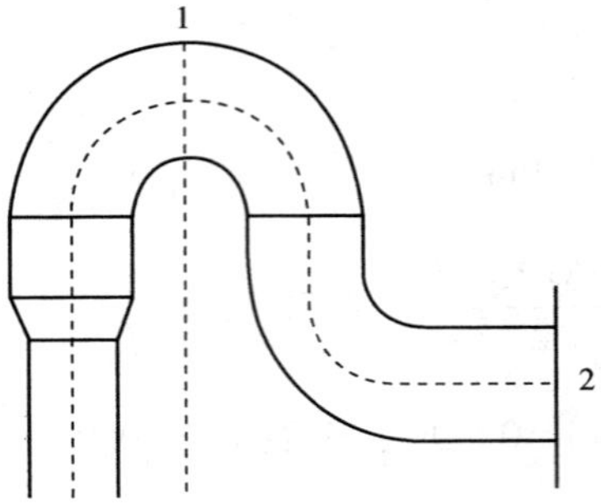

图 9-12　风机出口到砖烟道的管道示意图

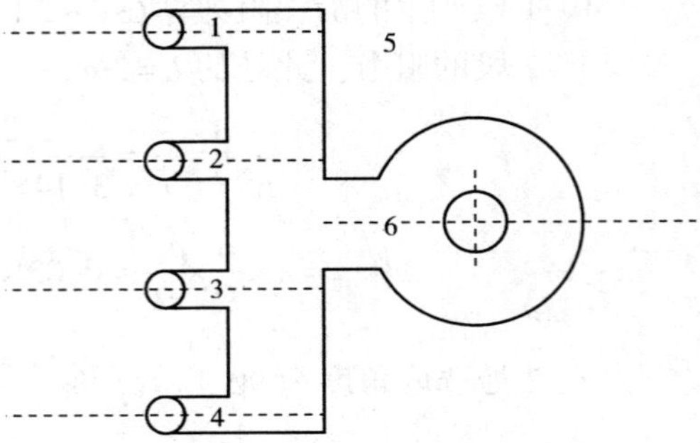

图 9-13　烟道到烟囱的构造示意图

在 1 处的流速：

$$u=\frac{V}{F}=\frac{2.267}{3.14\times0.25^2}=13.39\text{m/s}$$

1 处的局部阻力：由于$\frac{F_1}{F_6}\approx0.2$，查表可知 $\xi=1.00$，所以：

$$\Delta P_1=\xi\times\frac{\rho v^2}{2}=1.00\times\frac{0.875\times13.39^2}{2}=78.44\text{Pa}$$

单个锅炉在砖烟道产生的摩擦阻力计算如下。

烟气流速：

$$u=\frac{V}{F}=\frac{2.267}{3.14\times0.6^2}=2.32\text{m/s}$$

5~6 段的阻力：

$$\Delta P_{5\sim6}=\lambda\times\frac{L}{D}\times\frac{\rho v^2}{2}=0.04\times\frac{0.99}{1.2}\times\frac{2.627\times2.32^2}{2}=2.35\text{Pa}$$

在 6 处选用直角连接，可知该处的阻力系数 $\xi=1.4$。

$$\Delta P_6=\xi\times\frac{\rho v^2}{2}=1.4\times\frac{0.875\times2.32^2}{2}=3.30\text{Pa}$$

5）风机、电机的选择

风机的选择与能否使烟囱烟气顺利排出有关。在本节中，着重从风机的风量和风压两个方面来考虑，通过和前面章节所计算的管道阻力相比较，从而选择恰当的风机。

（1）确定阻力损失。从锅炉到风机前的总阻力损失：

$$P_{总}=800+800+5.17+0.13+5.54+11.37+5.63+11.37+2.07+6.73+6.28+17.26+17.73+17.26+3.14+17.26+3.77+78.44+2.35+3.30=1817.52\text{Pa}$$

烟囱的抽力：$S=16.735/4=4.18$Pa（每台风机所承受的抽力）。

所以整个烟气系统的压力损失为：$P_a=1817.52-4.18=1813.34$Pa，取安全系数 1.1，则 $P'_{总}=1813.34\times1.2=2176.01$Pa。

（2）确定烟气量。已知 $Q=10147.1\text{m}^3/\text{h}$，又取安全系数 1.1，则 $Q'=10147.1\times1.1=11161.81\text{m}^3/\text{h}$。

（3）确定风机型号。现风机运行系统中，温度为 145℃，空气的密度发生了变化，风量不变，所以风压发生了变化，为了根据样本选择风机，应该把实际工况下的风压换算成标准状态下的风压：

$$\Delta P_{总}=P'_{总}\times\frac{\rho_1}{\rho_2}$$

又因为 $\rho=\dfrac{\rho_n P_s T_n}{P_n T_s}=\dfrac{1.34\times97.86\times273}{101.325\times293}=1.21\text{kg/m}^3$，

所以 $\Delta P_{总}=P'_{总}\times\dfrac{\rho_1}{\rho_2}=2176.01\times\dfrac{1.21}{0.875}=3009.11$Pa

综合各项指标，查《锅炉房实用设计手册(第二版)》，选用 Y5-47-12 型高效低噪离心引风机，参数如下。

全压/Pa	3148
风量/(m^3/h)	12121
效率/%	85
内功率/kW	12.47
所需功率/kW	17.06
电机型号	Y160L-2
滑轮高度/m	55
滑轮代号	7×64×3
电机功率/kW	18.5

5. 工艺流程图与设备图

1）工艺流程图

工艺流程图纸参见本书 9.2 节中课程设计的图纸要求。流程图 1 张（2#图纸），如图 9-14 所示。

2）设备图

设备图纸参见本书 9.2 节中课程设计的图纸要求。设备图 1 张（2#图纸），如图 9-15 所示。

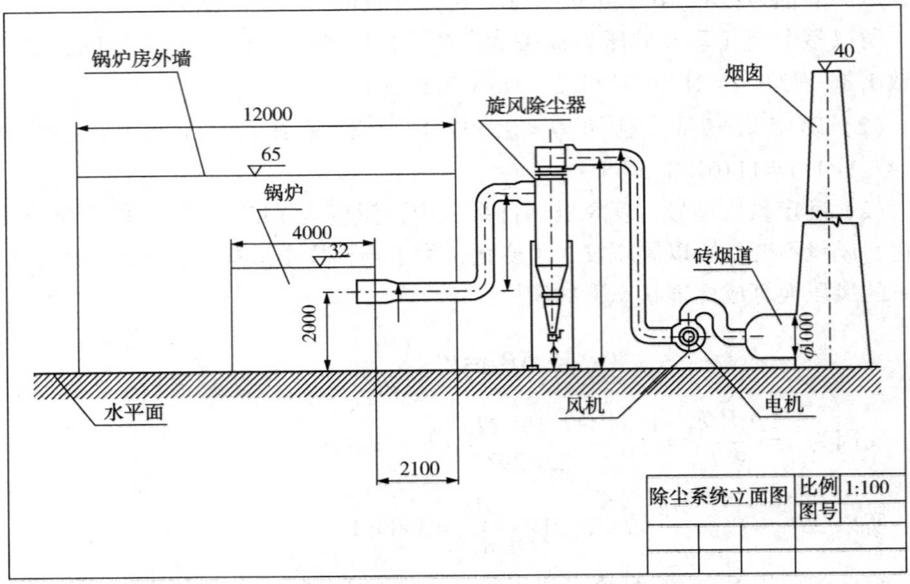

图 9-14　除尘器工艺流程图

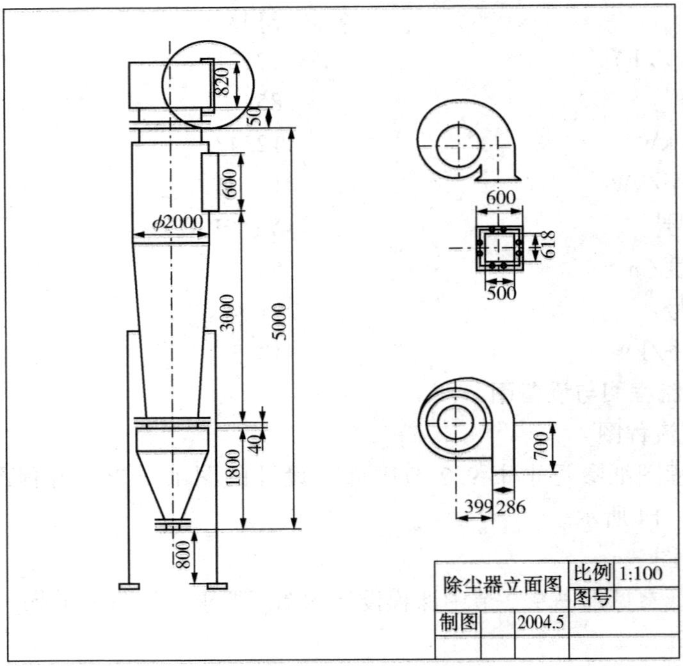

图 9-15　除尘器设备图

6. 编写设计说明书和计算书

课程设计说明书全部采用计算机打印(1.2万~1.5万字)，图纸可用计算机绘制。说明

书应包括以下部分。

① 目录；

② 概述；

③ 设计任务(或设计参数)；

④ 工艺原理及设计方案比选；

⑤ 处理单元设计计算；

⑥ 设备选型；

⑦ 构筑物或主要设备一览表；

⑧ 结论和建议；

⑨ 参考文献；

⑩ 致谢；

⑪ 附图。

其中③~⑥可参考本章中的9.2节，由于篇幅有限，其余部分学生应根据课程设计内容和要求进行编写，用语科学规范，详略得当。

处理构筑物、设备一览表应包括名称、型式(型号)、主要尺寸、数量、参数等；图级

为主要构筑物结构图1~2张(2#图纸)，应包括主图、剖面图。按比例绘制、标出尺寸并附说明。图签应规范。

参考文献按标准要求编写，不少于10篇。

9.3 固体废物处理与处置

9.3.1 课程设计的目的、意义和要求

1. 课程设计的目的和意义

固体废物处理与处置课程设计是为配合环境工程专业核心课程《固体废物处理与处置》学习而单独设立的设计性实践课程，是对固体废物从产生到分类、收集、运输、中间处理、最终处置及资源化技术的工程设计，是课程教学的重要组成部分，是培养学生工程设计能力和创新能力的重要实践教学环节。作为环境工

程专业的一门专业必修课，教学目的是在课程设计过程中，使学生学习固体废物全过程管理中的基本原理、固体废物收运工艺设施的工作原理和特性、固体废物处理与处置工程的设计步骤及建、构筑物计算方法、主要设备或治理工艺的图纸绘制等，培养学生调查研究、文献查阅及资料收集、比较确定设计方案、工程设计计算、图纸绘制与技术文件编写的能力。

2. 课程设计的选题

本课程设计选题必须紧紧围绕固体废物处理与处置的主要内容，包括固体废物的收运工艺，生活垃圾的填埋、焚烧和堆肥等处理/处置工艺。学生根据教学大纲要求，设计工作量及实际设计条件进行适当选题。选题要符合本课程的教学要求，应包括固体废物处理与处置技术的设计计算和针对各种工艺流程的模拟。注意选题内容的先进性、综合性、实践性，应适合实践教学和启发创新，选题内容不应太简单，难度要适中，并且带有一定的前瞻性、系统性和实用性。

3. 课程设计说明书和计算书的编写

课程设计说明书是学生设计成果的重要表现之一，设计说明书的重点是对设计计算成果的说明和合理性分析以及其他有关问题讨论。设计说明书要力求文字通顺、简明扼要，图表要清楚整齐，每个图、表都要有名称和编号，并与说明书中内容一致。课程设计说明书按设计程序编写，包括方案的确定、设计计算、设备选择和有关设计的简图等内容。课程设计说明书包括封面、目录、前言、正文、小结及参考文献等部分，文字应简明通顺，书写工整，装订成册，合订时，说明书在前，附表和附图分别集中，依次放在后面。

4. 课程设计的图纸要求

课程设计图纸应能较好地表达设计意图，图面布局合理、正确清晰、符合制图标准及有关规定。

每个学生应至少完成设计图纸 1 张，建议绘固体废物处理与处置系统总图 1 张。系统图应按比例绘制、标出设备、管件编号，并附明细表。如条件允许可附系统平面、剖面布置图或工艺设备图 1～2 张。图中设备管件需标注编号，编号与系统图对应。布置图应按比例绘制。在平面布置图中应有方位标志（指北针）。

5. 课程设计的内容与步骤

1）课程设计的目的

① 生活垃圾填埋场设计。通过课程设计进一步消化和巩固本课程的基本知识，培养学生独立完成垃圾处理方案的比较、垃圾填埋场选址、对所选场址的评

析以及填埋场工程设计的能力。通过设计，使学生掌握垃圾填埋场设计的一般原则、步骤和方法，了解如何查阅有关资料、手册以及规范，培养学生掌握垃圾填埋场主体工程的设计方案，进行设计计算、绘制工程图、使用技术资料、编写设计说明书的能力。

② 生活垃圾堆肥化处理设计。通过课程设计培养学生运用所学理论知识进行生活垃圾好氧堆肥化处理设计的初步能力。通过设计，了解工程设计的内容、方法及步骤，使学生掌握垃圾堆肥化处理主体工程的设计以及设计说明书的编制和设计图的绘制等基本方法。

③ 城市生活垃圾焚烧厂设计。通过对城市生活垃圾焚烧系统的工艺设计，初步掌握城市生活垃圾焚烧系统设计的基本方法。培养利用已学理论知识综合分析问题和解决实际问题的能力、绘图能力，以及正确使用设计手册和相关资料的能力。

2）设计说明书内容

以生活垃圾卫生填埋场设计为例，根据所提供的资料，完成生活垃圾卫生填埋场的方案设计，内容包括原始资料的分析、垃圾处理工艺的选择、垃圾填埋场选址和库容计算、垃圾渗滤液的产生和收集、垃圾填埋场终场处理的工程的设计等几部分。

① 垃圾处理工艺的选择。根据所提供资料和城市生活垃圾的基本性质，通过焚烧、堆肥、卫生填埋几种处理方案比较，选择卫生土地填埋为该市城市生活垃圾处理工艺。

② 垃圾填埋场选址和库容计算。根据垃圾填埋场选址的基本原则，结合备选场址条件，综合考虑工程因素、社会环境因素以及经济因素等方面，确定垃圾填埋场场址。在确定垃圾填埋场场址的前提下，进行填埋场库容和面积等尺寸的设计计算。

③ 垃圾渗滤液的产生和收集。根据所提供资料，估算垃圾渗滤液的产生量和产生速率；根据垃圾渗滤液产生量和设计处理规模，计算收集系统中调节池的尺寸。

④ 垃圾填埋场终场处理。包括垃圾填埋场封场后终场覆盖系统、填埋气体收集与处理系统、地表水收集与导排系统的设计和土地利用的考虑。

此外，设计内容还包括环境保护措施和环境监测等。

6. 课程设计的注意事项

① 选题可由指导教师选定或由指导教师提供几个选题供学生选择；也可由学生自选题，但学生选题需通过指导教师批准。课题应在设计周之前提前公布，

并尽量早些，以便学生有充分的设计准备时间。

指导教师公布的课程设计课题一般应包括以下内容：课题名称、设计任务、技术指标和要求、主要参考文献等。

② 学生课程设计结束后，应向教师提交课程设计数据，申请指导教师验收。对达到设计指标要求的，教师将对其综合应用能力和工程设计能力进行简单的答辩考查，对每个学生设计水平做到心中有数；未达到设计指标要求的，则要求其调整和改进，直到达标。

③ 学生编写课程设计说明书和绘制图纸应认真、规范，数据真实可靠，格式正确。

9.3.2 案例

1. 设计任务书

1）设计名称

设计名称：某城市生活垃圾卫生填埋场设计。根据相关规划，拟在某城市建立一个服务人口为 10 万人的垃圾卫生填埋场，垃圾填埋场的设计服务年限为 10 年。

2）设计原始资料

① 该城市服务人口 260 万人，现垃圾产量 1.0~1.5kg/(人·d)，垃圾压实密度 800kg/m^3。

② 气象资料：该城市位于我国南方，属亚热带季风气候，季风明显，降水充沛，四季分明，无霜期长。该市多年平均气温 17℃，多年平均降水量 1577mm，日最大降雨量达 160mm，该城市年主导风向为偏北风。

③ 场址概况：填埋场库区周围汇水面积 0.6km^2。场底表土厚度 0.5~4.6m 不等，平均 2.2m。土壤渗透系数为 6.0×10^{-4} m/s。场址地下水稳定水位埋深 0.8m。

3）课程设计的任务

本次设计的目标是对某城市生活垃圾卫生填埋场进行设计，其主要内容包括以下几个方面。

① 垃圾处理工艺的选择；

② 工程内容，包括工程组成和工程概要；

③ 垃圾填埋库区主体工程，包括填埋场库容计算，防渗工程、垃圾渗滤液产生量和收集系统(调节池)，填埋气体产生量和导气系统；

④ 填埋场封场系统的设计、计算。

此外还包括填埋场地的环境保护和监测以及其他辅助设施的设计。

4）基本要求

① 在设计过程中，培养学生独立思考、独立工作能力以及严肃认真的工作作风。

② 通过本课程设计使学生具有初步的综合运用知识的能力，收集资料和使用技术资料的能力，方案比较分析、论证的能力，设计计算的能力等，从而提高学生的工程素质和综合素质。

③ 设计说明书应内容完整、计算准确、论述简洁、文字通顺、条理清晰。

④ 设计图纸应能较好地表达设计意图，图面布局合理、图签规范、线条清晰、主次分明、粗细适当、数据标绘完整，符合制图标准及有关规定，并附有一定文字说明。

2. 生活垃圾概述

1）城市生活垃圾定义与特点

固体废物是指在生产、生活和其他活动中产生的丧失原有利用价值或者虽未丧失利用价值但被抛弃或放弃的固态、半固态和置于容器中的气态的物品、物质以及法律、行政法规规定纳入固体废物管理的物品、物质。固体废物有多种分类方法，依据《中华人民共和国固体废物污染环境防治法》（以下简称《固废法》），将固体废物分为生活垃圾、工业固体废物和危险废物 3 类。

生活垃圾，是指在日常生活中或者为日常生活提供服务的活动中产生的固体废物以及法律、行政法规规定视为生活垃圾的固体废物。根据该定义，生活垃圾包括城市生活垃圾和农村生活垃圾。

城市生活垃圾又称为城市固体废物，是指在城市居民日常生活中或为城市日常生活提供服务的活动中产生的固体废物，主要成分包括厨余物、废纸、废塑料、废织物、废金属、废玻璃陶瓷碎片、庭院废物、砖瓦渣土，以及废旧家具器皿、废旧电器、废旧办公用品、废日杂用品、给水排水污泥等。城市生活垃圾主要产自城市居民家庭、城市商业、餐饮业、旅馆业、旅游业、服务业、市政环卫系统、城市交通运输、文教卫生团体和行政事业单位、工矿企业单位等。城市生活垃圾的主要特点是成分复杂，有机物含量高。表 9-20 列出了根据国家发达程度对垃圾的密度、含水率和热值的比较。

2）城市生活垃圾的管理原则

我国的《固废法》中明确指出："国家对固体废物污染环境的防治，实行减少固体废物产生、充分合理利用固体废物和无害化处置固体废物的原则"，即减量化、资源化、无害化的"三化"原则。

表 9-20　3 种类型国家垃圾的密度、含水率和热值

国家类型	垃圾热值/kJ	含水率/%	垃圾密度/(kg/m^3)
发达国家	100~150	20~40	6300~10000
中等收入国家	200~400	40~60	≤4200
低收入国家	250~500	40~70	

减量化是指通过采用合理的管理和技术手段，减少固体废物的产生量和排放量，以最大限度地合理开发资源和能源。减量化是防止固体废物污染环境的首先要求和措施。目前，我国城市生活垃圾的产生量巨大，超过 $1\times10^8 t/a$，如果采取措施，尽可能减少城市生活垃圾的产生和排放，就可以从源头上直接减少城市生活垃圾对人体健康的危害，最大限度地合理开发利用资源和能源。

资源化是指采取管理和工艺措施从固体废物中回收物质和能源，加速物质和能量的循环，创造经济价值的广泛的技术方法。从城市生活垃圾管理的角度，资源化的定义包括 3 个范畴：物质回收，即从处理的城市生活垃圾中回收一定的二次物质，如纸张、玻璃、金属等；物质转换，即利用废弃物制取新形态的物质，如利用废玻璃和废橡胶生产建筑材料；能量转换，即从废物处理过程中回收能量，以生产热能或电能，如通过城市生活垃圾的焚烧处理回收热量，用于供热或发电。

无害化是指对已产生又无法或暂时尚不能综合利用的固体废物，经过物理、化学或生物方法，进行无害或低危害的安全处理、处置，达到废物的消毒、解毒或稳定化，以防止固体废物的污染危害。

3）城市生活垃圾的处理处置方法

城市生活垃圾的处理与处置主要有生物处理、热处理和卫生填埋 3 种方法。

① 生物处理。城市生活垃圾的生物处理是指通过微生物的好氧或厌氧作用，使其中的可降解有机物组分转化为稳定的产物、能源或其他有用物质的处理技术。城市生活垃圾的生物处理包括堆肥化、厌氧消化等，其中，堆肥化作为大规模处理城市生活垃圾的生物处理技术得到了广泛应用。

堆肥化是在控制条件下，利用自然界广泛分布的细菌、放线菌、真菌等微生物，促进来源于生物的有机废物发生生物稳定作用，使可被生物降解的有机物转化为稳定的腐殖质的生物化学过程。堆肥化系统的分类：按温度分为中温堆肥和高温堆肥；按技术分为露天堆肥和机械密封堆肥。

② 热处理。城市生活垃圾的热处理是在装有城市生活垃圾的设备中通过高温使其中的有机物分解并深度氧化，从而改变其物理、化学或生物组成和特性的处理技术。

城市生活垃圾的热处理技术包括焚烧、热解、熔融、烧结和湿式氧化等，其中，焚烧是城市生活垃圾最常用的热处理技术，焚烧是以一定量的过剩空气与被处理的生活垃圾中的有机废物在焚烧炉内进行氧化燃烧反应，使有机物转换为无机物，同时减少废物体积。

③ 卫生填埋。卫生填埋是通过采取防渗、铺平、压实、覆盖，对城市生活垃圾进行处理和对气体、渗滤液、蝇虫等进行治理的垃圾处理方法。

几种处理方法中，现代卫生填埋技术作为城市生活垃圾的最终处置技术，在世界范围内得到了广泛应用。即使在发达国家，如美国、英国、德国等大多数工业化国家，目前仍有 70%～95% 的城市生活垃圾采用卫生填埋。我国作为发展中国家，卫生填埋在城市生活垃圾最终处理处置技术中所占的比例更高。

3. 填埋场的选址

1）填埋场选址的基本原则

场址的选择是卫生填埋场全面设计规划的第一步。影响选址的因素很多，主要应从工程学、环境学、经济学、法律和社会学等方面来考虑。这些选择要求相辅相成。主要遵循两条原则：一是从防止环境污染角度考虑的安全原则，二是从经济角度考虑的经济合理原则。安全原则是选址的基本原则。维护场地的安全性，要防止场地对大气的污染、地表水的污染，尤其是要防止渗滤水释放对地下水的污染。因此，防止地下水的污染是场地选择时考虑的重点。

经济原则对选址也有相当大的影响。场地的经济问题是一个比较复杂的问题，它与场地的规模、容量、征地费用、运输费、操作费等多种因素有关。合理的选址可充分利用场地的天然地形条件，尽可能减少挖掘土方量，降低场地施工造价。

2）选址的考虑因素

填埋场的选址总原则是应以合理的技术、经济方案，尽量少地投资，达到最理想的经济效益，实现保护环境的目的。必须加以考虑的因素有：运输距离、场址限制条件、可以使用的土地容积、入场道路、地形和土壤条件、气候、地表和水文条件、当地环境条件以及填埋场封场后场地是否可被利用。

3）选址的条件

填埋场选址时应考虑以下因素。

① 填埋场场址设置应符合当地城市建设总体规划要求，符合当地城市区域环境总体规划要求，符合当地城市环境卫生事业发展规划要求；

② 填埋场对周围环境不应产生污染或对周围环境影响不超过国家相关现行

标准的规定；

③ 填埋场应与当地的大气防护、水资源保护、大自然保护及生态平衡要求相一致；

④ 填埋场应具备相应的库容，使用年限宜 10 年以上，特殊情况下不应低于 8 年。

选址的限制条件包括：①填埋场场址不应选在城市工农业发展规划区、农业保护区、自然保护区、风景名胜区、文物（考古）保护区、生活饮用水水源保护区、供水远景规划区、矿产资源储备区、军事要地、国家保密地区；②填埋场场址不应设在洪泛区、淤泥区，距居民居住区或人畜供水点 500m 以内的地区，直接与河流和湖泊相距 50m 以内的地区，活动的坍塌地带、地下蕴矿区、灰岩坑及岩洞区。

4）场址确定

该地区主导风向为偏北风，因此生活和管理设施宜集中布置并处于夏季主导风向的上风向，即垃圾填埋场的偏北角，以减少填埋场对居民生产生活的影响。

5）填埋库容计算

该填埋场采用平原型填埋，每年所需的场地体积为：

$$V_n = \text{填埋垃圾量} + \text{覆盖土量} = (1-f) \times \frac{356 \times W}{\rho} + \frac{356 \times W}{\rho} \times \varphi$$

式中 V_n——第 n 年垃圾填埋容量，m^3；

f——体积减小率，与垃圾组分有关，一般取 0.15~0.25；

W——每日计划填埋废物量，kg/d；

φ——填埋时覆土体积占废物的比率，取 0.15~0.25；

ρ——垃圾压实后的平均密度，kg/m^3。

每日计划填埋废物量 W：

$$W = \omega \times P = 1.2 \times 1 \times 10^5 = 1.2 \times 10^5$$

式中 W——垃圾产生率，kg/（d·人），取 1.2kg/（d·人）；

P——城市人口。

据上式，f 值取 0.2，ρ 取 $800kg/m^3$，φ 取 0.16，则第一年填埋的固体废物体积 V_1 为：

$$V_1 = (1-0.2) \times \frac{365 \times 1.2 \times 10^5}{800} + \frac{365 \times 1.2 \times 10^5}{800} \times 0.16 = 52560\ m^3$$

设该城市生活垃圾的年增长速率为 8%，则第一年至第十年废物体积的计算结果见表 9-21。

表 9-21　垃圾填埋场历年所需的场地体积

年度	第一年	第二年	第三年	第四年	第五年
废物体积/m^3	52560.0	56764.8	61306.0	66210.5	71507.4
年度	第六年	第七年	第八年	第九年	第十年
废物体积/m^3	77228.0	83406.3	90078.8	97285.1	105067.9

（1）该卫生填埋场总的场地体积V_1。

$$V_t = \sum_{n=1}^{N} V_n = V_1 + V_2 + \cdots + V_{10} = 52560.0 + 56764.8 + \cdots + 105067.9 = 761415\text{m}^3$$

（2）填埋场总面积 A。

$$v = \kappa \times \frac{V}{H}$$

式中　H——垃圾填埋深度，m；

κ——修正系数，取值范围 1.05~1.20。

填埋场预计填埋深度取 10m，κ 取 1.1，则：

$$A = 1.1 \times \frac{761415}{10} = 83756\text{m}^2$$

$$A = L \times B$$

式中　L——填埋场长度，m；

B——填埋场宽度，m。

（3）填埋场宽度 B 设 L 取 300m，则：

$$B = \frac{A}{L} = \frac{83756}{300} = 279.2 \approx 280\text{m}$$

4. 填埋场基础工程与防渗

1）场底基础工程

根据《生活垃圾卫生填埋技术规范》（CJJ 17—2004）的规定，卫生填埋场底地基应是具有承载能力的自然土层或经过碾压、夯实的平稳层，且不应因填埋场垃圾的沉陷而使场底变形、断裂。场底基础表面经碾压后，方可在其上贴铺人工衬里。

《生活垃圾卫生填埋技术规范》还规定场底应有纵、横向坡度。纵横坡度宜在 2%以上，以利于渗滤液的导流。由于填埋场长度达到 300m，如按 2%坡度进行设计，则场区两端高差达 6m。受地下水埋深土方平衡及整体设计的影响，场区两端高差过大会造成较大的困难。实际设计建设中，垃圾卫生填埋场场底纵向主要坡度取 1.3%，以保证渗滤液排放顺畅。

为确保填埋场安全，考虑到该填埋场土体条件较差，需要对其整形，对坑底及周围进行平整，取土同时作为坑四壁局部填土、每日覆盖用土和最终覆盖用土。填埋区底部按设计高程完成基底工程以后，底部要求平整，以利于防渗膜的铺设。

2）场区防渗工程

根据《生活垃圾卫生填埋技术规范》的规定，"填埋场必须进行防渗处理，防止对地下水和地表水的污染，同时还应防止地下水进入填埋区"。防渗工程是卫生填埋场的重要工程，主要作用有：一是将填埋场内外隔绝，防止渗滤液进入地下水；二是阻止场外地表水、地下水进入垃圾填埋场以减少渗滤液的产生量；三是有利于填埋气体的收集和利用。防渗一般分为天然防渗和人工防渗。

（1）天然防渗。天然防渗是指在填埋场填埋库区，具有天然防渗层，其隔水性能完全达到填埋场防渗要求，不需要采用人工合成材料进行防渗。天然防渗的填埋场场地一般位于黏土和膨润土的土层中。《生活垃圾卫生填埋场防渗系统工程技术规范》（CJJ 113—2007）对天然防渗的要求：天然黏土类衬里及改性黏土类衬里的渗透系数不应大于 1.0×10^{-7}cm/s，且场底及四壁衬里厚度不应小于 2m。

（2）人工防渗。根据《生活垃圾卫生填埋技术规范》的规定，"填埋场必须防止对地下水的污染，不具备自然防渗条件的填埋场和因填埋垃圾可能引起污染地下水的填埋场，必须进行人工防渗，即场底及四壁用防渗材料作防渗处理"。当填埋场不具备黏土类衬里或改良土衬里的防渗要求时，需采用人工合成材料进行防渗的方式。《生活垃圾卫生填埋场防渗系统工程技术规范》对人工防渗的要求：在填埋库区底部及四壁铺设高密度聚乙烯（HDPE）土工膜作为防渗衬里时，膜厚度不应小于 1.5mm，并应符合填埋场防渗的材料性能和现行国家相关标准的要求。

① 防渗材料。防渗材料有多种类型，目前常用的主要有两类：黏土与人工合成材料。黏土除天然黏土外，还有改良膨润土等；人工合成材料种类很多，如高密度聚乙烯（HDPE）膜、低密度聚乙烯（LDPE）膜、聚氯乙烯（PVC）膜等，但近 20 年来，国内外填埋场最常用的是高密度聚乙烯（HDPE）膜。实际上，大部分填埋场所选用的防渗层材料均是黏土和 HDPE 膜。压实黏土与 HDPE 膜的特点和性能见表 9-22。

② 防渗系统构造。根据《生活垃圾卫生填埋场防渗系统工程技术规范》的规定，防渗单层防渗结构的层次从上至下为：渗滤液收集导排系统、防渗层（含防

渗材料及保护材料）、基础层、地下水收集导排系统。单层防渗结构的设计包括 4 种类型：HDPE 膜+压实土壤复合防渗结构（图 9-16）、HDPE 膜+GCL 复合防渗结构（图 9-17）、压实土壤单层防渗结构（图 9-18）和 HDPE 膜单层防渗结构（图 9-19）。

表 9-22　压实黏土与 HDPE 膜的特点和性能

类型／材料	渗透系数 k/(m/s)	对库容的影响	抗穿刺能力	应用范围
HDPE 膜	$10^{-13} \sim 10^{-14}$	较小	较差	整个基底层防渗
压实黏土	$10^{-6} \sim 10^{-7}$	较大	较好	场底防渗

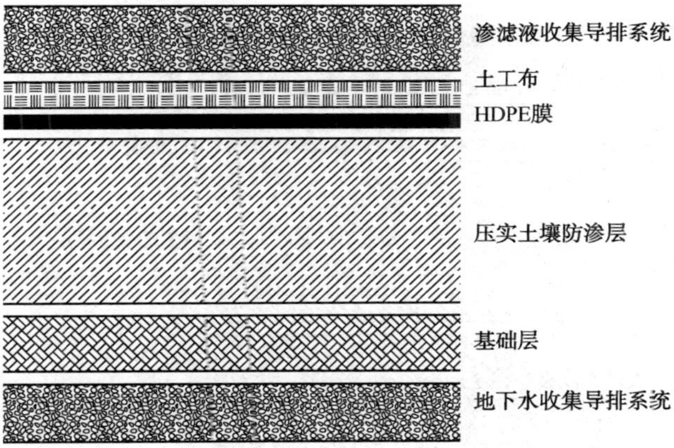

图 9-16　HDPE 膜+压实土壤复合防渗结构示意图

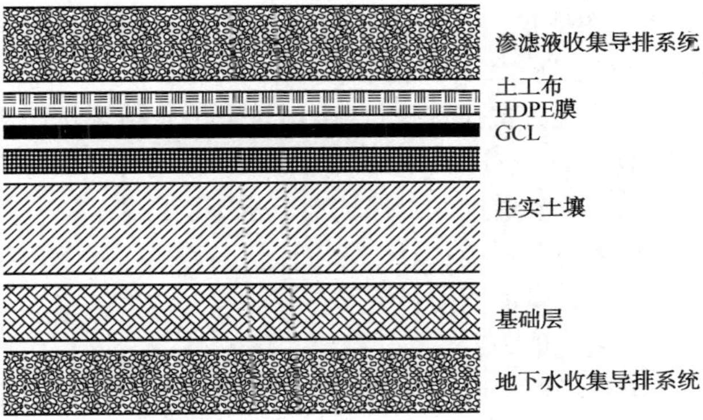

图 9-17　HDPE 膜+GCL 复合防渗结构示意图

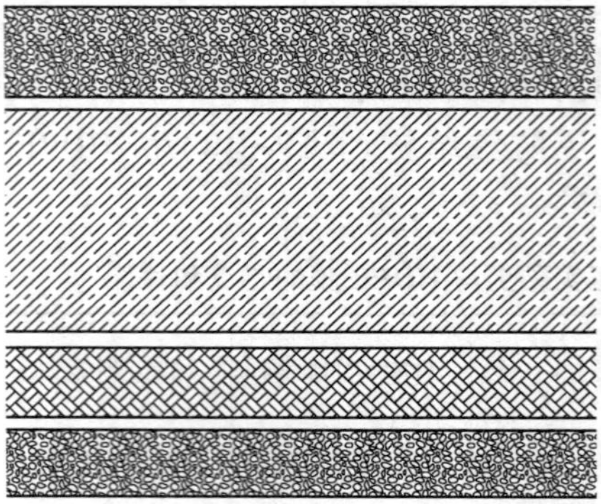

图 9-18 压实土壤单层防渗结构示意图

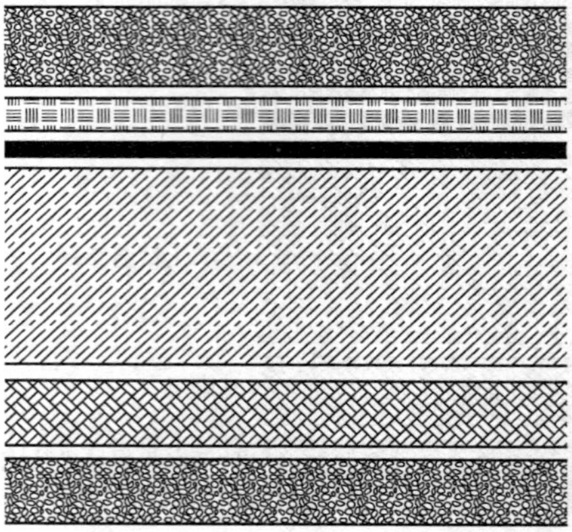

图 9-19 HDPE 膜单层防渗结构示意图

双层防渗结构的层次从上至下为渗滤液收集导排系统、主防渗层(含的渗材料区保护材料)、渗漏检测层、次防渗层(含防渗材料及保护材料)、基础层、地下水收集导排系统。双层防渗结构的设计如图 9-20 所示。

③ 场地水平防渗系统方案比选执行《生活垃圾卫生填埋场防渗系统工程技术规范》的规定，所渗层设计应符合下列要求。

a. 能有效地阻止渗滤液透过，以保护地下水不受污染；

b. 具有相应的物理力学性能；

c. 具有相应的抗化学腐蚀能力；

d. 具有相应的抗老化能力；

e. 应覆盖垃圾填埋场场地和四周边坡，形成完整的、有效的防水屏障。

由本设计中根据所给的原始资料可以知道：土壤渗透系数 6.0×10^{-4}m/s，故 $k=6.0\times10^{-4}$m/s$>10^{-5}$m/s，属于渗漏性场地。

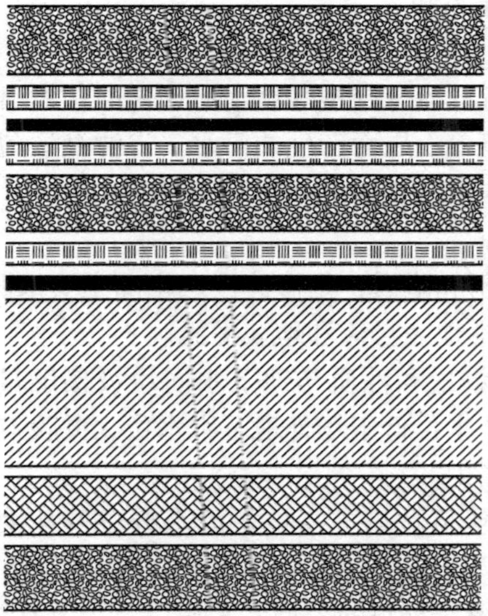

图 9-20　双层防渗结构示意图

场区地下水位较低，离地面仅 0.8m，此填埋场没有独立的水文地质单元，也无不透水层或弱透水层，因此也属于渗透性场地，故不宜采用垂直防渗系统，而应采用水平防渗系统。

由于度量黏土衬层渗透性的主要指标是渗透系数，根据《城市生活垃圾卫生填埋技术规范》，天然黏土类衬里的渗透系数不应大于 10^{-7}cm/s，并且黏土层厚度要≥2m。

因原始资料中并未给出当地土层中天然黏土的渗透系数，对比以上所介绍的 3 种防渗材料性能并考虑施工中常用的材料，故排除了用天然材料作衬垫层的方案，而选择了人工合成防渗膜。在人工合成防渗膜中选用了性能较优、国内外使用经验较多的高密度聚乙烯(HDPE)防渗膜。

根据原始资料可知，该填埋场土壤渗透系数为 6.0×10^{-4}m/s，大于10^{-5}m/s，地下水稳定水位平均埋深 0.8m，即地下水位较高，场区地质条件不好，因此选择了双层衬里的防渗系统。

防渗结构中，主防渗层和次防渗层均采用厚度 2.0mm 的 HDPE 膜作为防渗材料；主防渗层 HDPE 膜上均采用面密度为 600g/m^{2}的非织造土工布作为保护层，HDPE 膜下采用非织造土工布作为保护层；次防渗层 HDPE 膜上采用非织造土工布作为保护层，HDPE 膜下采用渗透系数≤1×10^{-7}m/s 的压实土壤作为保护层，压实土壤厚度 800mm；主防渗层和次防渗层之间的排水层采用复合土工排水网。

5. 垃圾渗滤液的产生与收集系统

1）垃圾渗滤液概念和来源

垃圾渗滤液是指超过垃圾所覆盖土层饱和蓄水量和表面蒸发潜力的雨水进入填埋场地后，流经垃圾层和所覆盖土层而产生的污水。渗滤液还包括垃圾自身所含的水分、垃圾分解所产生的水及浸入的地下水。

垃圾渗滤液主要有以下来源。

① 降水入渗。降水包括降雨和降雪，是渗滤液产生的主要来源。

② 外部地表水的渗入。包括地表径流和地表灌溉。

③ 地下水的渗入与渗滤液数量和性质与地下水同垃圾接触量、时间及流动方向等有关；当填埋场内渗滤液水位低于场外地下水水位，并没有设置防渗系统时，地下水就有可能渗入填埋场内。

④ 垃圾本身含有的水分。包括垃圾本身携带的水分以及从大气和雨水中吸附的水分。

⑤ 覆盖材料中的水分。与覆盖材料的类型、来源以及季节有关。

⑥ 垃圾在降解过程中产生的水分。与垃圾组成、pH 值、温度和菌种等有关，垃圾中的有机组分在填埋场内分解时会产生水分。

2）垃圾渗滤液的水质特征

垃圾渗滤液主要来源于降水和垃圾本身的内含水以及分解产生的水。垃圾渗滤液的主要污染成分有：有机物、氨氮和重金属等。其种类和浓度与垃圾类型、组分、填埋方式、填埋时间、填埋地点的水文地质条件、不同的季节和气候等密切相关，其水质主要呈现以下特征。

① 有机物浓度高：对于新建的垃圾填埋场，大量挥发性酸的存在可能会产生高的 COD_{Cr} 和 BOD_5。

② BOD_5 与 COD_{Cr} 比值变化大：BOD_5/COD_{Cr} 值的高低与渗滤液处理工艺方法的选择密切相关。渗滤液 BOD_5/COD_{Cr} 值还与垃圾填埋场的使用年限有关，对“年轻”填埋场而言，其渗滤液多具有良好的可生化性，可采用生物方法加以处理。面对于“年老”填埋场，渗液的处理，必须考虑其可生化性随时间的变化。

③ 金属含量高：垃圾渗滤液中含有 10 多种金属（重金属）离子，由于物理、化学、生物等的作用，垃圾中的高价不溶性金属被转化为低价的可溶性金属离子而溶于渗滤液中，在处理过程中必须考虑对金属，尤其是重金属的去除。

④ 营养元素比例失调，氨氮的含量高：随着填埋场使用年限增加，当进入产甲烷阶段后，渗滤液中的 NH_4^+ 浓度不断上升。另外，渗滤液中还存在溶解性磷酸盐不足、碱度较高、无机盐含量高的问题。

3）渗滤液收集系统

（1）收集系统的作用。渗滤液收集系统应保证在填埋场使用年限内正常运行，收集并将埋场内渗滤液排至场外指定地点，避免渗滤液在填埋场底部蓄积。渗滤液的蓄积会引起下列问题：a. 场内水位升高导致垃圾体中污染物强烈浸出，从而使渗滤液中污染物浓度增高；b. 底部衬层上的静水压增加，导致渗滤液更多地渗漏到地下水-土壤系统中；c. 填埋场的稳定性受到影响；d. 渗滤液有可能扩散到填埋场外。

（2）收集系统的构造。渗滤液收集系统主要由渗滤液调节池、泵、输送管道和场底排水层组成。

① 排水层：场底排水层位于底部防渗层上面，由砂或砾石构成。当采用粗砂砾时，厚度为 30~100cm，必须覆盖整个填埋场底部衬层，其水平渗透系数不应大于 0.1cm/s，坡度不小于 2%。

② 管道系统：一般穿孔管在填埋场内平行铺设，并位于衬层的最低处，且具有一定的纵向坡度，通常为 0.5%~2.0%。

③ 防渗衬层：由黏土或人工合成材料构筑，有一定厚度，能阻止渗滤液下渗，并具有一定坡度，通常为 2%~5%。

④ 集水井、泵、检修设施以及监测和控制装置等。

4）渗滤液的计算

（1）渗滤液产生量的计算。渗滤液产量的计算比较复杂，目前国内外已提出多种方法，主要有水量平衡法、经验公式法和经验统计法 3 种。水量平衡法综合考虑产生渗滤液的各种影响因素，依水量平衡和损益原理而建立，该法准确但需要较多的基础数据，而我国现阶段相关资料不完整的情况限制了该法的应用；经验统计法是以相邻相似地区的实测渗滤液产生量为依据，推算出本地区的渗滤液产生量，该法不确定因素太多，计算的结果较粗糙，不能作为渗滤液计算的主要手段，通常仅用来作为参考，不用作主要计算方法；经验公式法的相关参数易于确定，计算结果准确，在工程中应用较广。

渗滤液产生量的经验模型：

$$Q=\frac{1}{1000}CIA$$

式中　Q——渗滤液水量，m^3/a；

I——降雨强度，mm；

C——浸出系数；

A——填埋面积，m^2。

由于填埋场中填埋施工区域和填埋完成后封场区域的地表状况不同，因此浸出系数也有较大差异。考虑填埋区和封场区的渗滤液产生量 Q：

$$Q=Q_1+Q_2=\frac{I(C_1A_1+C_2A_2)}{1000}$$

式中 Q_1——填埋区渗滤液年产生量，m^3/a；

Q_2——封场区渗滤液年产生量，m^3/a；

I——降雨强度，mm；

C_1——填埋区浸出系数，一般取 0.4~0.7；

A_1——填埋区汇水面积，m^2；

C_2——封场区浸出系数，$C_2=0.6C_1$；

A_2——封场区汇水面积，m^2。

填埋库区分 3 块，分别进行填埋。因填埋场的服务年限为 10 年，3 块填埋区的服务年限分别为 4 年、3 年和 3 年。

① 第一块填埋区的渗滤液产生量。第一块填埋区面积A_1：

$$A_1=\kappa\times\frac{\sum_{n=1}^{4}V_n}{H}=1.1\times\frac{236841.3}{10}=26052.5\text{m}^2$$

C_1取 0.5，$C_2=0.6\ C_1=0.3$，则第一块填埋区填埋期间的渗滤液产生量Q_1：

$$Q_1=\frac{I\ C_1A_1}{1000}\times4=\frac{1577\times0.5\times26052.5}{1000}\times4=82169.6\text{m}^3$$

第一块填埋区封场期间的渗滤液产生量Q_2：

$$Q_2=\frac{IC_2A_1}{1000}\times6=\frac{1577\times0.3\times26052.5}{1000}\times6=73952.6\text{m}^3$$

第一块填埋区总的渗滤液产生量Q_f：

$$Q_f=Q_1+Q_2=82169.6+73952.6=156122.2\text{m}^3$$

② 第二块填埋区的渗滤液产生量。第二块填埋区面积A_2：

$$A_2=\kappa\times\frac{\sum_{n=1}^{4}V_n}{H}=1.1\times\frac{232141.7}{10}=25535.6\text{m}^2$$

C_1、C_2分别取 0.5 和 0.3，则第二块填埋区填埋期间的渗滤液产生量Q_1：

$$Q_1=\frac{I\ C_1A_2}{1000}\times3=\frac{1577\times0.5\times25535.6}{1000}\times3=60404.5\text{m}^3$$

第二块填埋区封场期间的渗滤液产生量Q_2：

$$Q_2=\frac{I\ C_2A_2}{1000}\times3=\frac{1577\times0.3\times25535.6}{1000}\times3=36242.7\text{m}^3$$

第二块填埋区总的渗滤液产生量Q_s：

$$Q_s = Q_1 + Q_2 = 60404.5 + 36242.7 = 96647.2\ \mathrm{m}^3$$

③ 第三块填埋区的渗滤液产生量。第三块填埋区面积A_3：

$$A_3 = \kappa \times \frac{\sum_{n=1}^{4} V_n}{H} = 1.1 \times \frac{292441.8}{10} = 32168.6\mathrm{m}^2$$

则第三块填埋区填埋期间的渗滤液产生量Q_1：

$$Q_1 = \frac{IC_1A_3}{1000} \times 3 = \frac{1577 \times 0.5 \times 32168.6}{1000} \times 3 = 76094.8\mathrm{m}^3$$

因Q_2为零，因此，第三块填埋区总的渗滤液产生量：

$$Q_t = Q_1 = 76094.8\mathrm{m}^3$$

渗滤液总产生量 Q：

$$Q = Q_f + Q_s + Q_t = 156122.2 + 96647.2 + 76094.8 = 328864.2\mathrm{m}^3$$

渗滤液的年均产生量Q_a：

$$Q_a = \frac{Q}{10} = 32886.4\mathrm{m}^3$$

（2）渗滤液调节池设计。

最小调节池容积的由下式确定：

$$V \geqslant (Q_{max} - Q) \times 5$$

式中　V——调节池有效容积，m^3；

Q_{max}——设计最大渗滤液产生量，m^3/d；

Q——渗滤液处理规模，m^3/d。

第一块填埋区填埋期间的渗滤液最大日产量Q_{m1}：

$$Q_{m1} = \frac{IC_1A_1}{1000} = \frac{160 \times 0.5 \times 26052.2}{1000} = 2084.2\mathrm{m}^3/\mathrm{d}$$

第二块填埋区填埋期间的渗滤液最大日产量Q_{m2}：

$$Q_{m2} = Q_1 + Q_2 = \frac{IC_2A_1}{1000} + \frac{IC_1A_2}{1000} = \frac{160 \times 0.3 \times 26052.2}{1000} + \frac{160 \times 0.5 \times 25535.6}{1000} = 3293.4\mathrm{m}^3/\mathrm{d}$$

第三块填埋区填埋期间的渗滤液最大日产量Q_{m3}：

$$Q_{m2} = Q_1 + Q_2 + Q_3 = \frac{IC_2A_1}{1000} + \frac{IC_2A_2}{1000} + \frac{IC_1A_3}{1000}$$

$$= \frac{160 \times (0.3 \times 26052.2 + 0.3 \times 25535.6 + 0.5 \times 32168.6)}{1000} = 5049.7\mathrm{m}^3/\mathrm{d}$$

因此，Q_{max}取 5049.7m^3/d。

渗滤液处理规模 $Q=800m^3/d$，则 $V=(Q_{max}-Q)\times5=(5049.7-800)\times5=21248.5m^3$，取 21250$m^3$。

调节池的有效水深 H 取 5m，超高 0.5m，则调节池的表面积 A：

$$A=\frac{V}{H}=\frac{21250}{5.5}=3863.6m^2，取 3864m^2。$$

又调节池表面积 A：$A=LB$。

调节池的宽度 B 为 50m，则调节池的长度 L：

$$L=\frac{A}{B}=\frac{3864}{50}=77.3m，取 80m。$$

调节池的实际尺寸：$L\times B\times H=80m\times50m\times5.5m$。

6. 填埋气体的产生与收集处理

城市生活垃圾中含有大量的有机物，在垃圾卫生填埋过程中发生生物降解，降解过程最终产生的气体称作填埋气体。

填埋场气体的生成是一个生物化学过程，在此过程中微生物将垃圾中的有机物分解产生二氧化碳(CO_2)、甲烷(CH_4)和其他气体。填埋场气体主要分为两类，一类是主要气体，另一类是微量气体。填埋场主要气体由生活垃圾中的有机组分通过生化分解产生，主要含有 CH_4、CO_2、N_2、O_2、H_2S、NH_3、H_2和 CO 等。填埋场微量气体中许多是挥发性有机物(VOCs). 填埋气体的典型组成见表 9-23。

表 9-23 填埋气体的典型组成(体积分数)

填埋气体	CH_4	CO_2	N_2	O_2	H_2S	NH_3	H_2	CO	微量组分
组成(干重)/%	45~50	40~60	2~5	0.1~1.0	0~1.0	0.1~1.0	0~0.2	0~0.2	0.01~0.6

填埋气体的典型特征为：温度约 43~49℃，相对密度约 1.02~1.06，水蒸气含量达到饱和，高位热值范围 15630~19537kJ/m^3。

1）填埋产气量的预测

利用产气速率模型计算填埋气体的实际产生速率和气体产生量，产气速率是指在单位时间内产生的填埋场气体总量，一般采用一阶产气速率动力学模型(Scholl Canyon 模型)计算填埋场产气速率。

第 t 年填埋场气体的产气速率：

$$q(t)=kY_oe^{-kt}$$

式中 $q(t)$——单位气体产生速率，m^3/(t·a)；

Y_o——垃圾的实际产气量，m^3/t；

k——产气速率常数，a^{-1}。

垃圾的实际产气量可表示为：

$$Y_o = M_t L_o$$

式中　M_t——第 t 年所填垃圾量，t；

L_o——气体产生潜力，m^3/t。

L_o和 k 的取值范围见表 9-24。

表 9-24　填埋场气体产气速率常数和气体产生潜力取值范围

参数	范围	建议值		
		潮湿气候	中湿度气候	干旱气候
k/a^{-1}	0.003~0.4	0.10~0.35	0.05~0.15	0.002~0.10
$L_o/(m^3/t)$	0~312	140~180		

L_O取 $160m^3/t$，第一年生活垃圾的产气量：

$$Y_1 = \frac{800 \times 52560}{1000} = 42048m^3$$

气体产气常数 k 取 0.10，则第一年填埋气体的产气速率：

$$q(t) = kY_o e^{-kt} = 0.1 \times 42048 \times e^{-0.1} = 3804.4m^3/a$$

第一年至第十年的产气量和产气速率计算结果汇总于表 9-25。

表 9-25　填埋场填埋气体产气量和产气速率

年度	产气速率/(m^3/a)	产气量/m^3	累计产气量/m^3
第一年	3804.4	42048	
第二年	7913.2	45411.8	87459.8
第三年	12350.7	49044.8	136504.6
第四年	17143.1	52968.4	189473.0
第五年	22319.0	57205.9	246678.9
第六年	27909.0	61782.4	308461.3
第七年	33946.1	66725.0	375186.3
第八年	40466.2	72063.0	447249.3
第九年	47508.7	77828.1	525077.4
第十年	55113.7	84054.3	609131.7

2）填埋场气体收集系统的设计与计算

填埋气体收集系统的作用是控制填埋气体在无控状态下的迁移和释放，以减少填埋气体向大气的排放量和向地层的迁移，并为填埋气体的回收利用做准备。

填埋气体收集系统可分为主动集气系统和被动集气系统。

按动集气系统包括排气井、水平管道等设施，被动集气系统利用填埋场内气体产生的压力进行迁移，无须外加动力系统，具有结构简单、投资小的特点，适用于垃圾填埋量少，填埋深度浅、产气量低的小型垃圾填埋场。主动集气系统由抽气井、气体收集管、水汽凝结器和泵站、真空源、气体处理站、气体监测装置等组成。主动集气系统采用抽真空的方法来控制气体运动，适用于大、中型卫生填埋场气体的收集。

本设计采用主动集气系统对填埋场气体进行收集。

填埋场气体收集系统设计的第一步是对抽气井进行初步布置。抽气井的间隔是抽气是否有效的关键，抽气井的间隔应使各抽气井的影响区域重叠。最有效的抽气井布置通常为正三角形布置，正三角形布置抽气井井距可用下式来计算：

$$X=2r\cos 30°$$

式中 X——三角形布置井的间距；

r——影响半径。

本设计为采用主动集气系统，根据规范井距为90~100m，取90m，则

$$r=\frac{X}{2\times\cos 30°}=\frac{90}{2\times\cos 30°}=51.96\text{m}\approx 52\text{m}$$

7. 垃圾填埋场终场处理

根据《生活垃圾卫生填埋场封场技术规程》的规定，填埋场填埋作业至设计终场标高或不再收纳垃圾而停止使用时，必须实施封场工程。垃圾填埋场在封场后，一般要30~50年才能完全稳定，达到无害化。该垃圾填埋场设计使用年限为10年，到期后需进行规范的封场覆盖、场址修复和严格的封场管理，以保障填埋场的安全运行。

填埋场封场工程应包括地表水径流、排水、防渗、渗滤液收集处理、填埋气体收集处理、堆体稳定、植被类型及覆盖等内容。

1）堆体整形与处理

垃圾堆体整形作业过程中，采用斜面分层作业法。堆体整形与处理后，垃圾堆体顶面坡度不应小于5%；边坡坡度大于10%时采用台阶式收坡，坡度每升2m建一台阶，坡度大于20%而小于33%时，根据实际情况适当增加台阶。台阶宽度取2m，高差为4m。

2）终场覆盖

填埋场终场覆盖系统的基本功能是将垃圾与环境分离，减轻感官上的不良印

象，避免为小动物或细菌提供滋生的场所，便于设备的使用和车辆的行驶，为植被的生长提供土壤，同时控制填埋气体的迁移扩散，并使地表水的渗入量最小化，从而减少渗滤液的产生。

《生活垃圾卫生填埋场封场技术规程》规定，填埋场封场必须建立完整的封场覆盖系统；封场覆盖系统结构由垃圾堆体表面至顶表面顺序应为：排气层、防渗层、排水层、植被层，如图 9-21 所示。

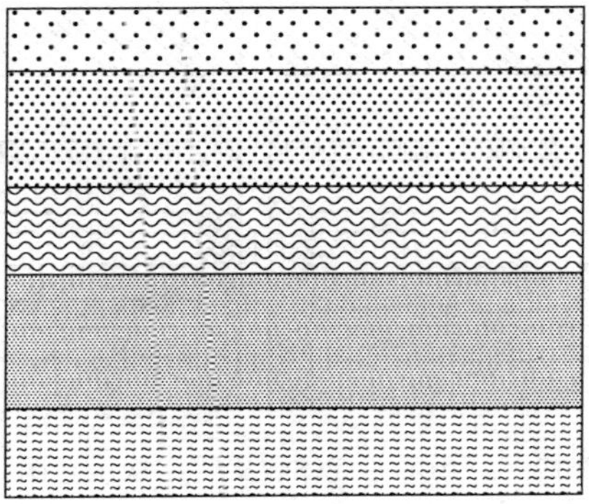

图 9-21　填埋场封场覆盖系统结构示意图

① 排气层。排气层的作用是控制填埋场气体，将其导入填埋气体收集设施进行处理或利用。排气层采用粒径为 25～50mm、渗透系数 $>1\times10^{-2}$cm/s 的粗砂或砾石，厚度为 30cm。气体导排层选用与导排性能等效的土工复合排水网或土工布。

② 防渗层。防渗层的作用是防止入渗水进入填埋废物，并防止填埋气体逸离填埋场。防渗层选用由土工膜和压实黏性土组成的复合防渗层，其中，压实黏性土层的厚度为 30cm，渗透系数 $<1\times10^{-5}$cm/s；土工膜选择厚度不应小于 1mm 的高密度聚乙烯（HDPE）或线型低密度聚乙烯土工膜（LLDPE），渗透系数 $<1\times10^{-7}$cm/s。土工膜上下表面设置土工布。

③ 排水层。排水层的作用是排泄入渗的地表水等，降低入渗水对下部防渗层的水压力。排水层顶坡采用渗透系数 $>1\times10^{-2}$m/s 的粗砂或砾石，厚度为 45cm；边坡采用土工复合排水网，材料应有足够的导水性能，保证施加于下层衬垫的水头小于排水层厚度。排水层与填埋库区四周的排水沟相连。

④ 植被层。植被层为填埋场最终的生态恢复层，由营养植被层和覆盖支持土层组成。营养植被层选用有利于植被生长的土壤或其他天然土壤，厚度为 20cm；覆盖支持土层由渗透系数 $>1\times10^{-4}$cm/s 的压实土层构成，厚度为 50cm。植被层选择浅根系植物。

3）填埋气体收集与处理

对填埋气体采用填埋气体收集管（聚乙烯管）统一收集后用密封火炬就地燃烧处理，结构如图 9-22 所示。

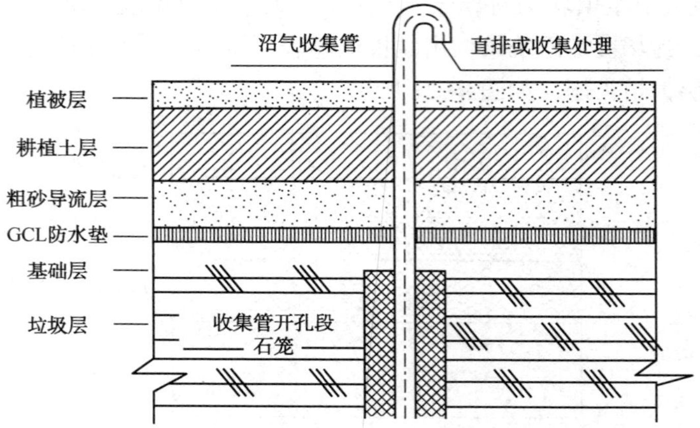

图 9-22 封场填埋气体收集管结构示意图

竖管长度一般为垃圾堆体深度的 2/3，本设计中取 6m，直径 100mm，梅花型开孔，孔径 10mm。竖管穿孔段外填充直径 25~55mm 的厚卵石层，卵石外包裹钢丝网，将卵石与管道固定在一起，以防止垃圾堵塞孔洞。

填埋场终场覆盖后，需要排除覆盖层表面的降水径流以及周边山体进入场区的水流，以减少由于降水入渗增加垃圾渗滤液的产生量。地表水收集与导排系统的设计基于填埋场封场后的地形地貌，填埋场截洪沟采用梯形断面设计，并根据截洪沟所在位置的不同采用不同的结构，如图 9-23 所示。

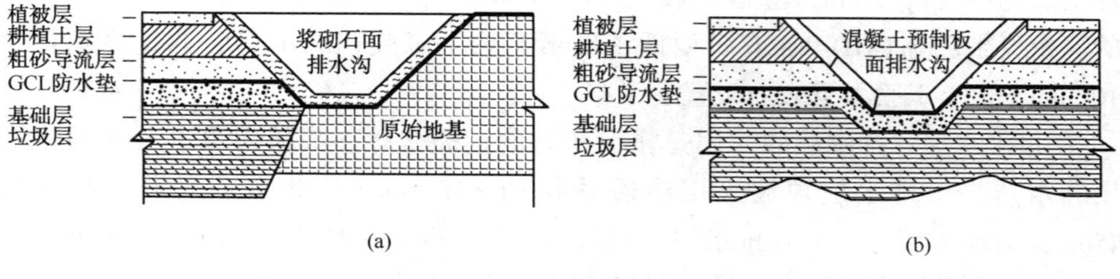

图 9-23 截洪沟结构示意图

4）垃圾渗滤液的收集与处理

渗滤液收集井用穿孔的预制钢筋混凝土管制作（梅花型开孔，孔径 150mm），收集井穿孔段外填充直径 180~200mm 的厚卵石层，填充厚度 400mm。

5）填埋场封场后的土地回用

填埋场的稳定化程度直接决定其土地回用的可能性，不同的回用目的对填埋场的稳定性要求也不同。判断填埋场的稳定化指标主要有填埋场表面沉降速度、渗滤液水质、释放气体的质和量、垃圾体的温度、垃圾矿物化的程度等。但是，到目前为止还没有填埋场稳定化的定量标准。

8. 填埋场环境监测

填埋场环境监测是填埋场管理的重要组成部分，是确保填埋场正常运行和进行环境评价的重要手段。填埋场环境监测包括垃圾渗滤液监测、地表水监测、地下水监测和气体监测等内容。

① 垃圾渗滤液监测。利用填埋场的每个集水井进行水位和水质监测，监测频率为 1 次/月。

② 地表水监测。地表水监测的目的是通过对填埋场附近的地表水体监测，以确定水体是否受到填埋场污染。地表水监测对象主要是填埋场附近的河流和湖泊等，采样频率和监测项目取决于场地的监测计划和环保部门的要求。

③ 地下水监测。填埋场地下水井布设应满足：在填埋场上游设置一眼对照井，在下游设置三眼监测井。监测频率为：填埋场运行的第一年，采样频率为 1 次/月；其他年份，采样频率为 1 次/季度。

④ 气体监测。气体监测包括大气监测和填埋气体监测，目的是了解填埋气体的排出情况以及周围大气的质量状况。填埋场运行期间，填埋场气体监测频率为 1 次/月。

9. 设计说明书的编写

课程设计说明书全部采用计算机打印(1.2 万~1.5 万字)，图纸可用计算机绘制。说明

书应包括以下部分。

① 目录；

② 概述；

③ 设计任务(或设计参数)；

④ 工艺原理及设计方案比选；

⑤ 处理单元设计计算；

⑥ 构筑物或主要设备一览表；

⑦ 结论和建议；

⑧ 参考文献；

⑨ 致谢；

⑩ 附图。

学生应根据课程设计内容和要求进行编写，用语科学规范，详略得当。

处理构筑物、设备一览表应包括名称、型式(型号)、主要尺寸、数量、参数等；图纸包括垃圾卫生填埋场(封场后)总平面布置图 1 张($2^{\#}$图纸)、垃圾卫生填埋场渗滤液收集填埋气输导平面布置图 1 张($2^{\#}$图纸)和垃圾卫生填埋库区纵剖面图 1 张($3^{\#}$图纸)。图纸应包括主图、剖面图，按比例绘制、标出尺寸并附说明，图签应规范。

参考文献按标准要求编写，不少于 10 篇。

附录1　水环境保护标准目录

类　别	标准编号	标准名称	实施日期
水环境质量标准	GB 5084—2021	农田灌溉水质标准	2021-7-1
	GB 3838—2002	地表水环境质量标准	2002-6-1
	GB 3097—1997	海水水质标准	1998-7-1
	GB 11607—89	渔业水质标准	1990-3-1
水污染物排放标准	HJ 1217—2023	地方水产养殖业水污染物排放控制标准制定技术导则	2023-3-1
	GB 39731—2020	电子工业水污染物排放标准	2021-7-1
	GB 3552—2018	船舶水污染物排放标准	2018-7-1
	GB 31570—2015	石油炼制工业污染物排放标准	2015-7-1
	GB 31574—2015	再生铜、铝、铅、锌工业污染物排放标准	2015-7-1
	GB 31572—2015	合成树脂工业污染物排放标准	2015-7-1
	GB 31573—2015	无机化学工业污染物排放标准	2015-7-1
	GB 30484—2013	电池工业污染物排放标准	2014-3-1
	GB30486—2013	制革及毛皮加工工业水污染物排放标准	2014-3-1
	GB 13458—2013	合成氨工业水污染物排放标准	2013-7-1
	GB 19430—2013	柠檬酸工业水污染物排放标准	2013-7-1
	GB 28938—2012	麻纺工业水污染物排放标准	2013-1-1
	GB 28937—2012	毛纺工业水污染物排放标准	2013-1-1
	GB 28936—2012	缫丝工业水污染物排放标准	2013-1-1
	GB 4287—2012	纺织染整工业水污染物排放标准	2013-1-1
	GB 16171—2012	炼焦化学工业污染物排放标准	2012-10-1
	GB 28666—2012	铁合金工业污染物排放标准	2012-10-1
	GB 13456—2012	钢铁工业水污染物排放标准	2012-10-1
	GB 28661—2012	铁矿采选工业污染物排放标准	2012-10-1
	GB 27632—2011	橡胶制品工业污染物排放标准	2012-1-1
	GB 27631—2011	发酵酒精和白酒工业污染物排放标准	2012-1-1
	GB 26877—2011	汽车维修业水污染物排放标准	2012-1-1
	GB 14470. 3—2011	弹药装弹行业水污染物排放标准	2012-1-1
	GB 26452—2011	钒工业污染物排放标准	2011-10-1
	GB 15580—2011	磷肥工业水污染物排放标准	2011-10-1
	GB 26451—2011	稀土工业污染物排放标准	2011-10-1
	GB 26131—2010	硝酸工业污染物排放标准	2011-3-1
	GB 25468—2010	镁、钛工业污染物排放标准	2010-10-1
	GB 25467—2010	铜、镍、钴工业污染物排放标准	2010-10-1

续表

类　别	标准编号	标准名称	实施日期
水污染物排放标准	GB 25466—2010	铅、锌工业污染物排放标准	2010-10-1
	GB 25465—2010	铝工业污染物排放标准	2010-10-1
	GB 25464—2010	陶瓷工业污染物排放标准	2010-10-1
	GB 25463—2010	油墨工业污染物排放标准	2010-10-1
	GB 25462—2010	酵母工业水污染排放标准	2010-10-1
	GB 25461—2010	淀粉工业水污染排放标准	2010-10-1
	GB 21902—2008	合成革与人造革工业污染物排放标准	2008-8-1
	GB 21903—2008	发酵类制药工业水污染物排放标准	2008-8-1
	GB 21904—2008	化学合成类制药工业水污染物排放标准	2008-8-1
	GB 21905—2008	提取类制药工业水污染物排放标准	2008-8-1
	GB 21906—2008	中药类制药工业水污染物排放标准	2008-8-1
	GB21907—2008	生物工程类制药工业水污染物排放标准	2008-8-1
	GB 21908—2008	混装制剂类制药工业水污染物排放标准	2008-8-1
	GB 21909—2008	制糖工业水污染物排放标准	2008-8-1
	GB 21900—2008	电镀污染物排放标准	2008-8-1
	GB 21901—2008	羽绒工业水污染物排放标准	2008-8-1
	GB 3544—2008	制浆造纸工业水污染物排放标准	2008-8-1
	GB 21523—2008	杂环类农药工业水污染物排放标准	2008-7-1
	GB 20425—2006	皂素工业水污染物排放标准	2007-1-1
	GB 20426—2006	煤炭工业污染物排放标准	2006-10-1
	GB 18466—2005	医疗机构水污染物排放标准	2006-1-1
	GB 19821—2005	啤酒工业污染物排放标准	2006-1-1
	GB 19431—2004	味精工业污染物排放标准	2004-4-1
	GB 14470. 1—2002	兵器工业水污染物排放标准 火炸药	2003-7-1
	GB 14470. 2—2002	兵器工业水污染物排放标准 火工药剂	2003-7-1
	GB 18918—2002	城镇污水处理厂污染物排放标准	2003-7-1
	GB 18596—2001	畜禽养殖业污染物排放标准	2003-1-1
	GB 18486—2001	污水海洋处置工程污染控制标准	2002-1-1
	GB 8978—1996	污水综合排放标准	1998-1-1
	GB 14374—93	航天推进剂水污染物排放与分析方法标准	1993-12-1
	GB 13457—2019	屠宰及肉类加工工业水污染物排放标准	2021-7-1
	GB 4914—2008	海洋石油勘探开发污染物排放浓度限值	2009-9-1
	GB 3552—2018	船舶工业污染物排放标准	2018-7-1
相关监测规范、方法标准	HJ 442—2008	近岸海域环境监测规范	2009-1-1
	HJ 77. 1—2008	水质 二噁英类的测定 同位素稀释高分辨气相色谱-高分辨质谱法	2009-4-1
	HJ/T 341—2007	水质 汞的测定 冷原子荧光法(试行)	2007-5-1

续表

类　别	标准编号	标准名称	实施日期
相关监测规范、方法标准	HJ/T 342—2007	水质 硫酸盐的测定 铬酸钡分光光度法(试行)	2007-5-1
	HJ/T 343—2007	水质 氯化物的测定 硝酸汞滴定法(试行)	2007-5-1
	HJ/T 344—2007	水质 锰的测定 甲醛肟分光光度法(试行)	2007-5-1
	HJ/T 345—2007	水质 铁的测定 邻菲啰啉分光光度法(试行)	2007-5-1
	HJ/T 346—2007	水质 硝酸盐氮的测定 紫外分光光度法(试行)	2007-5-1
	HJ/T347. 1—2018	水质 粪大肠菌群的测定 滤膜法	2019-6-1
	HJ/T347. 2—2018	水质 粪大肠菌群的测定 多管发酵法	2019-6-1
	HJ 353—2019	水污染源在线监测系统(COD_{Cr}、NH_3-N 等)安装技术规范	2020-3-24
	HJ 354—2019	水污染源在线监测系统(COD_{Cr}、NH_3-N 等)验收技术规范	2020-3-24
	HJ 355—2019	水污染源在线监测系统(COD_{Cr}、NH_3-N 等)运行技术规范	2020-3-24
	HJ356—2019	水污染源在线监测系统(COD_{Cr}、NH_3-N 等)数据有效性判别技术规范	2020-3-24
相关监测规范、方法标准	HJ/T 372—2007	水质自动采样器技术要求及检测方法	2008-1-1
	HJ/T 373—2007	固定污染源监测质量保证与质量控制技术规范(试行)	2008-1-1
	HJ/T 399—2007	水质 化学需氧量的测定 快速消解分光光度法	2008-3-1
	HJ/T 195—2005	水质 氨氮的测定 气相分子吸收光谱法	2006-1-1
	HJ/T 196—2005	水质 凯氏氮的测定 气相分子吸收光谱法	2006-1-1
	HJ/T 197—2005	水质 亚硝酸盐氮的测定 气相分子吸收光谱法	2006-1-1
	HJ/T 198—2005	水质 硝酸盐氮的测定 气相分子吸收光谱法	2006-1-1
	HJ/T 199—2005	水质 总氮的测定 气相分子吸收光谱法	2006-1-1
	HJ/T 200—2005	水质 硫化物的测定 气相分子吸收光谱法	2006-1-1
	HJ 164—2020	地下水环境监测技术规范	2021-3-1
	HJ/T132—2003	高氯废水 化学需氧量的测定 碘化钾碱性高锰酸钾法	2004-1-1
	HJ/T 86—2002	水质 生化需氧量(BOD)的测定 微生物传感器快速测定法	2002-7-1
	HJ 91. 1—2019	污水监测技术规范	2020-3-24
	HJ 91. 2—2022	地表水环境质量监测技术规范	2022-8-1
	HJ/T 92—2002	水污染物排放总量监测技术规范	2003-1-1
	HJ/T 70—2001	高氯废水 化学需氧量的测定 氯气校正法	2001-12-1
	HJ 501—2009	水质 总有机碳的测定 燃烧氧化-非分散红外吸收法	2009-12-1
	HJ/T 72—2001	水质 邻苯二甲酸二甲(二丁、二辛)酯的测定 液相色谱法	2002-1-1
	HJ/T 73—2001	水质 丙烯腈的测定 气相色谱法	2002-1-1

续表

类　别	标准编号	标准名称	实施日期
相关监测规范、方法标准	HJ/T 74—2001	水质 氯苯的测定 气相色谱法	2002-1-1
	HJ/T 83—2001	水质可吸附有机卤素(AOX)的测定离子色谱法	2002-4-1
	HJ 84—2016	水质无机阴离子(F^-、Cl^-、NO_2^-、Br^-、NO_3^-、PO_4^{3-}、SO_3^{2-}、SO_4^{2-})的测定 离子色谱法	2016-10-1
	HJ/T 58—2000	水质 铍的测定 铬箐 R 分光光度法	2001-3-1
	HJ/T 59—2000	水质 铍的测定 石墨炉原子吸收分光光度法	2001-3-1
	HJ/T 60—2000	水质 硫化物的测定 碘量法	2001-3-1
	HJ/T 49—1999	水质 硼的测定 姜黄素分光光度法	2000-1-1
	HJ/T 50—1999	水质 三氯乙醛的测定 吡唑啉酮分光光度法	2000-1-1
	HJ/T 51—1999	水质 全盐量的测定 重量法	2000-1-1
	HJ/T 52—1999	水质 河流采样技术指导	2000-1-1
	HJ 620—2011	水质 挥发性卤代烃的测定 顶空气相色谱法	2011-11-1
	HJ 621—2011	水质 氯苯类化合物的测定 气相色谱法	2011-11-1
	GB/T 17132—1997	环境 甲基汞的测定 气相色谱法	1998-5-1
	HJ 637—2018	水质 石油类和动植物油类的测定 红外分光光度法	2019-1-1
	HJ 1226—2021	水质 硫化物的测定 亚甲基蓝分光光度法	2022-3-1
	GB/T 15440—1995	环境中有机污染物遗传毒性检测的样品前处理规范	1995-8-1
	GB/T 15441—1995	水质 急性毒性的测定 发光细菌法	1995-8-1
	GB/T 15503—1995	水质 钒的测定 钽试剂(BPHA)萃取分光光度法	1995-8-1
	GB/T 15504—1995	水质 二氧化碳的测定 二乙胺乙酸铜分光光度法	1995-8-1
	GB/T 15505—1995	水质 硒的测定 石墨炉原子吸收分光光度法	1995-8-1
	HJ 603—2011	水质 钡的测定 火焰原子吸收分光光度法	2011-6-1
相关监测规范、方法标准	HJ 674—2013	水质 肼和甲基肼的测定 对二甲氨基苯甲醛分光光度法	2014-2-1
	HJ 1214—2021	水质 可吸附有机卤素(AOX)的测定 微库仑法	2022-6-1
	HJ 977—2018	水质 烷基汞的测定吹扫捕集/气相色谱-冷原子荧光光谱法	2019-3-1
	HJ 674—2013	水质 肼和甲基肼的测定 对二甲氨基苯甲醛分光光度法	2014-2-1
	GB/T 14376—93	水质 偏二甲基肼的测定 氨基亚铁氰化钠分光光度法	1993-12-1
	GB/T 14377—93	水质 三乙胺的测定溴酚蓝分光光度法	1993-12-1
	GB/T 14378—93	水质 二乙烯烷三胺的测定 水杨醛分光光度法	1993-12-1
	GB/T 14552—93	水和土壤质量 有机磷农药的测定 气相色谱法	1994-1-15
	GB/T 14581—93	水质 湖泊和水库采样技术指导	1994-4-1
	GB/T 14671—93	水质 钡的测定 电位滴定法	1994-5-1
	HJ 1072—2019	水质 吡啶的测定 顶空/气相色谱法	2020-6-30
	HJ 673—2013	水质 钒的测定 石墨炉原子吸收分光光度法	2014-2-1

续表

类　别	标准编号	标准名称	实施日期
相关监测规范、方法标准	GB/T 13898—92	水质 铁(Ⅱ、Ⅲ)氰络合物的测定 原子吸收分光光度法	1993-9-1
	GB/T 13896—92	水质 铅的测定 示波极谱法	1993-9-1
	GB/T 13897—92	水质 硫氰酸盐的测定 异烟酸-吡唑啉酮分光光度法	1993-9-1
	GB/T13899—92	水质 铁(Ⅱ、Ⅲ)氰络合物的测定 三氯化铁分光光度法	1993-9-1
	GB/T 13900—92	水质 黑索今的测定 分光光度法	1993-9-1
	GB/T 13901—92	水质 二硝基甲苯 示波极谱法	1993-9-1
	GB/T 13902—92	水质 硝化甘油的测定 示波极谱法	1993-9-1
	HJ 599—2011	水质 梯恩梯的测定 N-氯代十六烷基吡啶—亚硫酸钠分光光度法	2011-6-1
	HJ 600—2011	水质 梯恩梯、黑索今、地恩梯的测定 气相色谱法	2011-6-1
	HJ 598—2011	水质 梯恩梯的测定 亚硫酸钠分光光度法	2011-6-1
	HJ 495—2009	水质 采样方案设计技术规定	2009-11-1
	HJ 494—2009	水质 采样技术指导	2009-11-1
	HJ 493—2009	水质 样品的保存和管理技术规定	2009-11-1
	HJ 1189—2021	水质 28种有机磷农药的测定 气相色谱-质谱法	2022-4-1
	HJ 501—2009	水质 总有机碳的测定 燃烧氧化—非分散红外吸收法	2009-12-1
	HJ 648—2013	水质 硝基苯类化合物的测定 液液萃取/固相萃取-气相色谱法	2013-9-1
	GB/T 13195—91	水质 水温的测定 温度计或颠倒温度计测定法	1992-6-1
	GB/T 13196—91	水质 硫酸盐的测定 火焰原子吸收分光光度法	1992-6-1
	HJ 601—2011	水质 甲醛的测定 乙酰丙酮分光光度法	2011-6-1
	HJ 478—2009	水质 多环芳烃的测定 液液萃取和固相萃取高效液相色谱法	2009-11-1
	GB/T 13199—91	水质 阴离子洗涤剂测定 电位滴定法	1992-6-1
	GB/T 13266—91	水质物质对蚤类(大型蚤)急性毒性测定方法	1992-8-1
	GB/T 13267—91	水质 物质对淡水鱼(斑马鱼)急性毒性测定方法	1992-8-1
	GB/T 13200—91	水质 浊度的测定	1992-6-1
	HJ 586—2010	水质 游离氯和总氯的测定 N,N-二乙基-1,4-苯二胺分光光度法	2010-12-1
	HJ 1067—2019	水质 苯系物的测定 顶空/气相色谱法	2020-3-24
	HJ 636—2012	水质 总氮的测定 碱性过硫酸钾消解紫外分光光度法	2012-6-1
	HJ 585—2010	水质 游离氯和总氯的测定 N,N-二乙基-1,4-苯二胺滴定法	2010-12-1
	HJ 586—2010	水质 游离氯和总氯的测定 N,N-二乙基-1,4-苯二胺分光光度法	2010-12-1

续表

类　别	标准编号	标准名称	实施日期
相关监测规范、方法标准	HJ 490—2009	水质 银的测定 镉试剂 2B 分光光度法	2009-11-1
	HJ 489—2009	水质 银的测定 3,5-Br2-PADAP 分光光度法	2009-11-1
	HJ 506—2009	水质 溶解氧的测定 电化学探头法	2009-12-1
相关监测规范、方法标准	HJ 828—2017	水质 化学需氧量的测定 重铬酸盐法	2017-5-1
	HJ 591—2010	水质 五氯酚的测定 气相色谱法	2011-1-1
	HJ 597—2011	水质 总汞的测定 冷原子吸收分光光度法	2011-6-1
	HJ 486—2009	水质 铜的测定 2,9-二甲基-1,10-菲啰啉分光光度法	2009-11-1
	HJ485—2009	水质 铜的测定 二乙基二硫代氨基甲酸钠分光光度法	2009-11-1
	HJ 537—2009	水质 氨氮的测定 蒸馏-中和滴定法	2010-4-1
	HJ 535—2009	水质 氨氮的测定 纳氏试剂分光光度法	2010-4-1
	HJ 536—2009	水质 氨氮的测定 水杨酸分光光度法	2010-4-1
	HJ 487—2009	水质 氟化物的测定 茜素磺酸锆目视比色法	2009-11-1
	HJ 488—2009	水质 氟化物的测定 氟试剂分光光度法	2009-11-1
	HJ 484—2009	水质 氰化物的测定 容量法和分光光度法	2009-11-1
	HJ 505—2009	水质 五日生化需氧量(BOD5)的测定 稀释与接种法	2009-12-1
	HJ 503—2009	水质 挥发酚的测定 4-氨基安替比林分光光度法	2009-12-1
	HJ 502—2009	水质 挥发酚的测定 溴化容量法	2009-12-1
	HJ 1147—2020	水质 pH 值的测定 电极法	2021-6-1
	HJ 592—2010	水质 硝基苯类化合物的测定 气相色谱法	2011-1-1
相关标准	环境保护部公告 2008 年第 14 号	地震灾区饮用水安全保障应急技术方案(暂行)	2008-5—20
	环境保护部公告 2008 年第 14 号	地震灾区集中式饮用水水源保护技术指南(暂行)	2008-5—20
	HJ/T 433—2008	饮用水水源保护区标志技术要求	2008-6-1
	HJ 338—2018	饮用水水源保护区划分技术规范	2018-7-1
	HJ/T 191—2005	紫外(UV)吸收水质自动在线监测仪技术要求	2005-11-1
	HJ/T 96—2003	pH 水质自动分析仪技术要求	2003-7-1
	HJ/T 97—2003	电导率水质自动分析仪技术要求	2003-7-1
	HJ/T 98—2003	浊度水质自动分析仪技术要求	2003-7-1
	HJ/T 99—2003	溶解氧(DO)水质自动分析仪技术要求	2003-7-1
	HJ/T 100—2003	高锰酸盐指数水质自动分析仪技术要求	2003-7-1
	HJ/T 101—2003	氨氮水质自动分析仪技术要求	2003-7-1
	HJ/T 102—2003	总氮水质自动分析仪技术要求	2003-7-1
	HJ/T 103—2003	总磷水质自动分析仪技术要求	2003-7-1
	HJ/T 104—2003	总有机碳(TOC)水质自动分析仪技术要求	2003-7-1
	HJ/T 82—2001	近岸海域环境功能区划分技术规范	2002-4-1

续表

类　别	标准编号	标准名称	实施日期
相关标准	HJ 596.3—2010	水质 词汇 第三部分	2011-3-1
	HJ 596.4—2010	水质 词汇 第四部分	2011-3-1
	HJ 596.5—2010	水质 词汇 第五部分	2011-3-1
	HJ 596.6—2010	水质 词汇 第六部分	2011-3-1
	HJ 596.7—2010	水质 词汇 第七部分	2011-3-1
	HJ 831—2022	淡水生物水质基准推导技术指南	2022-3-10
	HJ 1260—2022	海洋生物水质基准推导技术指南(试行)	2022-7-18
	HJ 1276—2022	水质 6种苯氧羧酸类除草剂和麦草畏的测定 高效液相色谱法	2023-5-15
	HJ 1268—2022	水质 甲基汞和乙基汞的测定 液相色谱-原子荧光法	2023-6-15
	HJ 1291—2023	地表水环境质量监测点位编码规则	2023-2-9
	HJ 1295—2023	水生态监测技术指南 河流水生生物监测与评价(试行)	2024-1-1
	HJ 1296—2023	水生态监测技术指南 湖泊和水库水生生物监测与评价(试行)	2024-1-1

附录2 大气环境保护标准目录

类　别	标准编号	标准名称	实施日期
大气环境质量标准	GB/T 27630—2011	乘用车内空气质量评价指南	2012-3-1
	GB/T 3095—2012	环境空气质量标准	2016-1-1
大气污染物排放标准	GB 20952—2020	加油站大气污染物排放标准	2021-4-1
	GB 20950—2020	储油库大气污染物排放标准	2021-4-1
	GB 39726—2020	铸造工业大气污染物排放标准	2021-1-1
	GB 39727—2020	农业制造工业大气污染物排放标准	2021-1-1
	GB 39728—2020	陆上石油天然气开采工业大气污染物排放标准	2021-1-1
	GB 37824—2019	涂料、油墨及胶粘剂工业大气污染物排放标准	2019-7-1
	GB 37823—2019	制药工业大气污染物排放标准	2019-7-1
	GB 37822—2019	挥发性有机物无组织排放控制标准	2019-7-1
	GB 15581—2016	烧碱、聚氯乙烯工业污染物排放标准	2016-9-1
	GB 31573—2015	无机化学工业污染物排放标准	2015-7-1
2	GB 31571—2015	石油化学工业污染物排放标准	2015-7-1
	GB 31570—2015	石油炼制工业污染物排放标准	2015-7-1
	GB 31574—2015	再生铜、铝、铅、锌大气污染物排放标准	2015-7-1
	GB 31572—2015	合成树脂工业污染物排放标准	2015-7-1
	GB 13271—2014	锅炉大气污染物排放标准	2014-7-1
	GB 30484—2013	电池工业大气污染物排放标准	2014-3-1
	GB 4915—2013	水泥工业大气污染物排放标准	2014-3-1
	GB 29620—2013	砖瓦工业大气污染物排放标准	2014-1-1
2014-1-1	GB 29495—2013	电子玻璃工业大气污染物排放标准	2013-7-1
	GB 28665—2012	轧钢工业大气污染物排放标准	2012-10-1
	GB 28664—2012	炼钢工业大气污染物排放标准	2012-10-1
	GB 28663—2012	炼铁工业大气污染物排放标准	2012-10-1
	GB 28666—2012	钢铁烧结、球团工业大气污染物排放标准	2012-10-1
	GB 13223—2011	火电厂大气污染物排放标准	2012-1-1
	GB 26453—2011	平板玻璃工业大气污染物排放标准	2011-10-1
	GB 21900—2008	电镀污染物排放标准	2008-8-1
	GB 21902—2008	合成革与人造革工业污染物排放标准	2008-8-1
	GB 20952—2020	加油站大气污染物排放标准	2021-4-1
	GB 20950—2020	储油库大气污染物排放标准	2021-4-1

续表

类　别	标准编号	标准名称	实施日期
2014-1-1	GB20426—2006	煤炭工业污染物排放标准	2006-10-1
	GB 18483—2001	饮食业油烟排放标准	2002-1-1
	GB 9078—1996	工业炉窑大气污染物排放标准	1997-1-1
	GB 16297—1996	大气污染物综合排放标准	1997-1-1
	GB 14554—93	恶臭污染物排放标准(征询意见，修订中)	1994-1-15
	HJ 1228—2021	国家移动源大气污染物排放标准制订 技术导则	2022-3-1
	HJ 1237—2021	机动车排放定期检验规范	2022-7-1
	HJ 1014—2020	非道路柴油移动机械污染物排放控制技术要求	2020-12-28
	GB 20951—2020	油品运输大气污染物排放标准	2021-4-1
	HJ 1137—2020	甲醇燃料汽车非常规污染物排放测量方法	2020-11-10
	GB 18285—2018	汽油车污染物排放限值及测量方法(双怠速法及简易工况法)	2019-5-1
	GB 36886—2018	非道路柴油移动机械排气烟度限值及测量方法	2018-12-1
	GB 3847—2018	柴油车污染物排放限值及测量方法(自由加速法及加载减速法)	2019-5-1
	GB17691—2018	重型柴油车污染物排放限值及测量方法(中国第六阶段)	2019-7-1
	HJ 857—2017	重型柴油车、气体燃料车排气污染物车载测量方法及技术要求	2017-10-1
	HJ 845—2017	在用柴油车排气污染物测量方法及技术要求(遥感检测法)	2017-7-27
	GB 18352.6—2016	轻型汽车污染物排放限值及测量方法(中国第六阶段)	2020-7-1
	GB 19176—2016	轻便摩托车污染物排放限值及测量方法(中国第四阶段)	2018-7-1
	GB 15097—2016	船舶发动机排气污染物排放限值及测量方法(中国第一、二阶段)	2018-7-1
	GB 14622—2016	摩托车污染物排放限值及测量方法(中国第四阶段)	2018-7-1
	GB 19755—2016	轻型混合动力电动汽车污染物排放控制要求及测量方法	2016-9-1
	GB 20891—2014	非道路移动机械用柴油机排气污染物排放限值及测量方法(中国第三、四阶段)	2014-10-1
	HJ 689—2014	城市车辆用柴油发动机排气污染物排放限值及测量方法(WHTC 工况法)	2015-1-1

续表

类别	标准编号	标准名称	实施日期
2014-1-1	GB 26133—2010	非道路移动机械用小型点燃式发动机排气污染物排放限值与测量方法(中国第一、二阶段)	2011-3-1
	GB14762—2008	重型车用汽油发动机与汽车排气污染物排放限值及测量方法(中国Ⅲ、Ⅳ阶段)	2009-7-1
	GB 20951—2007	汽油运输大气污染物排放标准	2007-8-1
	GB 11340—2005	装用点燃式发动机重型汽车曲轴箱污染物排放限值	2005-7-1
	GB 14763—2005	装用点燃式发动机重型汽车燃油蒸发污染物排放限值及测量方法(收集法)	2005-7-1
	GB 19756—2005	三轮汽车和低速货车用柴油机排气污染物排放限值及测量方法(中国Ⅰ、Ⅱ阶段)	2006-1-1
	GB 19758—2005	摩托车和轻便摩托车排气烟度排放限值及测量方法	2005-7-1
	GB 18322—2002	农用运输车自由加速烟度排放限值及测量方法	2002-7-1
	GB 41618—2022	石灰 石灰、电石工业大气污染物排放标准	2023-1-1
	GB 41617—2022	玻璃 矿物棉工业大气污染物排放标准	2023-1-1
	GB 26453—2022	玻璃工业大气污染物排放标准	2023-1-1
	GB 41616—2022	印刷工业大气污染物排放标准	2023-1-1
相关监测规范、方法标准	HJ 77.2—2008	环境空气和废气 二噁英类的测定 同位素稀释高分辨气相色谱-高分辨质谱法	2009-4-1
	国家环保总局公告2007年第4号	环境空气质量监测规范	2007-1—19
	HJ 75—2017	固定污染源烟气(SO_2、NO_X、颗粒物)排放连续监测技术规范	2018-3-1
	HJ 76—2017	固定污染源烟气(SO_2、NO_X、颗粒物)排放连续监测系统技术要求及检测方法	2018-3-1
	HJ/T 373—2007	固定污染源监测质量保证与质量控制技术规范(试行)	2008-1-1
	HJ/T 397—2007	固定源废气监测技术规范	2008-3-1
	HJ/T 398—2007	固定污染源排放烟气黑度的测定 林格曼烟气黑度图法	2008-3-1
	HJ/T 400—2007	车内挥发性有机物和醛酮类物质采样测定方法	2008-3-1
	HJ/T 174—2005	降雨自动采样器技术要求及检测方法	2005-5-8
	HJ/T 175—2005	降雨自动监测仪技术要求及检测方法	2005-5-8
	HJ/T 193—2005	环境空气质量自动监测技术规范	2006-1-1
	HJ/T 194—2017	环境空气质量手工监测技术规范	2018-4-1
	HJ/T 165—2004	酸沉降监测技术规范	2004-12-9
	HJ/T 167—2004	室内环境空气质量监测技术规范	2004-12-9
	HJ 93—2013	环境空气颗粒物(PM10和PM2.5)采样器技术要求及检测方法	2013-8-1
	HJ/T 63.1—2001	大气固定污染源 镍的测定 火焰原子吸收分光光度法	2001-11-1

续表

类　别	标准编号	标准名称	实施日期
相关监测规范、方法标准	HJ/T 63.2—2001	大气固定污染源 镍的测定 石墨炉原子吸收分光光度法	2001-11-1
	HJ/T 63.3—2001	大气固定污染源 镍的测定 丁二酮肟-正丁醇萃取分光光度法	2001-11-1
	HJ/T 64.1—2001	大气固定污染源 镉的测定 火焰原子吸收分光光度法	2001-11-1
	HJ/T 64.2—2001	大气固定污染源 镉的测定 石墨炉原子吸收分光光度法	2001-11-1
	HJ/T 64.3—2001	大气固定污染源 镉的测定 对-偶氮苯重氮氨基偶氮苯磺酸分光光度法	2001-11-1
	HJ/T 65—2001	大气固定污染源 锡的测定 石墨炉原子吸收分光光度法	2001-11-1
	HJ 1079—2019	大气固定污染源 氯苯类化合物的测定 气相色谱法	2020-6-30
	HJ/T 67—2001	大气固定污染源 氟化物的测定 离子选择电极法	2001-11-1
	HJ/T 68—2001	大气固定污染源 苯胺类的测定 气相色谱法	2001-11-1
	HJ/T 69—2001	燃煤锅炉烟尘和二氧化硫排放总量核定技术方法—物料衡算法	2001-11-1
	HJ/T 77—2001	多氯代二苯并二恶英和多氯代二苯并呋喃的测定 同位素稀释高分辨率毛细管气相色谱/高分辨质谱法	2002-1-1
	HJ/T 55—2000	大气污染物无组织排放监测技术导则	2001-3-1
	HJ/T 56—2000	固定污染源排气中二氧化硫的测定 碘量法	2001-3-1
	HJ 57—2017	固定污染源废气 二氧化硫的测定 定电位电解法	2018-1-1
	HJ/T 27—1999	固定污染源排气中氯化氢的测定 硫氰酸汞分光光度法	2000-1-1
	HJ/T 28—1999	固定污染源排气中氰化氢的测定 异烟酸-吡唑啉酮分光光度法	2000-1-1
	HJ/T 29—1999	固定污染源排气中铬酸雾的测定 二苯基碳酰二肼分光光度法	2000-1-1
	HJ/T 30—1999	固定污染源排气中氯气的测定 甲基橙分光光度法	2000-1-1
	HJ/T 31—1999	固定污染源排气中光气的测定 苯胺紫外分光光度法	2000-1-1
	HJ/T 32—1999	固定污染源排气中酚类化合物测定 4-氨基安替比林分光光度法	2000-1-1
	HJ/T 33—1999	固定污染源排气中甲醇的测定 气相色谱法	2000-1-1
	HJ/T 34—1999	固定污染源排气中氯乙烯的测定 气相色谱法	2000-1-1
	HJ/T 35—1999	固定污染源排气中乙醛的测定 气相色谱法	2000-1-1
	HJ/T 36—1999	固定污染源排气中丙烯醛的测定 气相色谱法	2000-1-1
	HJ/T 37—1999	固定污染源排气中丙烯腈的测定 气相色谱法	2000-1-1
	HJ 38—2017	固定污染源废气中 总烃、甲烷和非甲烷总烃的测定 气相色谱法	2018-4-1
	HJ 1079—2019	固定污染源废气中氯苯类的测定 气相色谱法	2020-6-30
	HJ/T 40—1999	固定污染源排气中苯并(a)芘的测定 高效液相色谱法	2000-1-1

续表

类　别	标准编号	标准名称	实施日期
相关监测规范、方法标准	HJ/T 41—1999	固定污染源排气中石棉尘的测定 镜检法	2000-1-1
	HJ/T 42—1999	固定污染源排气中氮氧化物的测定 紫外分光光度法	2000-1-1
	HJ/T 43—1999	固定污染源排气中氮氧化物的测定 盐酸萘乙二胺分光光度法	2000-1-1
	HJ/T 44—1999	固定污染源排气中一氧化碳的测定 非色散红外吸收法	2000-1-1
	HJ/T 45—1999	固定污染源排气中沥青烟的测定 重量法	2000-1-1
	HJ/T 46—1999	定电位电解法二氧化硫测定仪技术条件	2000-1-1
	HJ/T 47—1999	烟气采样器技术条件	2000-1-1
	HJ/T 48—1999	烟尘采样器技术条件	2000-1-1
	HJ 553—2010	烟度卡	2010-5-1
	GB/T 16157—1996	固定污染源排气中颗粒物测定与气态污染物采样方法	1996-3-6
	HJ 14—1996	环境空气质量功能区划分原则与技术方法(征询意见，修订中)	1996-10-1
	HJ 1263—2022	环境空气 总悬浮颗粒物的测定 重量法	2023-1-15
	HJ 481—2009	环境空气 氟化物的测定 石灰滤纸采样氟离子选择电极法	2009-11-1
	HJ 955—2018	环境空气 氟化物的测定 滤膜采样/氟离子选择电极法	2018-9-1
	GB/T 15435—1995	环境空气 二氧化氮的测定 Saltzman 法	1995-8-1
	GB/T 15436—1995	环境空气 氮氧化物的测定 Saltzman 法	1995-8-1
	HJ 504—2009	环境空气 臭氧的测定 靛蓝二磺酸钠分光光度法	2009-12-1
	HJ 590—2010	环境空气 臭氧的测定 紫外光度法	2011-1-1
	HJ956—2018	环境空气 苯并[a]芘的测定 高效液相色谱法	2018-9-1
	GB/T 15501—1995	空气质量 硝基苯类(一硝基和二硝基化合物)的测定 锌还原-盐酸萘乙二胺分光光度法	1995-8-1
	GB/T 15502—1995	空气质量 苯胺类的测定 盐酸萘乙二胺分光光度法	1995-8-1
	GB/T 15516—1995	空气质量 甲醛的测定 乙酰丙酮分光光度法	1995-8-1
	HJ 482—2009	环境空气 二氧化硫的测定 甲醛吸收-副玫瑰苯胺分光光度法	2009-11-1
	HJ 604—2017	环境空气 总烃、甲烷和非甲烷总烃的测定 直接进样-气相色谱法	2018-3-1
	GB/T 15264—94	环境空气 铅的测定 火焰原子吸收分光光度法	1995-6-1
	HJ 1221—2021	环境空气 降尘的测定 重量法	2022-6-1
	GB/T 14584—93	空气中碘-131 的取样与测定	1994-4-1
	HJ 533—2009	环境空气和废气 氨的测定 纳氏试剂分光光度法	2010-4-1
	HJ 1262—2022	环境空气和废气 臭气的测定 三点比较式臭袋法	2023-1-15
	GB/T 14676—93	空气质量 三甲胺的测定 气相色谱法	1994-3-15

续表

类　别	标准编号	标准名称	实施日期
相关监测规范、方法标准	GB/T 14678—93	空气质量 硫化氢、甲硫醇、甲硫醚和二甲二硫测定 气相色谱法	1994-3-15
	HJ 534—2009	空气质量 氨的测定 次氯酸钠-水杨酸分光光度法	2010-4-1
	GB/T 14680—93	空气质量 二硫化碳的测定 二乙胺分光光度法	1994-3-15
	HJ/T 3—93	汽油机动车怠速排气监测仪技术条件	1993-12-1
	HJ/T 4—93	柴油车滤纸式烟度计技术条件	1993-12-1
	GB 13580.1—92	大气降水采样和分析方法总则	1993-3-1
	GB 13580.2—92	大气降水样品的采集与保存	1993-3-1
	GB 13580.3—92	大气降水电导率的测定方法	1993-3-1
	GB 13580.4—92	大气降水 pH 值的测定电极法	1993-3-1
	GB 13580.5—92	大气降水中氟、氯、亚硝酸盐、硝酸盐、硫酸盐的测定 离子色谱法	1993-3-1
	GB 13580.6—92	大气降水中硫酸盐的测定	1993-3-1
	GB 13580.7—92	大气降水中亚硝酸盐测定 *N*-(1-萘基)-乙二胺光度法	1993-3-1
	GB 13580.8—92	大气降水中硝酸盐的测定	1993-3-1
	GB 13580.9—92	大气降水中氯化物的测定 硫氰酸汞高铁光度法	1993-3-1
	GB 13580.10—92	大气降水中氟化物的测定 新氟试剂光度法	1993-3-1
	GB 13580.11—92	大气降水中氨盐的测定	1993-3-1
	GB 13580.12—92	大气降水中钠、钾的测定 原子吸收分光光度法	1993-3-1
	GB 13580.13—92	大气降水中钙、镁的测定 原子吸收分光光度法	1993-3-1
	HJ 675—2013	固定污染源排气 氮氧化物的测定 酸碱滴定法	2014-2-1
	HJ/T 1—92	气体参数测量和采样的固定位装置	1993-1-1
	GB 5468—91	锅炉烟尘测试方法	1992-8-1
	GB/T 13268—91	大气 试验粉尘标准样品 黄土尘	1992-8-1
	GB/T 13269—91	大气 试验粉尘标准样品 煤飞灰	1992-8-1
	GB/T 13270—91	大气 试验粉尘标准样品 模拟大气尘	1992-8-1
	HJ 479—2009	环境空气 氮氧化物(一氧化氮和二氧化氮)的测定 盐酸萘乙二胺比色法	2009-11-1
	HJ 483—2009	环境空气 二氧化硫的测定 四氯汞盐吸收-副玫瑰苯胺分光光度法	2009-11-1
相关标准	GWKB1.1—2011	车用汽油有害物质控制标准(第四、五阶段)	2011-5-1
	HJ/T 180—2005	城市机动车排放空气污染测算方法	2005-10-1
	HJ/T 289—2006	汽油车双怠速法排气污染物测量设备技术要求	2006-9-1
	HJ/T 290—2006	汽油车简易瞬态工况法排气污染物测量设备技术要求	2006-9-1
	HJ/T 291—2006	汽油车稳态工况法排气污染物测量设备技术要求	2006-9-1
	HJ/T 292—2006	柴油车加载减速工况法排气烟度测量设备技术要求	2006-9-1

续表

类　别	标准编号	标准名称	实施日期
相关标准	HJ/T 395—2007	压燃式发动机汽车自由加速法排气烟度测量设备技术要求	2008-3-1
	HJ/T 396—2007	点燃式发动机汽车瞬态工况法排气污染物测量设备技术要求	2008-3-1
	HJ 437—2008	车用压燃式、气体燃料点燃式发动机与汽车车载诊断(OBD)系统技术要求	2008-7-1
	HJ 438—2008	车用压燃式、气体燃料点燃式发动机与汽车排放控制系统耐久性技术要求	2008-7-1
	HJ 439—2008	车用压燃式、气体燃料点燃式发动机与汽车在用符合性技术要求	2008-7-1
	GB 20890—2007	重型汽车排气污染物排放控制系统耐久性要求及试验方法	2007-1-1
	HJ 492—2007	空气质量 词汇	2009-11-1
	HJ 509—2009	车用陶瓷催化转化器中铂、钯、铑的测定 电感耦合等离子体发射光谱法和电感耦合等离子体质谱法	2010-1-1
	HJ 500—2009	轻型汽车车载诊断(OBD)系统管理技术规范	2010-2-1
	GWKB 1. 2—2011	车用柴油有害物质控制标准(第四、五阶段)	2011-5-1
	HJ 1134—2020	生活垃圾焚烧飞灰污染控制技术规范(试行)	2020-8-27
	HJ 1230—2021	工业企业挥发性有机物泄漏检测与修复指南	2022-4-1

附录 3 固体废物与化学品环境污染控制标准目录

类　别	标准编号	标准名称	实施日期
固体废物污染控制标准	HJ 1274—2022	含铬皮革废料污染控制技术规范	2023-4-1
	HJ 1275—2022	失活脱硝催化剂再生污染控制技术规范	2023-4-1
	HJ 1241—2022	锰渣污染控制技术规范	2022-10-1
	GB 39707—2020	医疗废物处理处置污染控制标准	2021-7-1
	GB 9132—2018	低、中水平放射性固体废物近地表处置安全规定	2019-1-1
	GB 30485—2013	水泥窑协同处置固体废物污染控制标准	2014-3-1
	GB 16889—2008	生活垃圾填埋场污染控制标准	2008-7-1
	GB 16487. 1—2005	进口可用作原料的固体废物环境保护控制标准—骨废料	2006-2-1
	HG 421—2008	医疗废物专用包装物、容器标准和警示标识规定	2008-4-1
	环发[2003]206 号	医疗废物集中处置技术规范(试行)	2003-12-26
	GB 19217—2003	医疗废物转运车技术要求	2003-6-30
	GB 19218—2003	医疗废物焚烧炉技术要求	2003-6-30
	GB 18484—2020	危险废物焚烧污染控制标准	2021-7-1
	GB 18485—2014	生活垃圾焚烧污染控制标准	2014-7-1
	GB 18597—2001	危险废物贮存污染控制标准	2002-7-1
	GB 18599—2020	一般工业固体废物贮存和填埋污染控制标准	2021-7-1
	GB 13015—2017	含多氯联苯废物污染控制标准	2017-10-10
危险废物鉴别标准	GB 18597—2023	危险废物贮存污染控制标准	2023-7-1
	HJ 1276—2022	危险废物识别标志设置技术规范	2023-7-1
	GB 18598—2019	危险废物填埋污染控制标准	2020-6-1
	GB 34330—2017	固体废物鉴别标准 通则	2017-10-10
	GB 5085. 1—2007	危险废物鉴别标准 腐蚀性鉴别	2007-10-1
	GB 5085. 2—2007	危险废物鉴别标准 急性毒性初筛	2007-10-1
	GB 5085. 3—2007	危险废物鉴别标准 浸出毒性鉴别	2007-10-1
	GB 5085. 4—2007	危险废物鉴别标准 易燃性鉴别	2007-10-1
	GB 5085. 5—2007	危险废物鉴别标准 反应性鉴别	2007-10-1
	GB 5085. 6—2007	危险废物鉴别标准 毒性物质含量鉴别	2007-10-1
	GB 5085. 7—2019	危险废物鉴别标准 通则	2020-1-1
	HJ 298—2019	危险废物鉴别技术规范	2020-1-1
固体废物鉴别方法标准	HJ 999—2018	固体废物 氟的测定 碱熔-离子选择电极法	2019-6-1
	HJ 787—2016	固体废物 铅和镉的测定 石墨炉原子吸收分光光度法	2016-5-1
	HJ786—2016	固体废物 铅、锌和镉的测定 火焰原子吸收分光光度法	2016-5-1

续表

类　别	标准编号	标准名称	实施日期
固体废物鉴别方法标准	HJ 767—2015	固体废物 钡的测定 石墨炉原子吸收分光光度法	2015-12-15
	HJ 750—2015	固体废物 总铬的测定 石墨炉原子吸收分光光度法	2015-10-1
	HJ 752—2015	固体废物 铍镍铜和钼的测定 石墨炉原子吸收分光光度法	2015-10-1
	HJ 749—2015	固体废物 总铬的测定 火焰原子吸收分光光度法	2015-10-1
	HJ 751—2015	固体废物 镍和铜的测定 火焰原子吸收分光光度法	2015-10-1
	HJ 687—2014	固体废物 六价铬的测定 碱消解火焰原子吸收分光光度法	2014-4-1
	HJ 77.3—2008	固体废物 二噁英类的测定 同位素稀释高分辨气相色谱-高分辨质谱法	2009-4-1
	HJ/T 299—2007	固体废物 浸出毒性浸出方法硫酸硝酸法	2007-5-1
	HJ/T 300—2007	固体废物 浸出毒性浸出方法醋酸缓冲溶液法	2007-5-1
	GB 5086.1—1997	固体废物 浸出毒性浸出方法 翻转法	1998-7-1
	HJ 557—2010	固体废物 浸出毒性浸出方法 水平振荡法	2010-5-1
	GB/T 15555.1—1995	固体废物 总汞的测定 冷原子吸收分光光度法	1996-1-1
	GB/T 15555.3—1995	固体废物 砷的测定 二乙基二硫代氨基甲酸银分光光度法	1996-1-1
	GB/T 15555.4—1995	固体废物 六价铬的测定 二苯碳酰二肼分光光度法	1996-1-1
	GB/T 15555.5—1995	固体废物 总铬的测定 二苯碳酰二肼分光光度法	1996-1-1
	GB/T 15555.7—1995	固体废物 六价铬的测定 硫酸亚铁铵滴定法	1996-1-1
	GB/T 15555.8—1995	固体废物 总铬的测定 硫酸亚铁铵滴定法	1996-1-1
	GB/T 15555.10—1995	固体废物 镍的测定 丁二酮肟分光光度法	1996-1-1
	GB/T 15555.11—1995	固体废物 氟化物的测定 离子选择性电极法	1996-1-1
	GB/T 15555.12—1995	固体废物 腐蚀性测定 玻璃电极法	1996-1-1
其他相关标准	HJ 1259—2022	危险废物管理计划和管理台账制定技术导则	2022-10-1
	HJ 1257—2022	化学物质环境管理 化学物质测试术语	2022-6-15
	HJ 1229—2021	优先评估化学物质筛选技术导则	2022-1-1
	HJ 1186—2021	废锂离子动力蓄电池处理污染控制技术规范(试行)	2022-1-1
	HJ 519—2020	废铅蓄电池处理污染控制技术规范	2020-3-26
	HJ662—2013	水泥窑协同处置固体废物环境保护技术规范	2014-3-1
	HJ 2035—2013	固体废物处理处置工程技术导则	2013-12-1
	HJ 561—2010	危险废物(含医疗废物)焚烧处置设施性能测试技术规范	2010-6-1
	公告 2009 年第 52 号	地震灾区活动板房拆解处置环境保护技术指南	2009-10-12
	HJ/T 420—2008	新化学物质申报类名编制导则	2008-4-1
	HJ 421—2008	医疗废物专用包装袋、容器和警示标志标准	2008-4-1
	HJ/T 301—2007	铬渣污染治理环境保护技术规范	2007-5-1
	HJ 348—2022	报废机动车拆解企业污染控制技术规范	2022-10-1
	HJ 364—2022	废塑料污染控制技术规范	2022-5-31

续表

类　别	标准编号	标准名称	实施日期
其他相关标准	HJ/T 365—2007	危险废物（含医疗废物）焚烧处置设施二噁英排放监测技术规范	2008-1-1
	HJ 276—2021	医疗废物高温蒸汽消毒集中处理工程技术规范	2021-4-30
	公告2006年第11号	固体废物鉴别导则	2006-4-1
	HJ/T 85—2005	长江三峡水库库底固体废物清理技术规范	2005-6-13
	HJ/T 176—2005	危险废物集中焚烧处置工程建设技术规范	2005-5-24
	HJ/T 181—2005	废弃机电产品集中拆解利用处置区环境保护技术规范	2005-9-1
	HJ 228—2021	医疗废物化学消毒集中处理工程技术规范	2021-4-30
	HJ 229—2021	医疗废物微波消毒集中处理工程技术规范	2021-4-30
	HJ/T 153—2004	化学品测试导则	2004-6-1
	HJ/T 154—2004	新化学物质危害评估导则	2004-6-1
	HJ/T 155—2004	化学品测试合格实验室导则（征询意见修订中）	2004-6-1
	GB/T 17221—1998	环境镉污染健康危害区判定标准	1998-10-1
	HJ/T 20—1998	工业固体废物采样制样技术规范	1998-7-1
	GB/T 16310.1—1996	船舶散装运输液体化学品危害性评价规范 水生生物急性毒性试验方法	1996-12-1
	GB/T 16310.2—1996	船舶散装运输液体化学品危害性评价规范 水生生物积累性试验方法	1996-12-1
	GB/T 16310.3—1996	船舶散装运输液体化学品危害性评价规范 水生生物沾染试验方法	1996-12-1
	GB/T 16310.4—1996	船舶散装运输液体化学品危害性评价规范 哺乳动物毒性试验方法	1996-12-1
	GB/T 16310.5—2019	船舶散装运输液体化学品危害性评价规范 危害性评价程序与污染分类方法	2020-7-1
	GB 15562.2—1995	环境保护图形标志—固体废物贮存（处置）场（修改单）	2023-7-1

附录4　环境保护设备分类与命名(HJ/T 11—1996)

1996-03-31 批准　1996-07-01 实施

1. 主题内容与适用范围

本标准规定了环境保护设备的分类与命名的方法。

本标准适用于中华人民共和国境内生产的环境保护设备。

本标准是环境保护设备在研制、设计、生产、销售、使用、检测及管理工作中进行分类与命名的统一依据。

2. 术语

2.1　环境保护设备

环境保护设备是以控制环境污染为主要目的的设备，是水污染治理设备、空气污染治理设备、固体废弃物处理处置设备、噪声与振动控制设备、放射性与电磁波污染防护设备的总称。

2.2　环保设备

环保设备是环境保护设备的简称。

3. 分类

分类应符合本标准表1的规定。

环境保护设备分为类别、亚类别、组别和型别。

3.1　类别

控所控制的污染对象分为五种类别。

3.2　亚类别

按环境保护设备的原理和用途划分为亚类别。

3.3　组别

按环境保护设备的功能原理划分组别。

3.4　型别

按环境保护设备的结构特征和工作方式划分型别。

注：产品代号将由环境保护设备的产品型号标准给出。

4. 命名

4.1　命名原则

环境保护设备的命名应力求科学、准确、合理，并顾及已被公认的习惯名称。

4.2　命名方法

环境保护设备的名称应能表示设备的功能和主要特点。它由基本名称和主要特征两部分组成。基本名称表明设备控制污染的功能；主要特征表明设备的用途、结构特点、工作原理。

例 1：斜管沉淀装置

基本名称：沉淀装置——用于去除废水中悬浮物，它表明产品的功能。

主要特征：斜管——用于提高去除效率，它表明产品的结构特点。

例 2：催化氧化净化器

基本名称：净化器——表明了产品的功能。

主要特征：催化氧化——表明了设备的工作原理。

4.3 环境保护设备的生产单位，应根据本标准规定的命名方法，对本单位生产的环境保护设备进行命名，并在铭牌上写明。

表 1 环境保护设备分类

类别	亚类别	组别	型别
水污染治理设备	物理法处理设备	沉淀装置	沉砂装置
			平流式沉淀装置
			竖流式沉淀装置
			斜管(板)沉淀装置
			压力涡流沉淀装置
		澄清装置	机械循环澄清装置
			水力循环澄清装置
			脉冲澄清装置
			悬浮澄清装置
		上浮分离装置	粗粒化装置
			油水分离装置
			斜管(板)隔油装置
			海洋隔油装置
		气浮分离装置	溶气气浮装置
			真空气浮装置
			分散空气气浮装置
			电解气浮装置
			泡沫分离装器
		离心分离装置	水力旋流分离器
			鼓型离心分离机
			卧螺式离心分离机
		磁分离装置	永磁分离器
			电磁分离装置
		筛滤装置	平板式筛网
			旋转式筛网
			粗格栅
			狐型细格栅
			捞毛机

续表

类别	亚类别	组别	型别
水污染治理设备	物理法处理设备	过滤装置	石英砂过滤器
			多层滤料过滤器
			泡沫塑料珠过滤器
			陶粒过滤器
		微孔过滤装置	微孔管(板)过滤器
		压滤和吸滤装置	真空转鼓污泥脱水机
			滚筒挤压污泥脱水机
			板框压滤污染脱水机
			折带压滤污泥脱水机
			真空汲滤污泥脱水机
		蒸发装置	自然循环蒸发器
			强制循环蒸发器
			扩容循环蒸发器
			内激蒸发器
	化学法处理设备	酸碱中和装置	中和槽
			膨胀式中和塔
		氧化还原和消毒装置	臭氧发生器
			加氯机
			次氯酸钠发生器
			二氧化氯发生器
			药剂氧化还原装置
			电解氧化还原装置
			光氧化装置
			湿式氧化装置
		混凝装置	机械反应混凝装置
			水力反应混凝装置
			管道混合器
	物理化学法处理设备	萃取装置	脉冲筛板塔
			离心萃取机
			液膜萃取塔
			混合澄清萃取器
		汽提和吹脱装置	汽提塔
			吹脱塔
		吸附装置	活性炭吸附装置
			大孔树脂吸附装置
			硅藻土吸附装置
			分子筛吸附装置
			沸石吸附装置

续表

类别	亚类别	组别	型别
水污染治理设备	物理化学法处理设备	离子交换装置	固定床离子交换装置
			移动床离子交换装置
			流动床离子交换装置
		膜分离装置	超滤装置
			电渗析装置
			扩散渗析装置
			反渗透装置
			隔膜电解装置
			微滤装置
	生物法处理设备	好氧处理装置	鼓风曝气活性污泥处理装置
			机械表面曝气活性污泥处理装置
			吸附生物氧化处理装置(AB)法
			超深层曝气装置
			序批式(SBR)活性污泥处理装置
			间歇循环延时曝气处理装置
			生物接触氧化装置
			生物转盘
			生物滤塔
			生物活性炭处理装置
			活性生物滤塔(ABF)
		供氧曝气装置	机械表面曝气装置
			鼓风曝气器
			射流曝气器
			曝气转刷
		厌氧处理装置	上流式污泥床厌氧反应器
			厌氧流化床反应器
			厌氧膨胀床反应器
			管式厌氧反应器
			两相式厌氧反应器(产酸相与产沼气相)
			厌氧生物转盘
			厌氧生物滤塔
			污泥消化装置

续表

类别	亚类别	组别	型别
水污染治理设备	生物法处理设备	厌氧-好氧处理装置	厌氧-好氧活性污泥处理装置
			缺氧-好氧活性污泥处理装置
			厌氧-却氧-好氧活性污泥处理装置(A3/0)
	组合式水处理设备		
空气污染治理设备	除尘设备	重力与惯性力除尘装置	重力沉降室
			挡板式除尘器
		旋风除尘装置	单筒旋风除尘器
			多筒旋风除尘器
		湿式除尘装置	喷淋式除尘器
			冲激式除尘器
			水膜除尘器
			泡沫除尘器
			斜栅式除尘器
			文丘里除尘器
		过滤层除尘装置	颗粒层除尘器
			多孔材料过滤器
			纸质过滤器
			纤维填充过滤器
		袋式除尘装置	机械振动式除尘器
			电振动式除尘器
			分室反吹式除尘器
			喷嘴反吹式除尘器
			振动反吹式除尘器
			脉冲喷吹式除尘器
		静电除尘装置	板式静电除尘器
			管式静电除尘器
			湿式静电除尘器
		组合式除尘装置	

续表

类别	亚类别	组别	型别
空气污染治理设备	除雾设备	惯性力除雾装置	折板式除雾器
			旋流板式除雾器
		湿式除雾装置	
		过滤式除雾装置	网式除雾器
			填料除雾器
		静电除雾装置	管式静电除雾器
			板式静电除雾器
	气态污染物净化设备	吸附装置	固定床吸附器
			移动床吸附器
			流化床吸附器
		吸收装置	文丘里式吸收器
			喷淋式吸收器
			喷雾干燥式吸收器
			填料式吸收器
			鼓泡吸收器
			水膜吸收器
		氧化还原净化装置	直接氧化净化器
			催化氧化净化器
			直接还原净化器
			催化还原净化器
		生物法净化装置	
		冷凝净化装置	直接冷却净化器
			间接冷却净化器
		辐照净化装置	气体电子辐照净化器
		汽车机内净化装置	汽车曲轴箱强制通风装置
		汽车尾气净化装置	汽车尾气催化净化器
	颗粒物-气态污染物治理设备		

续表

类别	亚类别	组别	型别
固体废弃物处置设备	输送与存储设备	运送装置	
		储存装置	
	分拣设备	机械分选装置	
		电磁分选装置	
	破碎压缩	破碎装置	
		压缩装置	
	焚烧设备	焚烧炉	固定床式焚烧炉
			流化床式焚烧炉
			回转炉床式焚烧炉
			移动床式焚烧炉
	无害化处理设备	堆肥设备	
		填埋设备	
		固化装置	水泥固化装置
			塑料固化装置
			熔融固化装置
		消毒装置	
	资源再利用设备	废物转化回收装置	
		废物回收装置	
噪声与振动控制设备	噪声控制设备	吸声装置	穿孔板吸声装置
			微孔板吸声装置
			共振吸声装置
			薄板吸声装置
			薄膜吸声装置
		隔声装置	隔声罩
			隔声构件
			隔声室
			隔声帘幕
			遮光隔声屏
			透光隔声屏
		消声装置	阻性消声器
			抗性消声器
			阻抗复合消声器

续表

类别	亚类别	组别	型别
噪声与振动控制设备	噪声控制设备	消声装置	耗散式消声器
			小孔消声器
			多孔扩散消声器
			百叶窗式消声器
			电子有源消声装置
	振动控制设备	隔振装置	隔振垫
			隔振器
			隔振连接件
		减振装置	阻尼减振装置
			减振台架
放射与电磁波污染防护设备	放射性污染防护设备		
	电磁波污染防护设备		

附录5 排水管道与其他管线(构筑物)的最小净距

名称		水平净距/m	垂直净距/m
建筑物		见注3	
给水管		见注4	0.15 见注4
排水管		1.5	0.15
煤气管	低压	1.0	0.15
	中压	1.5	
	高压	2.0	
	特高压	5.0	
热力管沟		1.5	0.15
电力电缆		1.0	0.5
通讯电缆		1.0	直埋 0.5 穿埋 0.15
乔木		见注5	
地上柱杆		1.5	
道路侧石边缘		1.5	
铁路		见注6	
电车路轨		2.0	轨底 1.2
架空管架基础		2.0	
油管		1.5	0.25
压缩空气管		1.5	0.15
氧气管		1.5	0.25
乙炔管		1.5	0.25
电车电缆			0.50
明渠渠底			0.50
涵洞基础底			0.15

注：① 表列数字除注明者外，水平净距均指外壁净距，垂直净距系指下面管道的外顶与上面管道基础底间净距。

② 采取充分措施(如结构措施)后，表列数字可以减小。

③ 与建筑物水平净距，管道埋深浅于建筑物基础时，一般不小于2.5m(压力管不小于5.0m)；管道埋深深于建筑物基础时，按计算确定，但不小于3.0m。

④ 与给水管水平净距，给水管管径小于或等于200mm时，不小于1.5m，给水管管径大于200mm时，不小于3.0m。

与生活给水管道交叉时，污水管道、合流管道在生活给水管道下面的垂直净距不应小于0.4m。当不能避免在生活给水管道上面穿越时，必须予以加固。加固长度不应小于生活给水管道的外径加4m。

⑤ 与乔木中心距离不小于1.5m；如遇现状高大乔木时，则不小于2.0m。

⑥ 穿越铁路时应尽量垂直通过，沿单行铁路敷设时应距路堤坡脚或路堑坡顶不小于5m。

附录6　水力计算图

1. 钢筋混凝土圆管(不满流 $n=0.014$)计算图

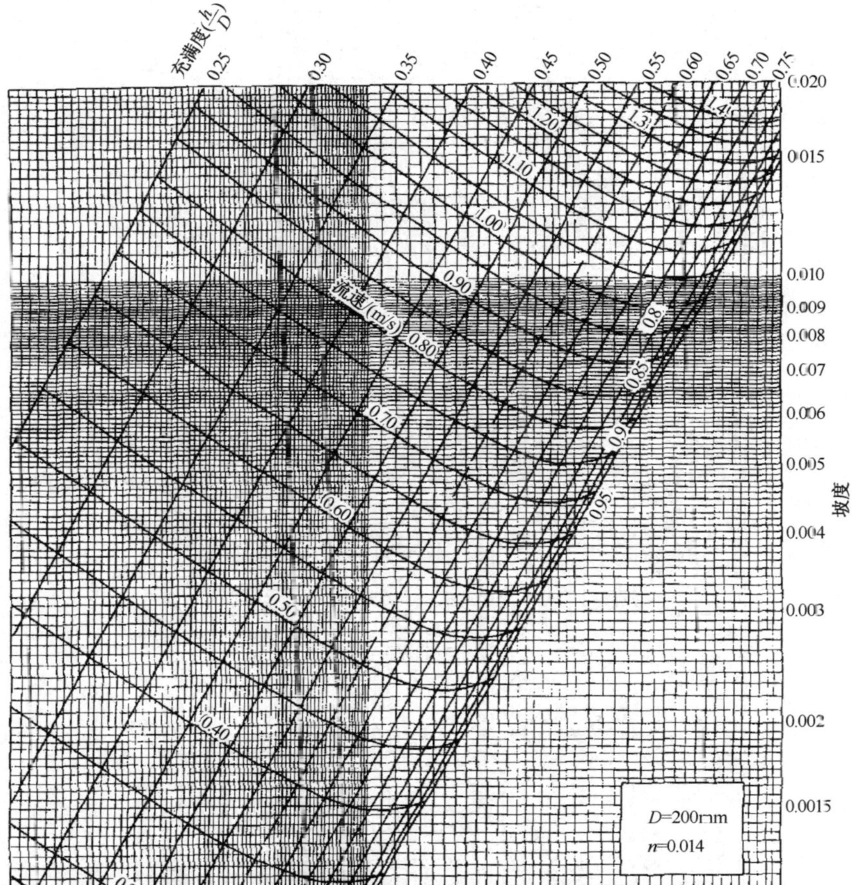

附图 1

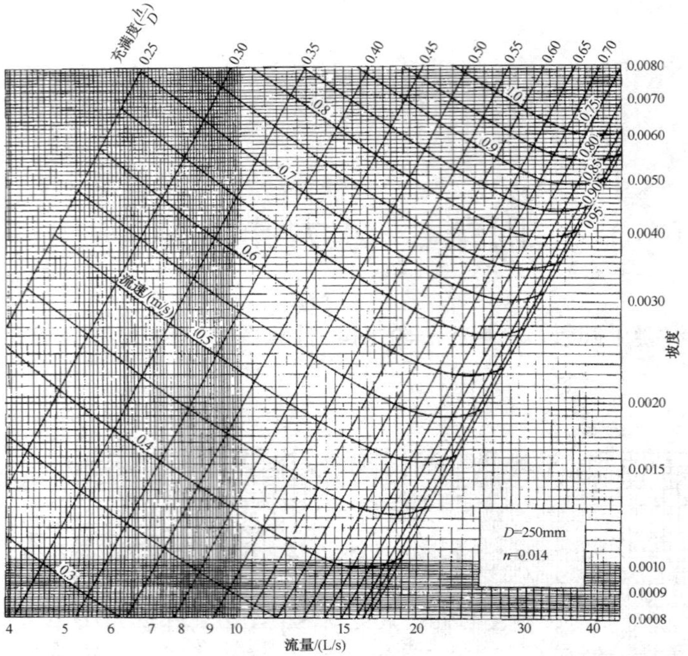

充满度(h/D)
0.25
0.30
0.35
0.40
0.45
0.50
0.55
0.60
0.65
0.70
0.75
0.80
0.85
0.90
0.95
流速/(m/s)
0.3
0.4
0.5
0.6
0.7
0.8
0.9
1.0
0.0080
0.0070
0.0060
0.0050
0.0040
0.0030
0.0020
0.0015
0.0010
0.0009
0.0008
坡度
D=250mm
n=0.014
4
5
6
7
8
9
10
15
20
30
40
流量/(L/s)

附图 2

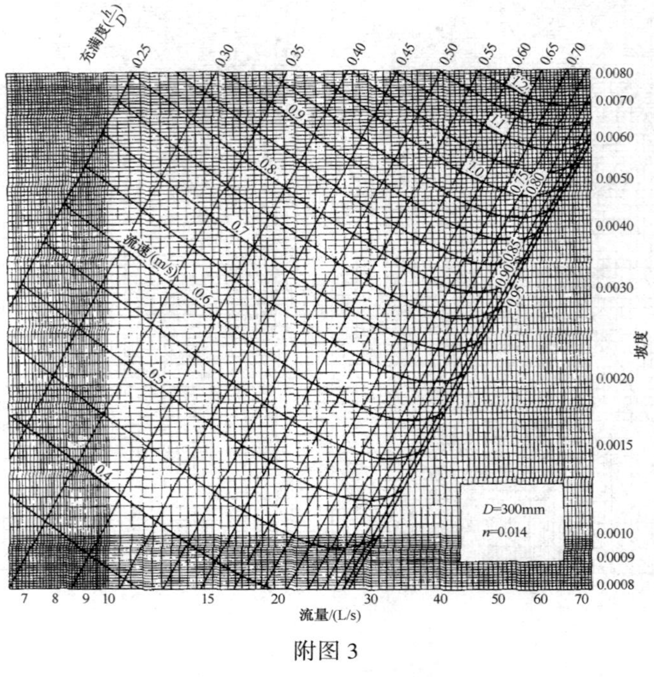

充满度(h/D)
0.25
0.30
0.35
0.40
0.45
0.50
0.55
0.60
0.65
0.70
0.75
0.80
0.85
0.90
0.95
流速/(m/s)
0.4
0.5
0.6
0.7
0.8
0.9
1.0
1.1
1.2
0.0080
0.0070
0.0060
0.0050
0.0040
0.0030
0.0020
0.0015
0.0010
0.0009
0.0008
坡度
D=300mm
n=0.014
7
8
9
10
15
20
30
40
50
60
70
流量/(L/s)

附图 3

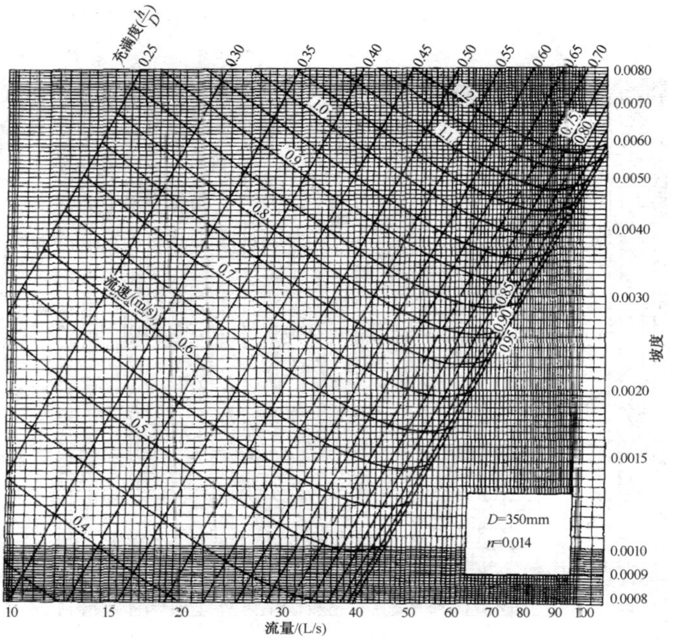
充满度(h/D)
0.25
0.30
0.35
0.40
0.45
0.50
0.55
0.60
0.65
0.70
0.75
0.80
0.85
0.90
0.95
流速/(m/s)
0.4
0.5
0.6
0.7
0.8
0.9
1.0
1.1
1.2
坡度
0.0080
0.0070
0.0060
0.0050
0.0040
0.0030
0.0020
0.0015
0.0010
0.0009
0.0008
D=350mm
n=0.014
10
15
20
30
40
50
60
70
80
90
100
流量/(L/s)

附图 4

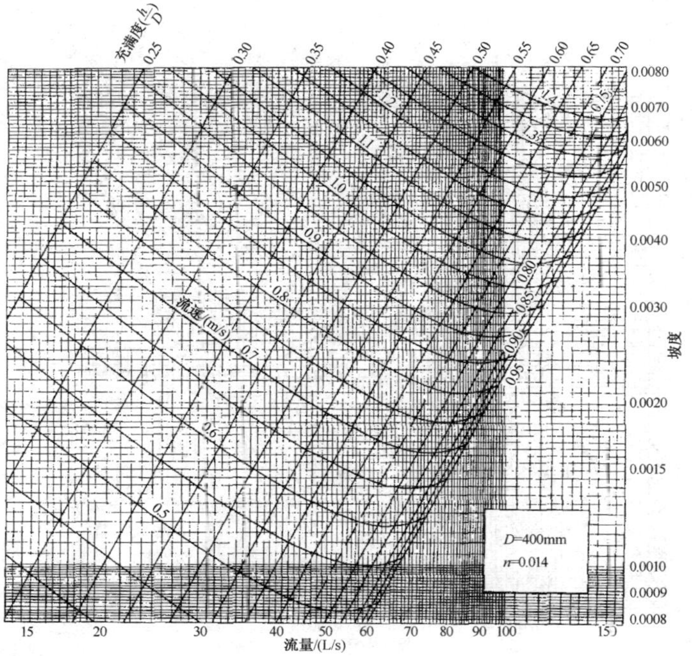
充满度(h/D)
0.25
0.30
0.35
0.40
0.45
0.50
0.55
0.60
0.65
0.70
0.75
0.80
0.85
0.90
0.95
流速/(m/s)
0.5
0.6
0.7
0.8
0.9
1.0
1.1
1.2
1.3
1.4
坡度
0.0080
0.0070
0.0060
0.0050
0.0040
0.0030
0.0020
0.0015
0.0010
0.0009
0.0008
D=400mm
n=0.014
15
20
30
40
50
60
70
80
90
100
流量/(L/s)

附图 5

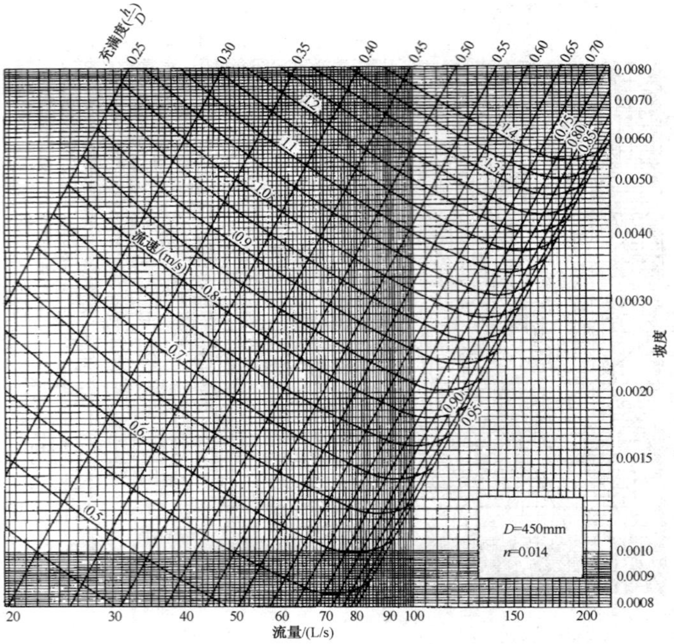

充满度($\frac{h}{D}$)
0.25
0.30
0.35
0.40
0.45
0.50
0.55
0.60
0.65
0.70
0.75
0.80
0.85
0.90
0.95
流速/(m/s)
0.5
0.6
0.7
0.8
0.9
1.0
1.1
1.2
1.3
1.4
D=450mm
n=0.014
坡度
0.0080
0.0070
0.0060
0.0050
0.0040
0.0030
0.0020
0.0015
0.0010
0.0009
0.0008
20
30
40
50
60
70
80
90
100
150
200
流量/(L/s)

附图 6

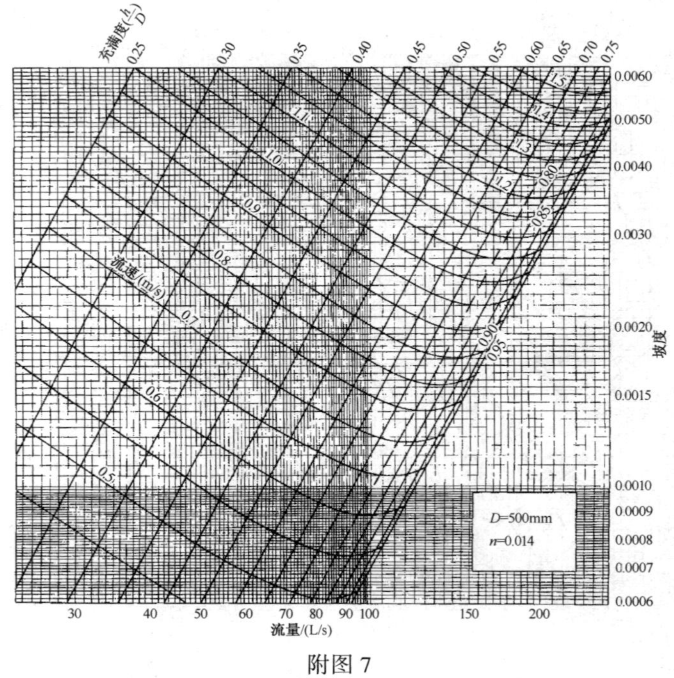

充满度($\frac{h}{D}$)
0.25
0.30
0.35
0.40
0.45
0.50
0.55
0.60
0.65
0.70
0.75
0.80
0.85
0.90
0.95
流速/(m/s)
0.5
0.6
0.7
0.8
0.9
1.0
1.1
1.2
1.3
1.4
1.5
D=500mm
n=0.014
坡度
0.0060
0.0050
0.0040
0.0030
0.0020
0.0015
0.0010
0.0009
0.0008
0.0007
0.0006
30
40
50
60
70
80
90
100
150
200
流量/(L/s)

附图 7

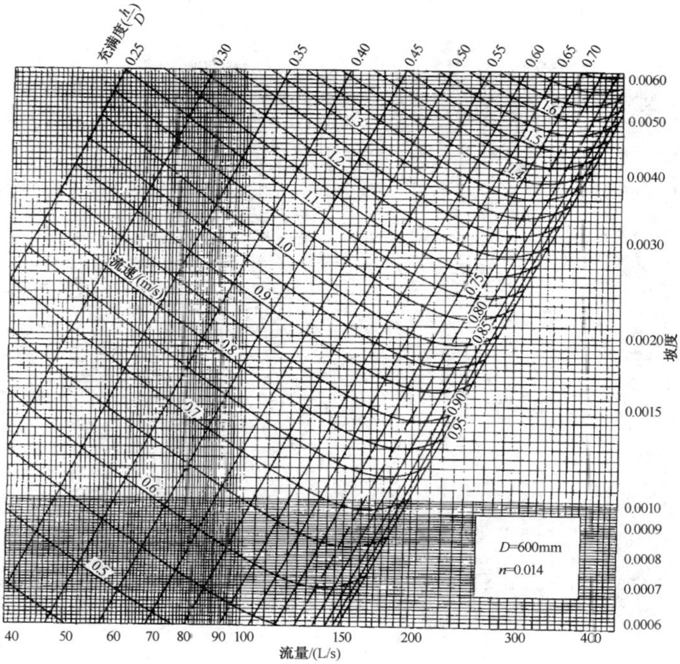
充满度(h/D)
0.25
0.30
0.35
0.40
0.45
0.50
0.55
0.60
0.65
0.70
流速(m/s)
坡度
流量/(L/s)
D=600mm
n=0.014

附图 8

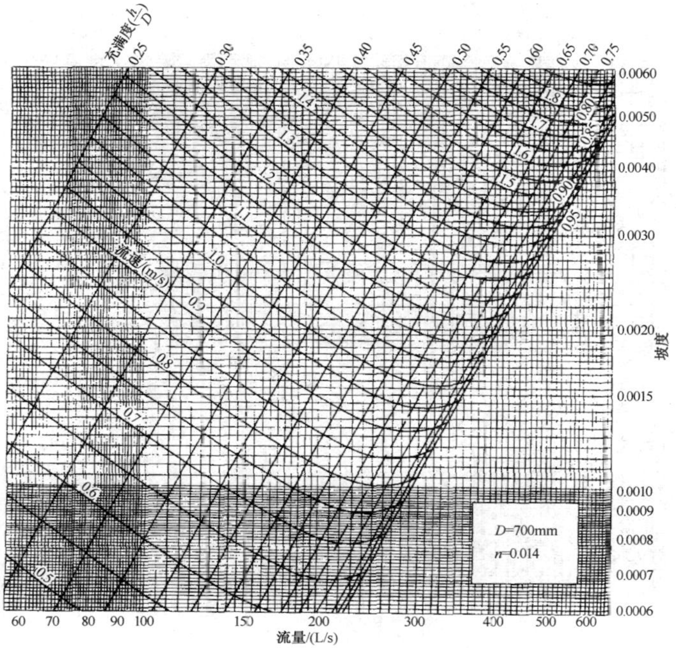
充满度(h/D)
0.25
0.30
0.35
0.40
0.45
0.50
0.55
0.60
0.65
0.70
0.75
流速(m/s)
坡度
流量/(L/s)
D=700mm
n=0.014

附图 9

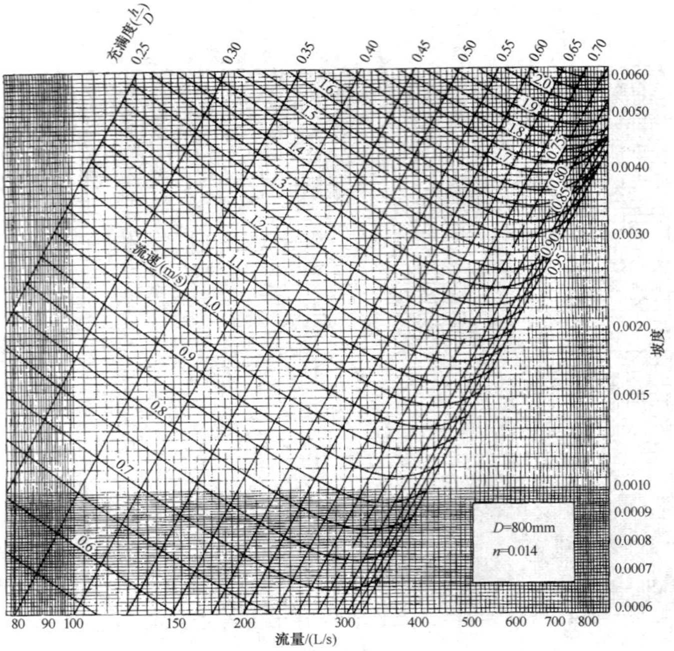
充满度($\frac{h}{D}$)
0.25
0.30
0.35
0.40
0.45
0.50
0.55
0.60
0.65
0.70
0.75
0.80
0.85
0.90
0.95
流速/(m/s)
0.6
0.7
0.8
0.9
1.0
1.1
1.2
1.3
1.4
1.5
1.6
1.7
1.8
1.9
2.0
0.0060
0.0050
0.0040
0.0030
0.0020
0.0015
0.0010
0.0009
0.0008
0.0007
0.0006
坡度
D=800mm
n=0.014
80
90
100
150
200
300
400
500
600
700
800
流量/(L/s)

附图 10

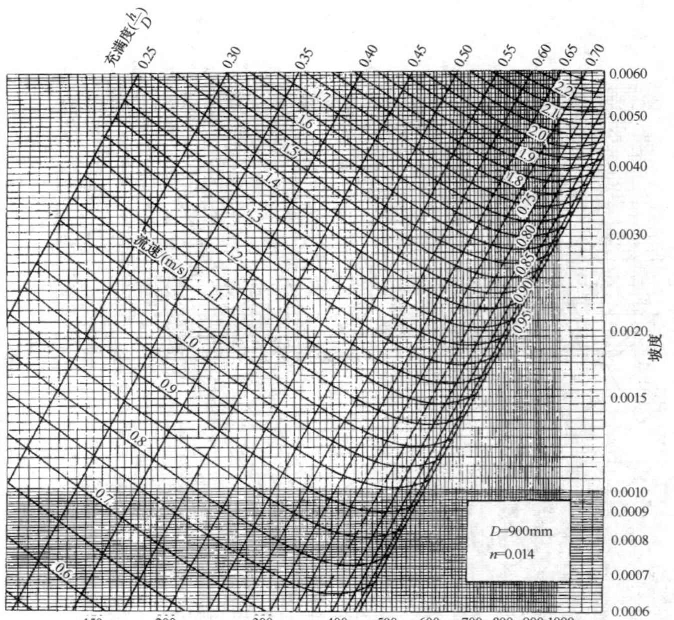
充满度($\frac{h}{D}$)
0.25
0.30
0.35
0.40
0.45
0.50
0.55
0.60
0.65
0.70
0.75
0.80
0.85
0.90
0.95
流速/(m/s)
0.6
0.7
0.8
0.9
1.0
1.1
1.2
1.3
1.4
1.5
1.6
1.7
1.8
1.9
2.0
2.1
2.2
0.0060
0.0050
0.0040
0.0030
0.0020
0.0015
0.0010
0.0009
0.0008
0.0007
0.0006
坡度
D=900mm
n=0.014
150
200
300
400
500
600
700
800
900
1000
流量/(L/s)

附图 11

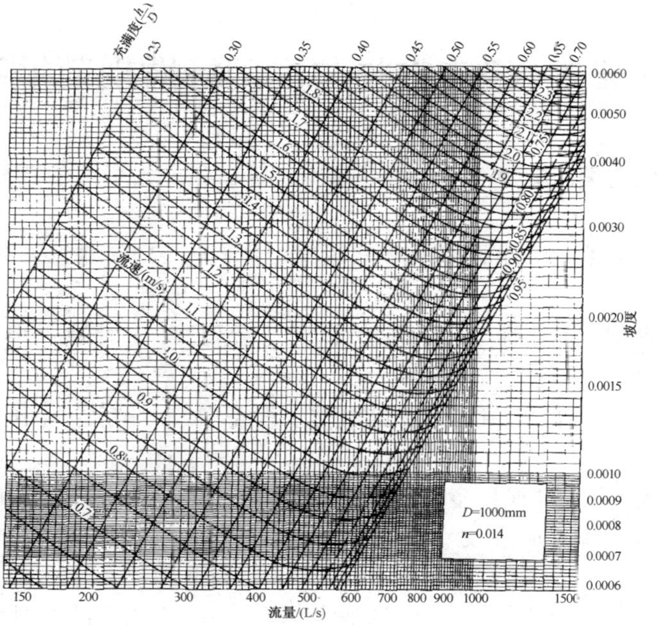

附图 12

2. 钢筋混凝土圆管(满流 $n=0.013$)计算图

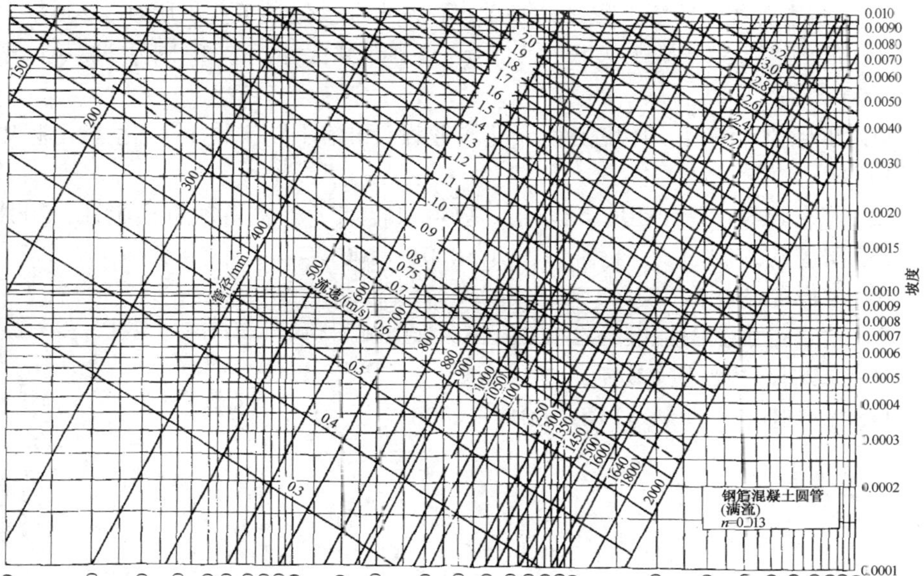

附图 13

附录7　经典教材与常用标准规范推荐

1. 孙慧修主编. 排水工程(第四版)上册[M]. 北京：中国建筑工业出版社，1999

2. 王继斌主编. 环保设备选择、运行与维护[M]. 北京：化学工业出版社，2010

3. 给水排水设计手册：第12册，器材与装置[M]. 北京：中国建筑工业出版社，2012

4. 给水排水快速设计手册4：给水排水设备[M]. 北京：中国建筑工业出版社，1998

5. 周敬宣主编. 环保设备及课程设计[M]. 北京：化学工业出版社，2007

6. 姜乃昌主编. 水泵及水泵站(第三版)[M]. 北京：中国建筑工业出版社，2009

7. 崔福义等. 给水排水工程仪表与控制[M]. 北京：中国建筑工业出版社，2006

8. 童华主编. 环境工程设计[M]. 北京：化学工业出版社，2009

9. 金毓峑等编. 环境工程设计基础[M]. 北京：化学工业出版社，2007

10. 张自杰主编. 排水工程(第四版)下册[M]. 北京：中国建筑工业出版社，2000

11. 柴晓利等编著，环境工程专业毕业设计指南[M]. 北京：化学工业出版社，2008

12. 陈杰蓉等主编. 环境工程设计基础[M]. 北京：高等教育出版社，2001

13. 房屋建筑制图统一标准(GB/T 50001—2001)

14. 总图制图标准(GB/T 50103—2001)

15. 给水排水制图标准(GB/T 50106—2001)

16. 泵站设计规范(GB/T 50265—97)

17. 室外排水设计规范(GB 50014—2006)

参 考 文 献

[1] 毛健雄，毛健金，赵树民，煤的清洁燃烧. 北京：科学出版社，1998.

[2] 航天工业部第七设计研究院. 工业锅炉房设计手册. 北京：中国建筑工业出版社，1986.

[3] 吴忠标. 大气污染控制工程. 北京：科学出版社，2002.

[4] 蒲恩奇. 大气污染治理工程. 北京：高等教育出版社，1999.

[5] 周珂. 环境法. 北京：中国人民大学出版社，2000.

[6] 金瑞林. 环境法学. 北京：北京大学出版社，2002.

[7] 童志权. 工业废气净化与利用. 北京：化学工业出版社，2001.

[8] 刘天齐. 三废处理工程技术手册・废气卷，北京：化学工业出版社，1999.

[9] 宋学周. 废水废气固体废物专项治理与综合利用实务全书・中卷・北京：中国科学技术出版社，2000.

[10] 钟秦. 燃煤烟气脱硫脱硝技术及工业实例. 北京：化学工业出版社，2002.

[11] 郝吉明，马广大等，大气污染控制工程，北京：高等教育出版社，2000.

[12] 魏先勋. 环境工程设计手册. 长沙：湖南科学技术出版社，2002.

[13] 匡国柱，史启才・化工单元过程及设备课程设计，北京：化学工业出版社，2001.

[14] 魏先勋. 环境工程设计手册. 长沙：湖南科学技术出版社，2002.

[15] 金国淼. 除尘设备. 北京：化学工业出版社，2002.

[16] 张莉、杨嘉谟，环境工程专业课程设计指导教程与案例精选[M]. 北京：化学工业出版社，2012.